电工电子实训教程

沈振乾 史风栋 杜启飞 编著

清华大学出版社
北京

内 容 简 介

本书分为电工实训部分和电子实训部分，主要内容包括：安全用电，电工工具及仪表，导线加工连接及电子焊接技术，室内综合布线及照明装置，常用低压电器及电机控制，电子元器件识别，三极管控制发光二极管电路设计，印刷电路板快速制作等。本书的特点着重于实用技术的传授和实践能力的培养提高，突出实践性和实用性，使读者在学习课程内容的过程中提高解决实际问题和处理实际问题的能力。

本书适用于普通高等学校和各类成人教育工程类专业学生，可以作为"电工实训"和"电子实训"课程教材，也可以作为电子制造企业的岗位培训教材，还可以供广大电子爱好者阅读。

图书在版编目(CIP)数据

电工电子实训教程/沈振乾等编著. —北京：清华大学出版社，2011.6

ISBN 978-7-302-26524-5

Ⅰ. ①电…　Ⅱ. ①沈…　Ⅲ. ①电工技术—高等学校—教材 ②电子技术—高等学校—教材

Ⅳ. ①TM ②TN

中国版本图书馆 CIP 数据核字(2011)第 173181 号

责任编辑：刘向威
责任校对：焦丽丽
责任印制：杨　艳
出版发行：清华大学出版社　　**地　　址**：北京清华大学学研大厦 A 座
http://www.tup.com.cn　　**邮　　编**：100084
社　总　机：010-62770175　　**邮　　购**：010-62786544
投稿与读者服务：010-62795954，jsjjc@tup.tsinghua.edu.cn
质　量　反　馈：010-62772015，zhiliang@tup.tsinghua.edu.cn
印　装　者：北京国马印刷厂
经　　销：全国新华书店
开　　本：185×260　**印　张**：12.25　**字　数**：303 千字
版　　次：2011 年 6 月第 1 版　　**印　　次**：2011 年 6 月第 1 次印刷
印　　数：1～3000
定　　价：24.00 元

产品编号：041197-01

前言

本书是根据普通高等学校电工电子实训课程的教学基本要求而编写的，旨在为涉电类本科学生提供基本技能训练，培养其工程意识。全书共计13章，分电工技术实训和电子技术实训两部分，其中电工实训内容包括：安全用电、电工工具及仪表、导线加工连接及电子焊接技术、室内综合布线及照明装置、小型变压器技术、常用低压电器及电机控制。电子技术实训内容包括：元器件识别、分离元件调幅收音机、印刷电路板制作、三极管控制发光二极管电路设计、继电器应用电路设计、H桥驱动电路设计、集成运算放大器应用。

本书的编写遵照本科教学的规律，注重学生工程实训能力的培养。在内容选择上保留传统、基础性内容和工艺知识，同时增加了新型器件和工艺知识；在实际训练上，严格按照工程要求进行训练，要求学生掌握企业要求的基本技能和工艺要求，从工程实际的角度培养学生的工程素养、动手能力、分析问题、解决问题的能力。

本书在内容上分电工实训和电子实训两部分，各章节之间在内容上既有先后性也相对独立，这两部分既可以独立开设课程也可以选择两部分中的某些章节进行开设一门课程。考虑到本科教学时间的有限，印刷电路板制作、集成运算放大器应用等章节作为学生课外独立学习的内容，老师可以在课外进行辅导，这些内容旨在为学生早期参加各种竞赛活动中提供一些参考资料。

本书可作为普通高等学校和各类成人教育工程类专业电工实训、电子实训相关课程的教材，也可供从事电工、电子技术的有关人员参考。

本书由沈振乾负责全书的统稿工作，参加编写的还有史风栋、杜启飞、张子敬。靳松、刘影、周世付、刘厚鹏、亢伉、张锦斌、刘亚荣、宝旭铮为本书的编写提供了部分资料，温增起、邢钢老师参与了本书的审订工作。

在本教材编写过程中，参考、引用了许多专家、学者的论著和教材。李小京教授给予了很大的帮助，提出了许多宝贵意见，在此一并表示感谢。

电工、电子技术内容广泛且发展迅速，由于编者水平有限，错误和不足之处恳请读者批评指正。

编　者

2011年5月

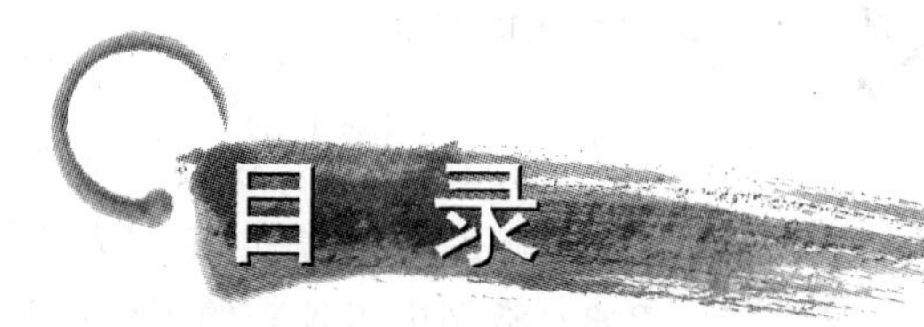

第1篇 电工部分

第2篇 电子部分

第1篇 电工部分

第1章 安全用电

电能是一种优越的能源，广泛应用于工业、农业、交通、国防、科研以及社会生活等各个领域。为了安全合理地使用电能，除需要熟悉电的特性，掌握电的规律外，还必须掌握安全用电的常识，才能避免用电事故的发生。

用电安全包括人身安全和设备安全两部分，人身安全是指防止人身接触带电物体受到电击或电弧灼伤而导致生命危险，设备安全是指防止用电事故所引起的设备损坏、起火或爆炸等危险。在用电过程中，必须充分认识安全用电的重要性，注意安全用电，搞好安全用电，保护人身及设备的安全。

1.1 触电及其对人体的危害

人体也是导体，当人体接触带电部位而构成电流回路时，就会有电流通过人体，对人的肌体造成不同程度的伤害，这就是所谓的触电，其伤害程度与触电的种类、方式及条件有关。

1.1.1 触电的种类及形式

1. 触电的种类

人体触电，分为电击和电伤两种。电击就是通常所说的触电，绝大部分触电死亡是电击造成的，它是电流通过人体所造成的内伤。大小不同的电流通过人体时会使人体产生不同的反映，如肌肉抽搐、内部组织损伤、发热、发麻、神经麻痹，严重时会使人产生昏迷、窒息、心脏停止跳动、血液循环终止，甚至死亡；电伤则是由电流的热效应、化学效应、机械效应以及电流本身作用造成的人体外伤，表现为灼伤、烙伤和皮肤金属化等现象。触电是从事电气操作者必须时刻注意的危险。

2. 触电的形式

1）单相触电

人体的一部分接触三相导线中任意一根相线，称为单相触电，如图1-1所示。在中性点接地系统中，如图1-1(a)所示，加于人体的电压为220V，流过人体的电流足以危及生命。这是常见的触电方式。其危害程度与人体电阻、土壤电阻率、接地体电阻等相关。因为电流能够流经上肢、内脏、下肢，所以对人体是相当危险的。

2）中性点不接地触电

在中性点不接地系统中，如图 1-1（b）所示，虽然线路对地绝缘电阻可起到限制人体电流的作用，但线路对地存在分布电容、分布电阻，作用于人体的电压为线电压 380V，仍可达到危害生命的程度。其危险程度根据电压的高低、绝缘情况及每相对地分布电容的大小而不同。

3）两相触电

人体不同部位同时接触带电设备或线路中任意两根相线时，电流从一根相线通过人体流入另一根相线，形成回路，称为两相触电，如图 1-2 所示。无论电网中性点是否接地，人体所承受的线电压（380V）均比单相触电时要高，危险性更大。

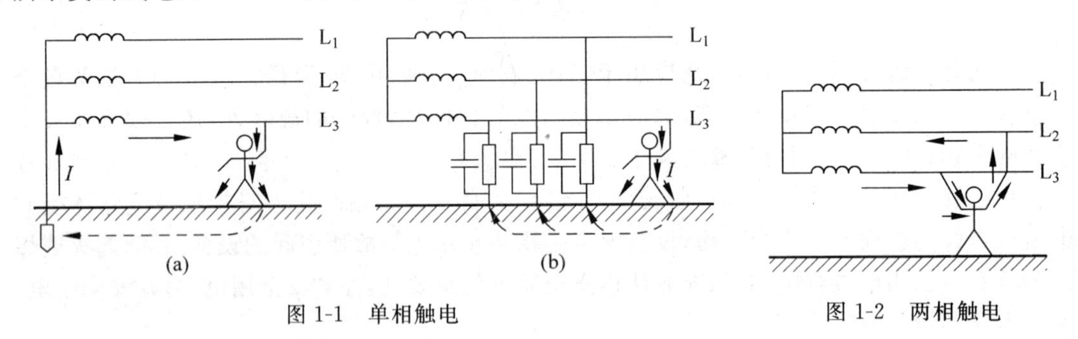

图 1-1　单相触电　　　　图 1-2　两相触电

4）漏电触电

当电气设备绝缘损坏而使外壳带电，当人体接触设备外壳时也会触电。此种触电与单项触电类似。

5）接触电压、跨步电压触电

当人体的两个部位同时接触到具有不同电位的两处时，在人体内就会有电流流过，这时加在人体两个部位之间的电位差称为接触电压。

当架空线断落于地面发生单相接地故障时，电流流入大地，向四周扩散，导致以此电线落地点为圆心，在其周围形成一个强电场。其电位分布以接地点为圆心向周围扩散，一般距接地体 20m 远处电位为零，如图 1-3 所示。当人跨进强电场区域时，在分开的两脚间有电位差（U_{B1}、U_{B2}），电流从一只脚流进，从另一只脚流出，所造成的触电称为跨步电压触电。

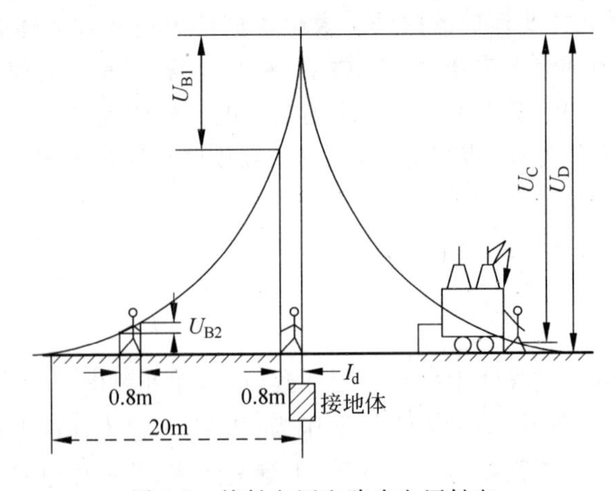

图 1-3　接触电压和跨步电压触电

接触电压和跨步电压的大小与接地电流、土壤电阻率、设备接地电阻及人体位置有关。当接地电流较大时,会因其超过允许值而发生人身触电事件。特别是在发生高压接地故障或雷击时,会产生很高的接触电压和跨步电压。

1.1.2 触电的危害

触电对人体伤害的严重程度与通过人体电流的大小、电流的类型、电流通过人体时间的长短、通过人体的部位、电流的频率及触电者的身体状况有关。

一般来说,通过人体的电流越大、时间越长,危害越大;触电时间超过人的心脏脉动周期(约为750ms),或者触电正好开始于脉动周期的易损伤期时,危害最大;电流通过人体脑部、肺部和心脏时最为危险;频率在40～60Hz的交流电对人的危害性要比高频电流、直流电流及静电大;男性、成年人、身体健康者受电流伤害的程度相对要轻一些。

以工频电流为例,实验资料表明:当1mA左右的电流通过人体时,就会产生麻刺等不舒服的感觉;10～30mA的电流通过人体,便会产生麻痹、剧痛、痉挛、血压升高、呼吸困难等症状,触电者已不能自主摆脱带电体,但通常不致有生命危险;对一般人而言,当电流超过50mA时,就会有致命危险。

当高频电流流过人体时,由于高频(大于20kHz)电流的集肤效应(集肤效应又叫趋肤效应,当交变电流通过导体时,电流将集中在导体表面流过,这种现象叫集肤效应。是电流或电压以频率较高的电子在导体中传导时,会聚集于总导体表层,而非平均分布于整个导体的截面积中。频率越高,趋肤效用越显著),使得体内电流相对减弱,因而对人体伤害较小。直流电不容易使心脏颤动,因而人体忍受直流电的电流强度较高一些。当静电没有补充电荷时(如电容充电后),作用在人体后一般会随着时间很快衰减,不会导致严重后果。

通过人体电流的大小与触电电压和人体电阻有关。人体电阻包括体内电阻和皮肤电阻,体内电阻基本不受外界影响,其值约为500Ω。皮肤电阻随外界条件变化,皮肤干燥者,电阻可达100kΩ以上。随着皮肤潮湿度加大,电阻可降到1kΩ以下。人体电阻越大,受电流伤害越轻。接触的电压升高时,人体电阻会大幅度下降。

1.1.3 安全电压和安全用具

1. 安全电压

人体承受的电压越低,通过人体的电流越小。当电压低于某一特定值后,就不会造成触电了。不带任何防护设备,对人体各部分组织均不造成伤害的电压值,称为安全电压。

世界各国对于安全电压的规定不尽相同。有50V、40V、36V、25V、24V等,其中以50V、25V居多。国际电工委员会(IEC)规定安全电压限定值为50V,25V以下电压可不考虑防止电击的安全措施。

我国规定36V、24V、12V三个电压等级为安全电压级别,以供不同场所使用。

安全电压之所以设置为36V,是因为当设人体电阻为1kΩ,通过人体所能承受的极限电流50mA时,所需要的电压为50V,为了安全起见,将安全电压设置为36V。

安全电压的规定是从总体上考虑的,对于某些特殊情况、某些人也不一定绝对安全。所以,即使在规定的安全电压下工作,也不可粗心大意。如在潮湿环境、粉尘大的环境,安全电压必须降为24V甚至是12V。

2. 安全用具

电工安全用具用来直接保护电工人员的人身安全，常用的有绝缘手套、绝缘靴、绝缘棒三种。

1）绝缘手套

绝缘手套用绝缘性能良好的特种橡胶制成，有高压、低压两种，用于操作高压隔离开关和油断路器等设备，以及用于在带电运行的高压电气和低压电气设备上工作时，预防接触电压。使用绝缘手套时要进行外观检查，检查有无穿孔、损坏，绝对不能用低压手套进行高压操作。

2）绝缘靴

绝缘靴也是用绝缘性能良好的特种橡胶制成，用于带电操作高压电气设备或低压电气设备时，防止跨步电压对人体的伤害。对于正常操作也要使用绝缘靴，防止因设备绝缘损坏使得外壳带电，造成事故。使用绝缘靴时要进行外观检查，不能有穿孔损坏，要保持在绝缘良好的状态。

3）绝缘棒

绝缘棒又称绝缘杆、操作杆或拉闸杆，一般用电木、胶木、塑料、环氧玻璃布棒等材料制成，主要用于操作高压隔离开关、跌落式熔断器，安装和拆除临时接地线以及测量和试验等工作。常用的规格有：500V、10kV、35kV等。

绝缘棒的结构如图1-4所示，主要包括工作部分、绝缘部分、握手部分及保护环等。

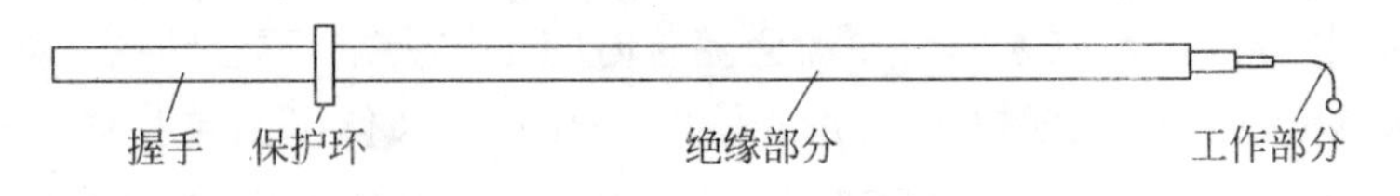

图1-4 绝缘棒的结构

使用绝缘棒要注意：棒表面要干燥、清洁；操作时应戴绝缘手套，穿绝缘靴，站在绝缘垫上；绝缘棒规格应符合要求。

1.2 触电的原因与救护

触电分为直接触电和间接触电两种情况。为了最大限度地减少触电事故的发生，应了解触电的原因与形式，从而提出预防触电的措施及触电后应采取的救护方法。

1.2.1 触电原因

不同的场合，引起触电的原因也不一样，常见的触电原因主要有下面几种情况。

1. 线路架设不合规格

线路发生短路或接地不良时，均会引起触电；室内外线路对地距离、导线之间的距离小于容许值，通信线、广播线与电力线间隔距离过近或同杆架设，线路绝缘破损等而引起触电。

2. 电气操作制度不严格

未采取可靠的保护措施，带电操作；不熟悉电路和电器，盲目修理；救护已触电的人，自身不采用安全保护措施；停电检修，不挂电气安全警示牌；使用不合格的保安工具检修电路和电器；人体与带电体过分接近，又无绝缘措施或屏护措施；在架空线上操作，不在相线上加临时接地线等，都会引起触电。

3. 用电设备不合要求

电器设备内部绝缘的性能低或已损坏，金属外壳无保护接地措施或接地电阻太大；开关、熔断器误装在中性线上，一旦断开，使整个线路带电；开关、闸刀、灯具、携带式电器绝缘外壳破损等，可能引起触电。

4. 用电不规范

在室内违规乱拉电线，乱接电器用具；更换插头、插座造成导线有毛刺或外露；随意加大熔断器熔丝规格；在电线上或电线附近晾晒衣物；在电线（特别是高压线）附近打鸟、放风筝；未断电源，移动家用电器；打扫卫生时，用水冲洗或用湿布擦拭带电电器或线路而导致触电。

1.2.2 触电预防

1. 直接触电的预防

1）绝缘措施

良好的绝缘是保证电气设备和线路正常运行，防止触电事故的重要措施。选用绝缘材料必须与电气设备的工作电压、工作环境和运行条件相适应。例如，新装或大修后的低压设备和线路，绝缘电阻不应低于 0.5MΩ；高压线路和设备的绝缘电阻不低于 1000MΩ。

2）屏护措施

采用屏护装置，如电器的绝缘外壳、金属网罩、金属外壳、变压器的遮栏、栅栏等，将带电体与外界隔绝开来。注意，凡金属材料制作的屏护装置，应妥善接地或接零。

3）间距措施

在带电体与地面之间、带电体与其他设备之间，应保持一定的安全间距。安全间距的大小取决于电压的高低、设备类型、安装方式等因素。

2. 间接触电的预防

1）加强绝缘

对电气设备或线路采取双重绝缘、加强绝缘措施，使设备或线路绝缘牢固，不易损坏，不致发生金属导体裸露而造成间接触电。

2）电气隔离

采用隔离变压器或具有同等隔离作用的发电机，使电气线路和设备的带电部分处于悬浮状态。即使线路或设备的工作绝缘损坏，人站在地面上与之接触也不易触电。

3）自动断电保护

在带电线路或设备上安装漏电保护、过流保护、过压或欠压保护、短路保护、接零保护等自动保护电器，在触电事故发生时，能自动切断电源，起到保护作用。

1.2.3 触电救护

触电救护是减少触电伤亡的有效措施，对于电气工作人员和用电人员来说，掌握触电救护知识非常重要。

1. 触电的现场抢救

当发现有人触电时，不可惊惶失措，首先应设法使触电者迅速而安全地脱离电源。根据触电现场的情况，通常采用以下几种急救方法：

(1) 迅速切断电源。如果电源开关、电源插头就在触电现场，应该立即断开电源开关或拔掉电源插头，若有急停按钮应首先按下急停按钮。如果触电现场远离开关或不具备关断电源的条件，只要触电者穿的是比较宽松的干燥衣服，救护者可站在干燥木板上，用一只手抓住衣服将其拉离电源，如图 1-5 所示。也可用干燥木棒、竹竿等将电线从触电者身上挑开，如图 1-6 所示。

图 1-5 将触电者拉离电源

图 1-6 将触电者身上的电线挑开

(2) 如果触电发生在火线与大地之间，一时又无法把触电者拉离电源，可设法将触电者身体与地面隔离开(如加垫干燥木板)。先切断通过人体流入大地的电流，再设法关断电源，使触电者脱离带电体。

(3) 救护者也可用手头的刀、斧、锄等带绝缘柄的工具或硬棒，在电源的来电方向将电线砍断或撬断。

总之，当发现触电者应采取一切手段使触电者脱离电源，同时，还要避免救人者二次触电。

(4) 触电者脱离电源之后，应根据实际情况，采取不同的救护方法。若触电者神智尚清醒，但仍有头晕、心悸、出冷汗、恶心、呕吐等症状时，应让其静卧休息，减轻心脏负担；若触电者只是一度昏迷，可将其放在空气流通的地方安静地平卧，松开身上的紧身衣服，摩擦全身，使之发热，以利血液循环；若触电者出现痉挛、呼吸衰弱等症状时，应立即施行人工呼吸，并送医院救治；若触电者呼吸停止，但心跳尚存，则应对触电者施行人工呼吸；若触电者心跳停止，呼吸尚存，则应采取胸外心脏挤压法实施抢救；若触电者呼吸、心跳均已停止，则必须同时采用人工呼吸法和胸外心脏挤压法这两种方法进行抢救。

2. 口对口人工呼吸法

人工呼吸的方法很多,其中以口对口吹气的人工呼吸法效果最好,也最容易掌握。具体操作如下。

(1) 首先使触电者仰卧在平直的木板上,解开衣领,松开上身的紧身衣服,使胸部可以自由扩张。除去口腔中的黏液、血液,食物、假牙等杂物。如果舌根下陷应将其拉出,使呼吸道畅通,如图 1-7 所示。

(2) 救护人位于触电者的一侧,一只手捏紧触电者的鼻孔,另一只手掰开其口腔。救护人深吸气后,紧贴着触电者的嘴唇吹气,使其胸部膨胀。之后,放松触电者的嘴鼻,使其自动呼气。如此反复进行,吹气 2s,放松 3s,大约 5s 一个循环,如图 1-8 和图 1-9 所示。

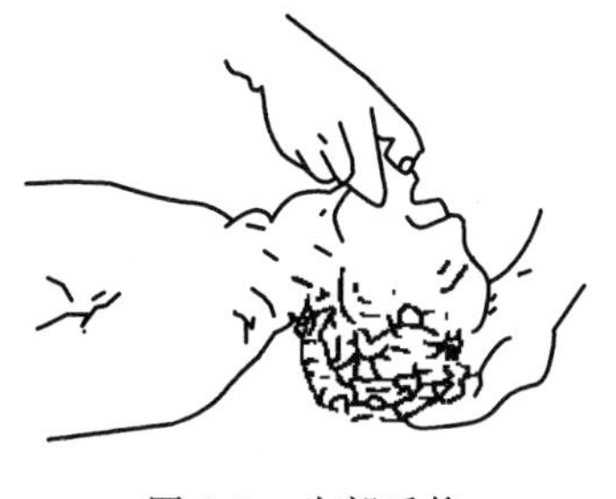
图 1-7 头部后仰

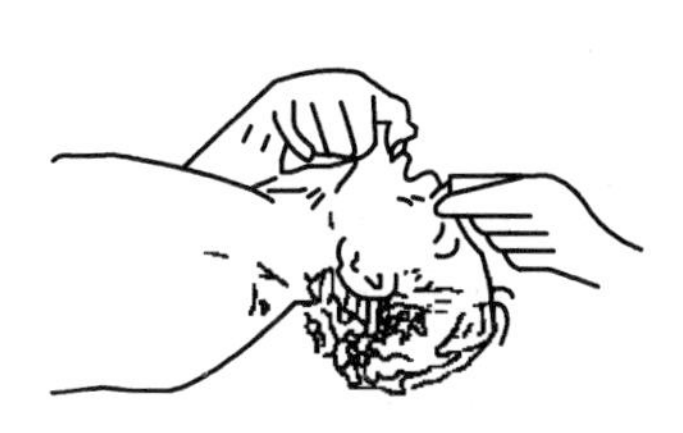
图 1-8 捏鼻掰嘴

(3) 吹气时要捏紧鼻孔,紧贴嘴唇,不使漏气,放松时应能使触电者自动呼气,如图 1-10 所示。

图 1-9 紧贴吹气

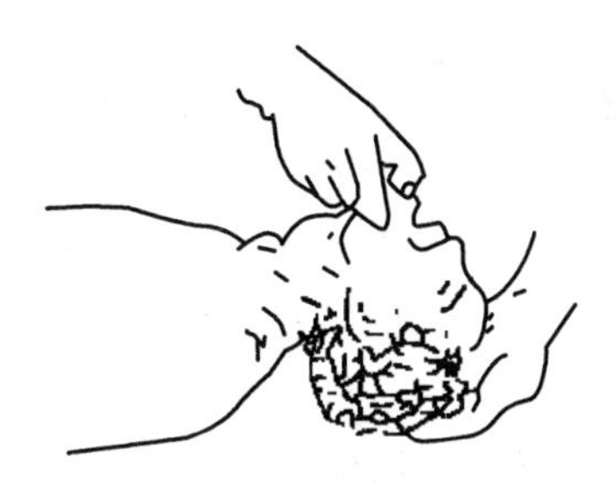
图 1-10 放松换气

(4) 对体弱者和儿童吹气时用力应稍轻,不可让其胸腹过分膨胀,以免肺泡破裂。当触电者自己开始呼吸时,人工呼吸应立即停止。

3. 胸外心脏挤压法

胸外心脏挤压法是帮助触电者恢复心跳的有效方法。这种方法是用人工胸外挤压代替心脏的收缩作用,具体操作如图 1-11 至图 1-14 所示。

(1) 使触电者仰卧,姿势与进行人工呼吸时相同,但后背着地应结实。先找到正确的挤压点,办法是:救护者伸开手掌,中指尖抵住触电者颈部凹陷的下边缘,手掌的根部就是正确的压点。

图 1-11 正确压点

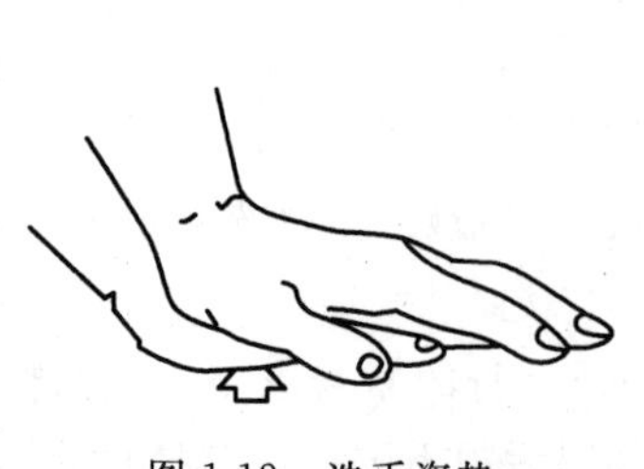

图 1-12 迭手姿势

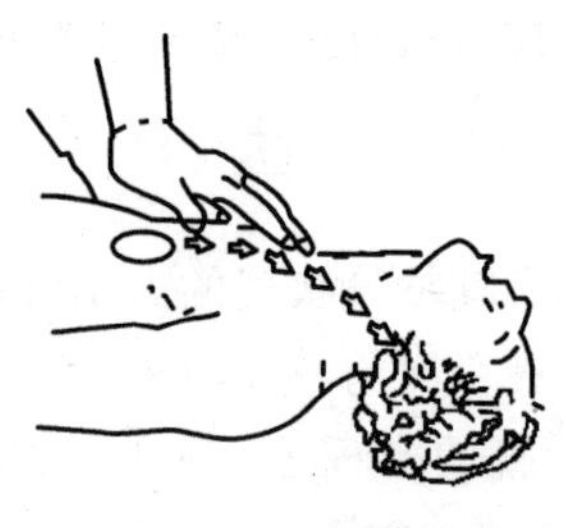

图 1-13 向下挤压

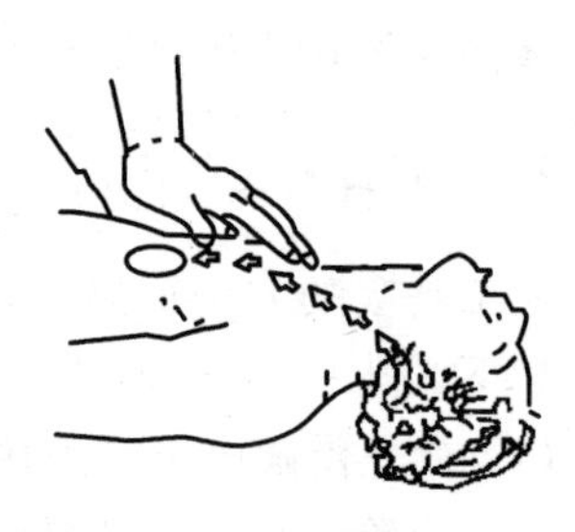

图 1-14 突然放松

(2) 救护人跪跨在触电者腰部两侧的地上，身体前倾，两臂伸直，两手相迭，以手掌根部放至正确压点。

(3) 掌根均衡用力连同身体的重量向下挤压，压出心室的血液，使其流至触电者全身各部位。压陷深度成人为 3～5cm，对儿童用力要轻。太快太慢或用力过轻过重，都不能取得好的效果。

(4) 挤压后掌根突然抬起，依靠胸廓自身的弹性，使胸腔复位，血液流回心室。重复(3)、(4)步骤，每分钟 60 次左右为宜。

总之，要注意压点正确，下压均衡、放松迅速、用力和速度适宜，要坚持做到心跳完全恢复。如果触电者心跳和呼吸都已停止，则应同时进行胸外心脏挤压和人工呼吸。一人救护时，两种方法可交替进行；两人救护时，两种方法应同时进行，但要配合默契。

1.3 电工安全操作规程

为保证人身和设备安全，国家按照安全技术要求制定并颁发了一系列的规程，主要有《工业企业电工作业安全规程》(简称《电工作业安全规程》)、《电气装置安装规程》、《电气装置检修规程》等，统称为安全技术规程。由于各种规程的内容较多，且专业性较强，不能全部叙述，这里主要介绍《电工作业安全规程》。

《电工作业安全规程》适用于工业企业及各用电单位，包括总则、安全措施、变(配)电所、线路的工作、车间电气、电气试验和测定工作六章，主要内容如下。

(1) 工作前必须检查工具、测量仪表和防护用具是否完好。

(2) 任何电气设备内部未经验明无电时，一律视为有电，不准用手触及。

(3) 不准在运转中拆卸、修理电气设备。必须在停车、切断电源、取下熔断器、挂上“禁止合闸，有人工作”的警示牌，并验明无电后，才可进行工作。

(4) 在总配电盘及母线上工作时，在验明无电后应挂临时接地线。装拆接地线必须由值班电工进行。

(5) 工作临时中断后或每班开始工作前，必须重新检查电源是否确已断开，并要验明无电。

(6) 每次维修结束后，必须清点所带的工具、零件等，以防遗留在电气设备中而造成事故。

(7) 由专门检修人员修理电气设备时，值班电工必须进行登记，完工后做好交代。共同检查后，才可送电。

(8) 必须在低压电气设备上带电工作时，要经领导批准，并有专人监护。工作时要戴工作帽，穿长袖衣服，戴绝缘工作手套，使用绝缘工具，并站在绝缘物上操作，相邻带电部分和接地金属部分应使用绝缘板隔开。

(9) 严禁带负载操作动力配电箱中的刀开关。

(10) 带电装卸熔断器时，要戴防护眼镜和绝缘手套。必要时要使用绝缘夹钳，站在绝缘垫上操作。严禁使用锉刀、钢尺等进行工作。

(11) 电气设备的金属外壳必须接地(接零)，接通地线必须符合标准，不准断开带电设备的外壳接地线。

(12) 拆卸电气设备或线路后，要对可能继续供电的线头立即用绝缘胶布包扎好。

(13) 安装灯头时，开关必须接在相线上，灯头座螺纹必须接在零线上。

(14) 对临时安装使用的电气设备，必须将金属外壳接地。严禁将电动工具的外壳接地线和工作零线拧在一起插入插座，必须使用两线带地或三线带地的插座，或者将外壳接地线单独接到接地干线上。用橡胶软电缆接可移动的电气设备时，专供保护接零的芯线中不允许有工作电流通过。

(15) 动力配电盘、配电箱、开关、变压器等电气设备附近，不允许堆放各种易燃、易爆、潮湿和影响操作的物件。

(16) 使用Ⅰ类电动工具时，要戴绝缘手套，并站在绝缘垫上工作，最好加设漏电保护器或安全隔离变压器。

(17) 电气设备发生火灾时，要立即切断电源，并使用二氧化碳灭火器灭火，严禁用水或泡沫灭火器。

1.4 电气防火、防爆、防雷

1.4.1 防火

电气火灾来势凶猛，蔓延迅速。既可能造成人身伤亡，设备、线路和建筑物的重大破坏，还可能造成大规模长时间停电，给国家财产造成重大损失。

1. 电气火灾的成因

电气火灾的成因很多，几乎所有的电气故障都可能导致电气着火。如设备材料选择不当，线路过载、短路或漏电，照明及电热设备故障，熔断器的烧断、接触不良以及雷击、静电等，都可能引起高温、高热或者产生电弧、放电火花，从而引发火灾事故。

2. 电气火灾的预防和处理

1) 电气火灾的预防

为了防止电气火灾的发生，首先应按场所的危险等级正确地选择、安装、使用和维护电气设备及电气线路，按规定正确采用各种保护措施。在线路设计上，应充分考虑负载容量及合理的过载能力。在用电上，应禁止过度超载及乱接乱搭电源线。用电设备有故障应停用并及时检修。对于需在监护下使用的电气设备，应做到“人去停用”。对于易引起火灾的场所，应注意加强防火，配置防火器材。

2）电气火灾的处理

当电气设备发生火警时，首先应切断电源，防止火势蔓延以及灭火时发生触电事故。同时，拨打火警电话报警。发生电气火灾时，不能用水或普通灭火器（如泡沫灭火器）灭火。因为水和普通灭火器中的溶液都是导体，如电源未被切断，救火者有可能触电。所以，发生电起火时，应使用干粉二氧化碳等灭火器灭火，也可用干燥的黄沙灭火。

1.4.2 防爆

1. 电气引爆

由电引发爆炸的原因很多，危害极大，主要发生在含有易燃、易爆气体、粉尘的场所。当空气中汽油的含量比达到 1%～6%，乙炔达到 1.5%～82%，液化石油气达到 3.5%～16.3%，家用管道煤气达到 5%～30%，氢气达到 4%～80%，氨气达到 15%～28%时，如遇电火花或高温、高热，就会引起爆炸。碾米厂的粉尘、各种纺织纤维粉尘，达到一定浓度也会引起爆炸。

2. 防爆措施

为了防止电气引爆的发生，在有易燃、易爆气体、粉尘的场所，应合理选用防爆电气设备，正确敷设电气线路，保持场所良好通风；应保证电气设备的正常运行，防止短路、过载；应安装自动断电保护装置，对危险性大的设备应安装在危险区域外；防爆场所一定要选用防爆电机等防爆设备，使用便携式电气设备应特别注意安全；电源应采用三相五线制与单相三线制线路，线路接头采用熔焊或钎焊等连接固定。

1.4.3 防雷

雷电是一种自然现象，它产生的强电流、高电压、高温热具有很大的破坏力和多方面的破坏作用，给电力系统和人类造成严重灾害。因此，必须了解雷电的形成机理和活动规律，采取有效的防护措施。

1. 雷电的形成

雷鸣与闪电是大气层中强烈的放电现象。雷云在形成过程中，由于摩擦、冻结等原因，积累起大量的正电荷或负电荷，产生很高的电位。当带有异性电荷的雷云接近到一定程度时，就会击穿空气而发生强烈的放电。强大的放电电流伴随高温、高热，发出耀眼的闪光和震耳的轰鸣。

2. 雷电的活动规律

雷电在我国的活动规律是：南方比北方多，山区比平原多，陆地比海洋多，热而潮湿的地方比冷而干燥的地方多，夏季比其他季节多。在同一地区，凡是电场分布不均匀、导电性能较好容易感应出电荷、云层容易接近的部位或区域，更容易引雷而导致雷击。

一般来说，空旷地区的孤立物体、高于 20m 的建筑物，如水塔、宝塔、尖形屋顶、烟囱、旗杆、天线、输电线路杆塔等；金属结构的屋面或者屋顶有露天放置的金属物；排放导电尘埃的厂房，烟囱冒出热气（含有大量导电质点、游离态分子）的出口处；金属矿床、河岸、山谷风口处等地区容易受到雷击，雷雨时应特别注意。

3. 雷电的种类

根据雷电的形成机理及侵入形式，可分为下面几种类型。

(1) 直击雷。雷云距地面的高度较小时，在地面较高的凸出物上产生静电感应，感应电荷与雷云所带电荷相反而发生放电，称为直击雷，其电压可高达几百万伏。

(2) 感应雷。有静电感应雷和电磁感应雷两种。静电感应雷是雷云接近地面时，在地面凸出物顶部感应出的异性电荷失去束缚，以雷电波的形式沿地面传播，在一定时间和部位发生强烈放电所形成的；电磁感应雷是发生雷电时，巨大的雷电流在周围空间产生强大的变化率很高的电磁场，在附近金属物上发生电磁感应产生很高的冲击电压，引发放电而形成的。感应雷产生的感应电压，其值可达数十万伏。

(3) 球形雷。雷击时形成的一种发红光或白光的火球，通常从门、窗或烟囱等通道侵入室内，在触及人畜或其他物体时发生爆炸、燃烧而造成伤害。

(4) 雷电侵入波。雷击时在电力线路或金属管道上产生的高压冲击波，顺线路或管道侵入室内，或者破坏设备绝缘层窜入低压系统，危及人畜和设备安全。

4. 雷电的危害

雷电的危害，主要有四个方面：一是电磁性质的破坏。雷击的高电压破坏电气设备和导线的绝缘，在金属物体的间隙形成火花放电，引起爆炸，雷电侵入波侵入室内，危及设备和人身安全。二是机械性质的破坏。当雷电击中树木、电杆等物体时，造成被击物体的破坏和爆炸；雷击产生的冲击气浪也对附近的物体造成破坏。三是热性质的破坏。雷击时在极短的时间内释放出强大的热能，使金属熔化、树木烧焦、房屋及物资烧毁。四是跨步电压破坏。雷击电流通过接地装置或地面向周围土壤扩散，形成电压降，使该区域的人畜受到跨步电压的伤害。

5. 常用防雷装置

防雷的基本思想是疏导，即设法将雷电流引入大地，从而避免雷击的破坏。常用的避雷装置有避雷针、避雷线、避雷网、避雷带和避雷器等。其中避雷针、避雷线、避雷网、避雷带作为接闪器，与引下线和接地体一起构成完整的通用防雷装置，主要用于保护露天的配电设备、建筑物或构筑物等。避雷器则与接地装置一起构成特定用途的防雷装置。

避雷针是一种尖形金属导体，普遍用于建筑物、构筑物及露天电力设施的保护。其作用是将雷电引到避雷针上，把雷电波安全导入大地，避免雷击的损害。避雷针应装设在保护对象的最凸出部位，根据保护范围的需要可装设单支、双支或多支。

避雷器通常装接在电力线路和大地之间，与电气设备并联安装。当电力线路出现雷电过电压时，避雷器内部立即放电，将雷电流导入大地，降低了线路的冲击电压。当雷电流过去后，避雷器迅速恢复为阻断状态，系统正常运行。

1.5 电气安全技术知识

1.5.1 接地与接零

1. 工作接地

为了保证电气设备的正常工作，将电路中某一点通过接地装置与大地可靠地连接，称为工作接地。如变压器低压侧的中性点、电压互感器和电流互感器的二次侧某一点接地等。在电力系统中，中性点接地的称为中性点直接接地系统，中性点不接地的称为中性点不接地系统。在中性点接地系统中，如果某一相短路，其他二相的对地电压为相电压。中性点不接地系统中，如果某一相短路，其他二相的对地电压接近线电压。

2. 保护接地

将电气设备正常情况下不带电的金属外壳通过接地装置与大地可靠连接，称为保护接地，主要应用于三相三线制中性点不接地的电网系统。其原理如图 1-15 所示，图 1-15(a)是未加保护接地时的情况，若绝缘损坏，一相电源碰壳，电流经人体电阻 R_r、大地和线路对地绝缘等效电阻 R_j 构成回路。若线路绝缘的性能不好，流过人体电流增大，危及人身安全。图 1-15(b)中加了保护接地，当一相电源碰壳时，由于人体电阻 R_r，远大于接地电阻 R_d(一般只有几欧姆)，流过人体的电流 I_r，比流过接地装置的电流 I_d，小得多，从而保证了人身安全。

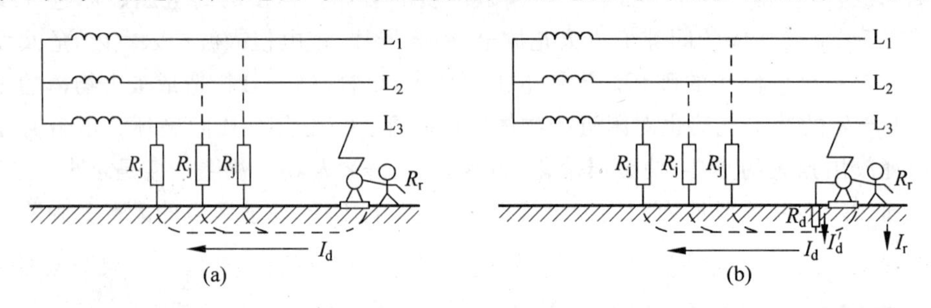

图 1-15　保护接地原理

3. 保护接零

将电气设备正常情况下不带电的金属外壳与电网的零线相连接，称为保护接零，适用于三相四线制中性点直接接地系统，其原理如图 1-16 所示。

在图 1-16(b)中，若一相绝缘损坏碰壳，由于外壳与电源零线相接，形成该相对零线的单相短路，短路电流使线路上的保护装置(如熔断器、低压断路器等)迅速动作，切断电源，保护人身和设备安全。图 1-16(a)是未接零时的情况，对地短路电流不一定能使线路保护装置动作。

4. 重复接地

电源变压器离用户较远时，为防止中线断线或线路电阻过大，在用户附近将中线再次接地，图1-16(b)中就采取了重复接地措施。重复接地的主要作用是降低三相不平衡电路中零线上可能出现的危险电压，减轻单相接地或高压串入低压的危险。

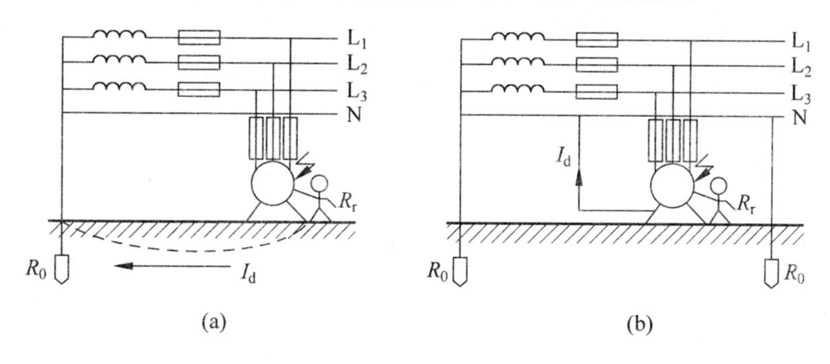

图 1-16 保护接零原理

5. 安装漏电保护器

如果室内没有专用的保护零线，应安装漏电保护器，采用这种开关，凡所控制的线路和电气设备发生漏电时，都能自动切断电源，以避免发生设备或人身事故，如图1-17所示。

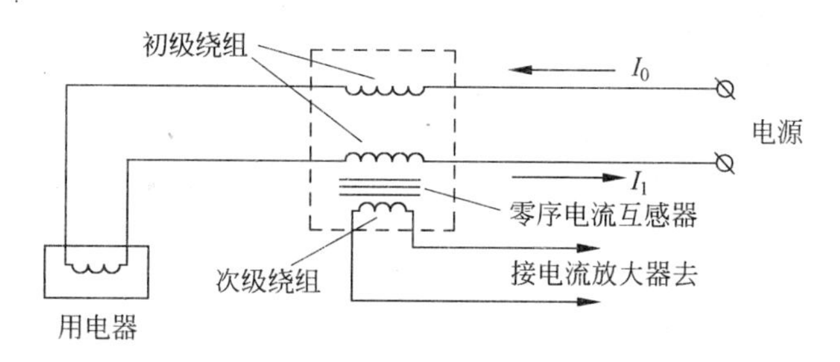

图 1-17 零序电流互感器的工作原理

这种开关是由零序电流互感器、电流放大器和电磁脱扣器三部分组成。

1) 零序电流互感器

初级线圈由双根导线并绕，分别接在每根电线上。当负载正常时，初级两个线圈的电流 I_0 与 I_1 相等，但方向相反，因此在互感器的铁芯里建立不起交变的磁场，故次级线圈感应不出电流来。当负载漏电时，因 I_0 包括了负载的漏电电流，故 I_0 大于 I_1，由于两个初级线圈电流不等，这个差值的电流在铁芯上就建立起磁势，次级线圈就产生感应电流。

2) 电流放大器

由于次级输出的检漏电流极小，不能推动开关脱扣，必须进行电流放大。

3) 电磁脱扣器

它的结构和作用与自动开关相似。漏电电流只要达到30mA时，漏电开关就马上启动，切断电源，保护了人身安全。

1.5.2 电气设备的安全要求

电气设备的安全要求如下。

(1) 使用电气设备，必须严格遵守操作规程。合上电源时，先合隔离开关，再合负荷开关；分断电源时，先断负荷开关，再断隔离开关。

（2）电气设备不能受潮。在潮湿场合使用时，要有防雨水和防潮措施。电气设备工作时会发热，应有良好的通风散热条件和防火措施。

（3）电气设备的金属外壳应有可靠的保护接地。电气设备运行时可能会出现故障，应有短路保护、过载保护、欠电压保护和失电压保护等保护措施。

（4）凡有可能遭受雷击的电气设备，均要安装防雷装置。

（5）要做好电气设备的安全运行检查工作，对出现故障的电气设备和线路应及时进行检修。

第2章 电工工具与仪表

电工工具与电工仪表是电气安装与维修工作的“武器”，正确使用这些工具、仪表是提高工作效率，保证施工质量的重要条件。因此，了解这些工具、仪表的结构及性能，掌握其使用方法，对电工操作人员来说是十分重要的。电工工具与电工仪表的种类很多，本章仅对常用的几种进行介绍。

2.1 常用电工工具

电工工具有随身携带的常用工具，如螺丝刀、电工刀、剥线钳、钢丝钳、尖嘴钳、斜口钳、验电笔及活动扳手等；此外，还有一些不便于随身携带的工具，如冲击钻、管子钳、管子割刀、电烙铁、转速表等。

下面介绍几种常用电工工具的使用方法及注意事项。

2.1.1 螺丝刀

螺丝刀又称“起子”、螺钉旋具等，其头部形状有“一”字形和“十”字形两种，如图 2-1 所示。“一”字形螺丝刀用来紧固或拆卸带一字槽的螺钉；“十”字形螺丝刀专用于紧固或拆卸带十字槽的螺钉。电工常用的“十”字形螺丝刀有四种规格：Ⅰ号适用的螺钉直径为 2～2.5mm；Ⅱ号为 3～5mm；Ⅲ号为 6～8mm；Ⅳ号为 10～12mm。

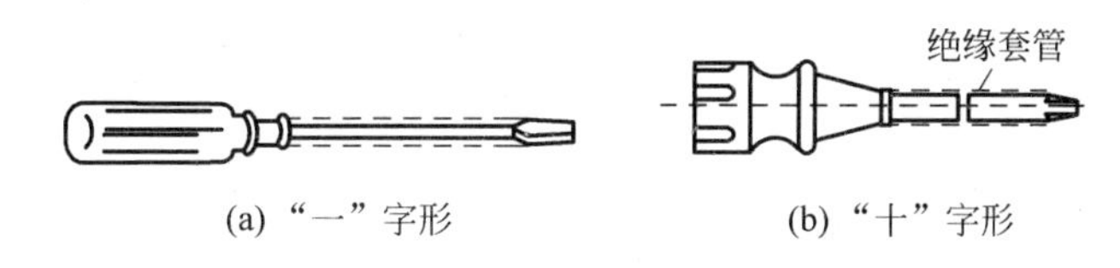

(a)“一”字形　　(b)“十”字形

图 2-1　螺丝刀

使用螺丝刀应注意下面几点：

(1) 使用金属杆直通柄顶的螺丝刀进行电工操作，否则易造成触电事故。

(2) 为避免螺丝刀的金属杆触及皮肤或邻近带电体，应在金属杆上套绝缘管(螺丝刀金属杆的侧虚线如图 2-1 所示)。

(3) 螺丝刀头部厚度应与螺钉尾部槽形相配合，斜度不宜太大，头部不应该有倒角，否则容易打滑。

(4) 使用时应将头部顶牢螺钉槽口，防止打滑而损坏槽口。

(5) 不用小号螺丝刀拧旋大螺钉，否则不易旋紧，或将螺钉尾槽拧豁，或损坏螺丝刀头部。反之，也不能用大号螺丝刀拧旋小螺钉，防止因力矩过大而导致小螺钉滑丝。

2.1.2 电工刀

电工刀适用于装配维修工作中割削导线绝缘外皮，以及割削木桩和割断绳索等操作，其外形如图 2-2 所示。电工刀有普通型和多用型两种，按刀片尺寸可分为大号(112mm)和小号(88mm)两种。多用型电工刀上除了刀片外，还有可收式的锯片、锥针和螺丝刀等。

使用电工刀应注意下面几点：

(1) 用时切勿用力过大，以免不慎划伤手指和其他器具。

图 2-2 电工刀

(2) 使用时，刀口应朝外操作。

(3) 电工刀的手柄一般不绝缘，严禁用电工刀进行带电操作。

2.1.3 剥线钳

剥线钳适用于剥削截面积 6mm 以下塑料或橡胶绝缘导线的绝缘层，由钳口和手柄两部分组成，其外形如图 2-3 所示。上面有尺寸为 0.5～3mm 的多个直径切口，用于不同规格线芯的剥削。使用时，切口大小必须与导线芯线直径相匹配，过大难以剥离绝缘层，过小会损伤或切断芯线。

2.1.4 钢丝钳

钢丝钳又称克丝钳，一般有 150mm、175mm、200mm 三种规格，外形如图 2-4 所示。其用途是夹持或折断金属薄板以及切断金属丝(导线)。电工用钢丝钳的手柄必须绝缘，一般钢丝钳的绝缘护套耐压为 500V，只适用于在低压带电设备上使用。

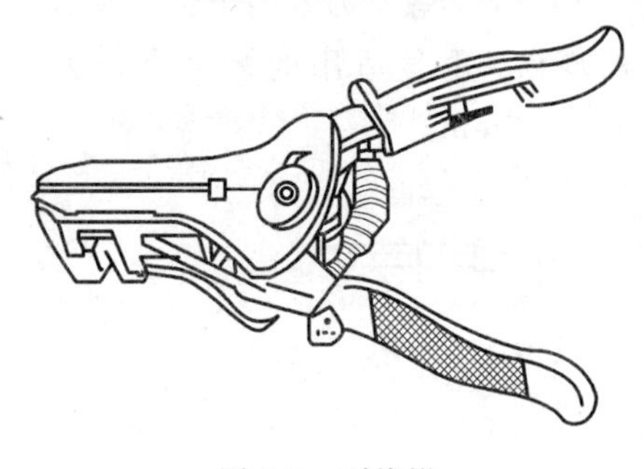
图 2-3 剥线钳

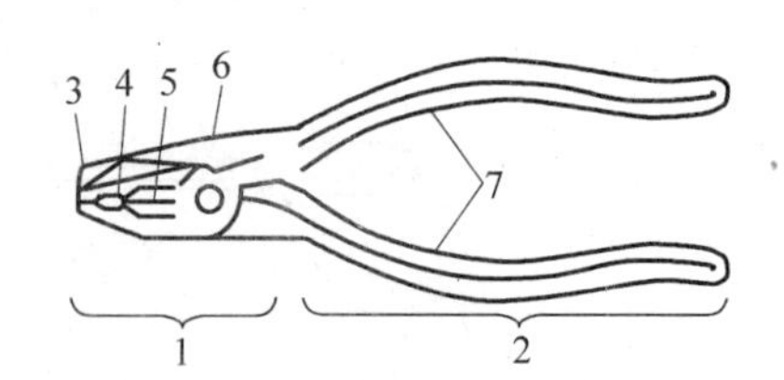

图 2-4 钢丝钳

1—钳头；2—钳柄；3—钳口；4—齿口；5—刀口；6—侧口；7—绝缘套

使用钢丝钳应注意下面几点：

(1) 用钢丝钳时，切勿将绝缘手柄碰伤、损伤或烧伤，并注意防潮。

(2) 钳轴要经常加油，防止生锈，保持操作灵活。

(3) 带电操作时，手与钢丝钳的金属部分要保持 2cm 以上间距。

2.1.5 尖嘴钳

尖嘴钳的头部尖细，使用灵活方便。适用于狭小的工作空间或低压电气设备带电操作，也可用于电气仪表制作或维修、剪断细小的金属丝等，外形如图 2-5 所示。电工维修时，应选用带有耐酸塑料套管绝缘手柄、耐压在 500V 以上的尖嘴钳，常用规格有 130mm、160mm、180mm、200mm 四种。

使用尖嘴钳应注意下面几点：

(1) 不可使用绝缘手柄已损坏的尖嘴钳切断带电导线。

(2) 操作时，手离金属部分的距离应不小于 2cm，以保证人身安全。

(3) 因钳头部分尖细，又经过热处理，钳夹物不可太大，用力切勿过猛，以防损坏钳头。

(4) 钳子使用后应清洁干净。钳轴要经常加油，以防生锈。

2.1.6 斜口钳

斜口钳又称断线钳，其头部扁斜，电工用斜口钳的钳柄采用绝缘柄，外形如图 2-6 所示，其耐压等级为 1000V。

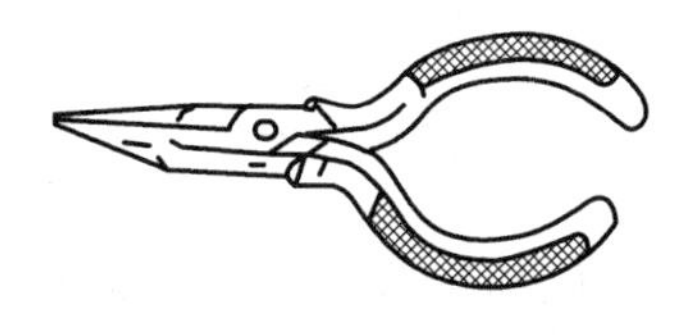

图 2-5 尖嘴钳

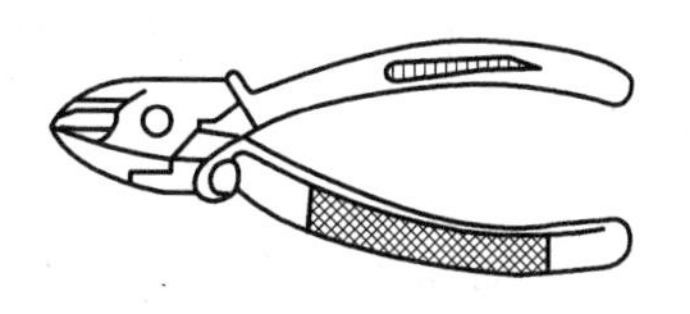

图 2-6 斜口钳

斜口钳专供剪断较粗的金属丝、线材及电线电缆等。

2.1.7 验电笔

验电笔又称试电笔，有低压和高压之分。常用的低压验电笔是检验导线、电器和电气设备是否带电的常用工具，检测范围为 60～500V，有钢笔式、螺丝刀式和组合式等多种。

低压验电笔由工作触头、电阻金属部件、氖泡、弹簧等部件组成，如图 2-7 所示。

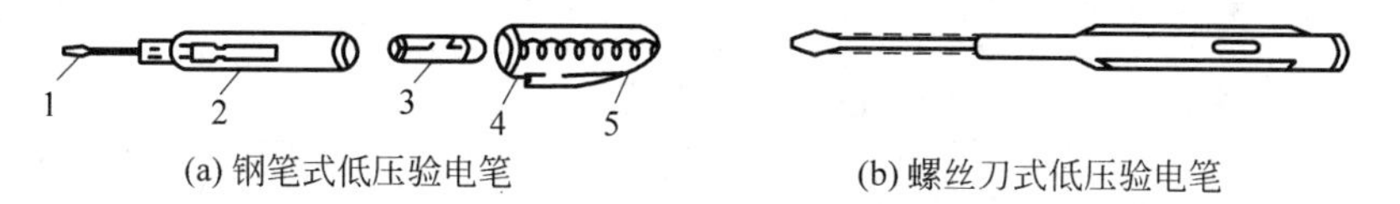

(a) 钢笔式低压验电笔　　(b) 螺丝刀式低压验电笔

图 2-7 低压验电笔

1—笔尖；2—电阻；3—氖管；4—弹簧；5—笔尾金属

使用低压验电笔应注意下面几点：

(1) 使用时，先检查部件是否齐全，电笔是否损坏，检查合格才可使用。

(2) 使用前，先在已知部位检查一下氖泡是否能正常发光，如果正常发光，则可开始使用。

(3) 如把验电笔当成螺丝刀使用，用力要轻，扭矩不可过大，以防损坏。

(4) 使用完毕后，要保持验电笔清洁，放置在干燥、防潮、防摔碰的地方。

2.2 常用电工仪器仪表

2.2.1 电工仪器仪表概述

电工仪器仪表，用来对电流、电压、电阻、电能、电功率等进行测量，以便了解和掌握电气设备的特性、运行情况，检查电气元器件的质量情况。由此可见，正确掌握电工仪器仪表的使用是十分必要的。

在电工技术中，测量的电量主要有电流、电压、电阻、电能、电功率和功率因数等，测量这些电量所用的仪器仪表，统称为电工仪表。

2.2.2 电工仪表的分类

电工仪表的种类繁多，分类方法也各有不同。按照电工仪表的结构和用途大体可分为五类。

1. 指示仪表类

直接从仪表指示的读数来确定被测量的大小，有安装式、可携式两种。

2. 比较仪器类

需在测量过程中将被测量与某一标准量比较后才能确定其大小。直流如：电桥、电位差计、标准电阻箱；交流如：交流电桥、标准电感、标准电容器。

3. 数字式仪表类

直接以数字形式显示测量结果。如数字万用表、数字频率记。

4. 记录仪表和示波器类

X-Y 记录仪、示波器。

5. 扩大量程装置和变换器

分流器、附加电阻、电流互感器、电压互感器等。

2.2.3 指示仪表的分类

指示仪表是应用最多和最常见的一种电工仪表。指示仪表的特点是把被测量电量转换为驱动仪表可动部分的角位移，根据可动部分的指针在标尺刻度盘的位置，直接读出被测量的数值。指示仪表的优点是测量迅速，可直接读数。缺点是，体积大，精度稍差。常用指示类仪表又可以按以下 7 种方法分类。

1. 按仪表的工作原理分类

常用的可分为电磁式、电动式和磁电式。其他还有感应式、振动式、热电式、热线式、静电式、整流式、光电式和电解式等。

2. 按测量对象的种类分类

可分为电流表(又分安培表、毫安表、微安表)、功率计、电阻表和瓦时计(电度表)等。

3. 按被测电流种类分类

可分为直流仪表、交流仪表、交直流两用仪表。

4. 按使用方式分类

可分为安装式仪表和可携式仪表。安装式仪表固定安装在开关板或电气设备的板面上,造价低廉。这种仪表准确度较低,但过载能力较强。可携式仪表,作固定安装操作使用,有的可在室外使用(如万用表、兆欧表),有的在实验室内作精密测量和标准表用。这种仪表准确度较高,但过载能力较差,造价较贵。

5. 按仪表的准确度分类

可分为0.1、0.2、0.5、1.0、1.5、2.5和5.0七个等级,仪表的级别表示仪表准确度的等级所谓几级是指仪表测量时可能产生的误差占满刻度的百分之几。表示级别的数字越小精度越高。

(1) 0.1、0.2级仪表用于标准表和检验仪表。

(2) 0.5、1.5级仪表用于实验时测量用。

(3) 2.5级和5.0级仪表用于工程测量,一般装在配电盘和操作台上。

6. 按使用环境条件可分为A、B、C三组

(1) A组:工作环境在0～40℃,相对湿度在85%以下。

(2) B组:工作环境在-20～50℃,相对湿度在85%以下。

(3) C组:工作环境在-40～60℃,相对湿度在98%以下。

7. 按对外界磁场的防御能力可分为Ⅰ、Ⅱ、Ⅲ、Ⅳ四个等级

2.2.4　常用电工仪表的结构

常用电工仪器由标度尺和有关符号的面板、表头电磁系统、指针、阻尼器、转轴、游丝和零位调节器等组成。

2.3　常用电工仪表的工作原理

电工仪表的种类很多,就指针式仪表而言,其结构和工作原理也不尽相同。下面对磁电式、电磁式、电动式仪表的结构和工作原理进行简单的介绍。

2.3.1　磁电式仪表的工作原理

磁电式仪表的结构如图2-8所示。

磁电式仪表的工作原理是：永久磁铁的磁场与通有直流电流的可动线圈相互作用而产生偏转力矩，使可动线圈发生偏转，同时与可动线圈固定在一起的游丝因可动线圈偏转而发生变形，产生反作用力矩，当反作用力矩与转动力矩相等时，活动部分将最终停留在相应的位置，指针在标度尺上指出待测量的数值，指针的偏转与通过线圈的电流成正比，因此刻度是均匀的。

磁电式仪表使用注意事项。

(1) 测量时，电流表要串联在电路中，电压表要并联在电路中。

(2) 使用直流表，电流要从"＋"极进入，否则指针将反偏。

(3) 一般的直流仪表不能用来测量交流电，当误接入交流电时，指针不动，如果电流过大，会损坏仪表。

(4) 磁电式仪表过载能力较低，注意不要过载。

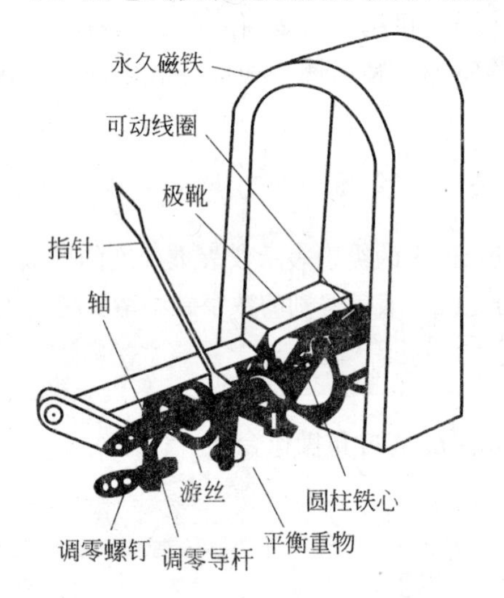

图 2-8 磁电式仪表的原理结构示意图

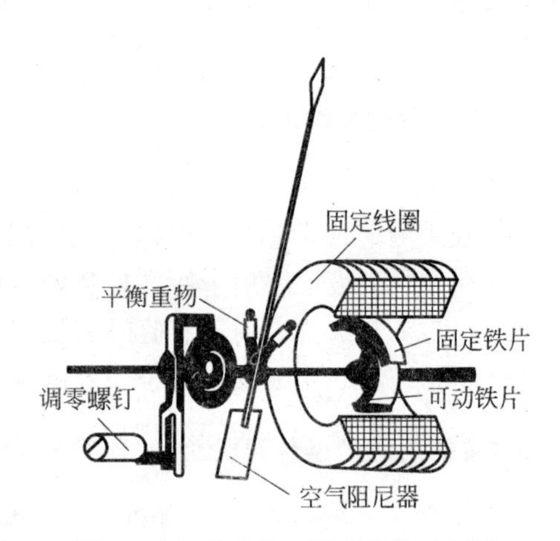

图 2-9 电磁式仪表原理结构示意图

2.3.2 电磁式仪表的工作原理

电磁式仪表原理结构图如图 2-9 所示。

电磁式仪表的工作原理是在线圈内有一块固定铁片和一块装在转轴上的可动铁片。当电流通入仪表后，载流线圈产生磁场，固定铁片和可动铁片同时被磁化，并呈同一极性。由于同极相斥的缘故，铁片间产生一个排斥力，可动铁片转动，同时带动转轴与指针一起偏转。当与弹簧反作用力矩平衡时，便获得读数。电磁式仪表转动力矩的大小与通入电流的二次方成正比，指针的偏转由转动力矩所决定，所以标尺刻度是不均匀的，即非线性的。

电磁式仪表的优点：适用于交直流测量、过载能力强、可无需辅助设备而直接测量大电流、可用来测量非正弦量的有效值。

电磁式仪表的缺点：标度不均匀、准确度不高、读数受外磁场影响。

2.3.3 电动式仪表的工作原理

电动式仪表原理结构图如图 2-10 所示。

电动式仪表的工作原理是：仪表由固定线圈（电流线圈与负载串联，以反映负载电流）和可动线圈（电压线圈串联一定的附加电阻与负载并联，以反映负载电压）所组成，当它们通有电流后，由于载流导体磁场间的相互作用而产生偏转力矩使可动线圈偏转。当与弹簧反作用力矩平衡时便获得读数。

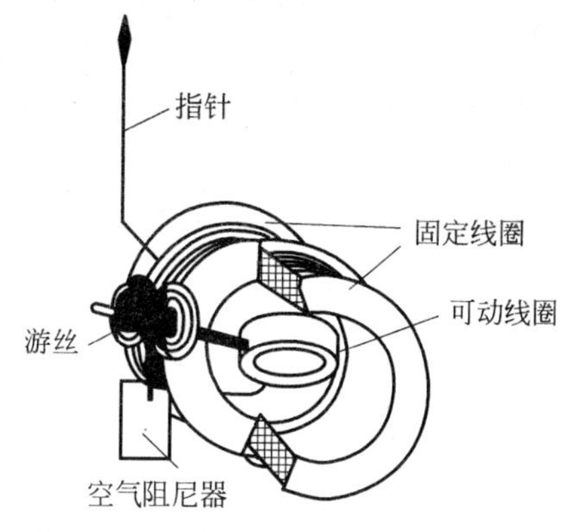

图 2-10 电动式仪表的原理结构示意图

电动式仪表的优点包括：适用于交直流测量、灵敏度和准确度比用于交流测量的其他类型的仪表要高、可用来测量非正弦量的有效值。

电动式仪表的缺点：标度不均匀、过载能力差、读数受外磁场影响大。

2.4 电流表

电流表是用来测量电路中的电流值的，按所测电流性质可分为直流电流表、交流电流表和交直流两用电流表。就其测量范围又有微安表、毫安表和安培表之分。

2.4.1 电流表的工作原理

电流表有磁电式、电磁式和电动式等种类，它们串接在被测电路中。被测电路的电流流过仪表线圈，使仪表指针发生偏转，通过指针偏转的角度可以反映被测电流的大小。

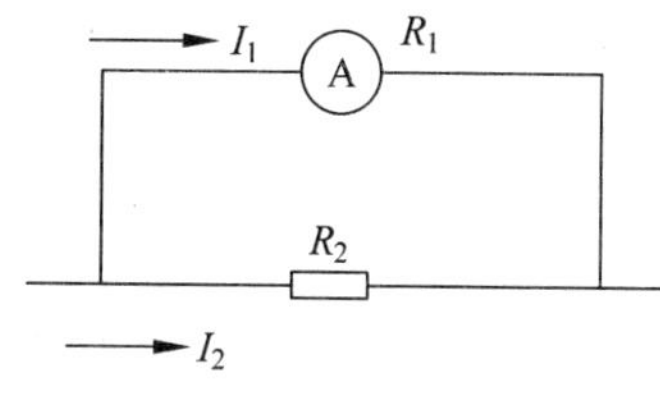

图 2-11 电流表扩大量程电路

磁电式仪表的灵敏度高，其游丝和线圈导线的截面积都很小，不能直接测量较大的电流。为此常用一个电阻与磁电式仪表并联，来扩大磁电式仪表的量程。并联电阻起分流作用，称为分流电阻或分流器，如图 2-11 所示。

2.4.2 电流表的选择

测量直流电流时，可使用磁电式、电磁式或电动式仪表，其中磁电式仪表使用较为普遍。测量交流电时，可使用电磁式、电动式仪表，其中电磁式仪表使用较多。对于测量要求准确度高，灵敏度高的场合，如测量晶体管电路、控制电路时采用磁电式仪表。对测量精度要求不严格，测量值较大的场合，如装在固定位置、监测电路工作状态时，常选择价格低，过载能力强的电磁式仪表。

在选择电流表形式的同时，还要考虑电流表的量程。电流表的量程要根据被测电流的大小来决定，要使被测电流值处于电流表的量程之内，应尽量使表头指针指到满刻度的 2/3 左右。在不明确被测电流大小的情况时应先使用较大量程的电流表试测，以免因过载而烧毁仪表。

2.4.3 电流表的使用

在测量电路电流时，一定要将电流表串联在被测电路中。

2.4.4 电流表的内阻

电流表串联在电路中，由于电流表具有内阻，会改变被测电路的工作状态，影响被测电路的数值。如果内阻较小，偏差也可以忽略。

2.5 电压表

电压表是用来测量电路中的电压值的。按所测电压的性质分为直流电压表、交流电压表和交直流两用电压表。就其测量范围又有毫伏表，伏特表之分。

2.5.1 电压表的工作原理

磁电式、电磁式和电动式也是电压表的主要形式。被测电路两点间的电压加在仪表的接线端上，电流通过仪表内的线圈，其电流的大小与被测电路两点的电压有关，同样使用指针的偏转角可以反映出被测电路的电压。灵敏度较高的仪表允许通过的电流值受到限制，为了扩大测量电压的量程，可采用电阻与仪表串联的方法，构成大量程的电压表，串联电阻起分压作用。

2.5.2 电压表的选择

电压表的选择原则和方法与电流表的选择相同，主要从测量对象、测量范围、要求精度和仪表价格等几方面考虑。工厂的低压配线电路，其电压多为 380V 和 220V，对测量精度要求不太高，所以一般多用电磁式电压表，选择量程为 450V 和 300V。实验中测量电子电路电压时，因为对测量精度和灵敏度要求高，常采用磁电式多量程电压表，其中普遍使用的是万用表的电压挡，其交流测量是通过整流后实现的。

2.5.3 电压表的使用

用电压表测量电路电压时，一定要使电压表与被测电压的两端并联，电压表指针所示被测电路两点间的电压。电压表的连接如图 2-12 所示。

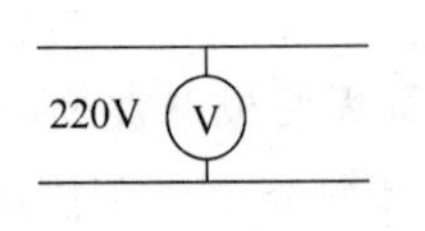

图 2-12 电压表的连接

图 2-12 是测量 220V 交流电压的连接示意图，电压表与电路是并联的。

注意：测量时所选用的电压表量程一定要大于被测电路的电压，否则将损坏电压表。使用磁电式电压表测量直流电压时，要注意电压表接线端上的“+”,“—”极性标记。

2.5.4 电压表的内阻

用电压表测量电路两端的电压，电压表要与被测电路并联，因为电压表的内阻不是无限大，它的接入会改变被测电路的工作状态，影响被测电路两端的电压。如果电压表的内阻较大，则测量的精度较高。

2.6 数字万用表

数字万用表以其性能优良，价格较低而迅速流行起来，数字式万用表除了具有指针万用表的功能外，还可以用来测量电容频率和温度等物理量；并且以数字形式显示读数，使用起来更加方便。从外观上看，数字万用表的上部是液晶显示屏，在中间部分是功能选择旋钮，下部是表笔插孔，分为“COM”，即公共端(或“－”端)和“＋”端，还有一个电流插孔，测三极管β值插孔和测电容插孔。DT9205数字万用表的外形如图2-13所示。

图2-13 数字万用表的外形

2.6.1 概述

DT9205以大规模集成电路、双积分A/D(模/数)转换器为核心，配以全功能过载保护电路，可用来测量直流和交流电压、电流、电阻、电容、二极管、三极管、温度、频率、电路通断等。

相关术语及仪表盘上的名词解释：

LCD/液晶显示屏；

交流电的有效值用字母rms表示。例如，市电峰值为311V，有效值为220Vrms；

模/数转换器是模拟信号与数字信号相互转换的电子元件；

仪表盘下方FUSED表示该量程有保险管，NOFUSE表示无保险管。

2.6.2 特点

(1) 功能选择具有32个量程。

(2) 量程与LCD有一定的对应关系：选择一个量程，如果量程是一位数，则LCD上显示一位整数，小数点后显示三位小数；如果是两位数，则LCD上显示两位整数，小数点后显示两位小数；如果是三位数，则LCD上显示三位整数，小数点后显示一位小数；有几个量程，对应的LCD没有小数显示。

(3) 测试数据显示在LCD中。

(4) 过量程时，LCD的第一位显示“1”，其他位没有显示。

(5) 最大显示值为1999(液晶显示的后三位可从0变到9，第一位从0到1只有两种状态，这样的显示方式叫做三位半）。

（6）全量程过载保护。

（7）工作温度：0～400℃，储存温度：－100～＋500℃。

（8）电池不足指示：LCD液晶屏左下方显示电池符号。

2.6.3 数字万用表的使用方法

1. 电压的测量

（1）直流电压的测量，如电池、随身听电源等。首先将黑表笔插进“COM”孔，红表笔插进“V/Ω”。将旋钮选到比估计值大的量程（表盘上的数值均为最大量程，“V－”表示直流电压挡；“V～”表示交流电压挡；“A－”是直流电流挡；“A～”是交流电流挡），接着把表笔接电源或电池两端；保持接触良好。数值可以直接从显示屏上读取，若显示为“1.”，则表明量程太小，那么就要加大量程后再测量。如果在数值左边出现“－”，则表明表笔极性与实际电源极性相反，此时红表笔接的是负极。

（2）交流电压的测量。表笔插孔与直流电压的测量一样，不过应该将旋钮打到交流挡“V～”处所需的量程即可。交流电压无正负之分，测量方法跟前面相同。无论测交流还是直流电压，都要注意人身安全，不要随便用手触摸表笔的金属部分。

过载保护：对于200mV量程挡，能够承受的最大直流电压为250V；能够承受的最大交流电压为250Vrms；其他量程挡位，能够承受的最大直流电压为250V；能够承受的最大交流电压有效值为700Vrms，1000V的峰值。

2. 电流的测量

（1）直流电流的测量。先将黑表笔插入“COM”孔。若测量大于200mA的电流，则要将红表笔插入“10A”插孔并将旋钮打到直流“10A”挡；若测量小于200mA的电流，则将红表笔插入“200mA”插孔，将旋钮打到直流200mA以内的合适量程。调整好后，就可以测量了。将万用表串联入电路中，保持稳定，即可读数。若显示为“1”，那么就要加大量程；如果在数值左边出现“－”，则表明电流从黑表笔流进万用表。

（2）交流电流的测量。测量方法与直流电流的测量基本相同，不过挡位应该打到交流挡位，电流测量完毕后应将红笔插回“V/Ω”孔。

注：需要把万用表串联到被测电路中。

3. 电阻的测量

将表笔插进“COM”和“V/Ω”孔中，把旋钮转到“Ω”中所需的量程，用表笔接在电阻两端金属部位，测量中可以用手接触电阻，但不要用手同时接触电阻两端，这样会影响测量的精确度。读数时，要保持表笔和电阻有良好的接触；注意单位：在“200”挡时单位是“Ω”，在“2k”到“200k”挡时单位为“kΩ”，“2M”以上的单位是“MΩ”。

注：需要断电（被测电阻不能带电）、断连接（被测电阻不能有并联电阻）。

4. 二极管的测量

数字万用表可以测量发光二极管、整流二极管等，在测量时，表笔位置与电压测量一样，将旋钮旋到二极管挡；用红表笔接二极管的正极，黑表笔接负极，这时会显示二极管的正向压降。锗：二极管的压降是0.15～0.3V左右，硅二极管约为0.5～0.7V，发光二极管约为1.8～2.3V。调换表笔，显示屏显示“1”则为正常，因为二极管的反向电阻很大，否则此管已被击穿。

将表笔连接到待测线路的两端，如果两端之间电阻值低于约70Ω，内置蜂鸣器发声。

5. 电容的测量

连接待测电容之前，注意每次转换量程时，复零需要时间，有漂移读数存在不会影响测试精度。将功能开关置于电容量程，将电容器插入电容测试座中，读出对应显示值，其单位对应于相应挡位的单位。

6. 三极管放大倍数的测量

(1) 将功能开关置hFE量程。

(2) 确定晶体管是NPN或PNP型，将基极b、发射极e和集电极c分别插入面板上相应的插孔。

如何判断NPN还是PNP以及基极：将万用表转换开关转到二极管测量的挡位，红表笔接假设的基极，黑表笔分别接触另外两端，如果两次测量的压降都符合二极管的压降，则该三极管为NPN型的，假设的管脚为基极。如果用黑表笔接假设的基极，红表笔分别接触另外两端，如果两次测量的压降都符合二极管的压降，则该三极管为PNP型的，假设的管脚为基极。

(3) 显示器上将读出hFE的近似值，测试条件：万用表提供的基极电流$I_b=10\mu A$，集电极到发射极电压为Vce=2.8V。

2.7 钳形电流表

如果用电流表测量电流，需要将电路开路测量，这样很不方便，因此可以用一种不断开电路又能够测量电流的仪表，这就是钳形电流表。

2.7.1 钳形电流表的工作原理

钳形电流表是根据电流互感器的原理制成的，外形像钳子一样，如图2-14所示。

将被测的电路，从铁芯的缺口放入铁芯中，这条导线就等于电流互感器的一次绕组，然后闭合钳口，被测导线的电流就在铁芯中产生交变磁感应线，使二次绕组感应出与导线流过的电流成一定比例的二次电流，经过采样电路、A/D 转换电路后在表盘上显示出来，于是可以直接读数。

2.7.2 使用钳形电流表的注意事项

(1) 进行电流测量时，被测载流导线的位置应放在钳口中央，以免产生误差。

(2) 测量前应先估计被测电流大小，选择合适的量程，或先选用较大量程测量，然后再视被测电流大小，减小量程。

(3) 如果被测电路的电流远小于最小测量范围时，为了方便读数，可以将导线在钳口多绕几圈，然后再闭合钳口测量读数，读到的结果要除以所绕的圈数。

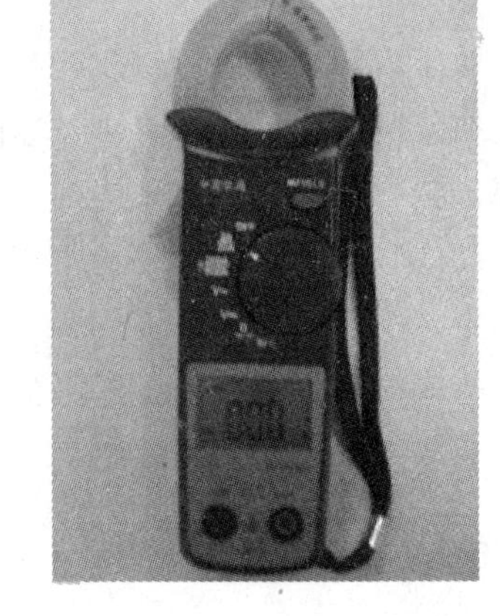

图 2-14 数字式钳形电流表外形

2.7.3 多功能的钳形电流表

现在市场上数字的钳形电流表功能除了测量交流电流以外，还带有测量电压、电阻、三相电流的相序等功能，具体可以参照相应产品的说明书。

2.8 兆欧表

2.8.1 兆欧表的外形

兆欧表也叫绝缘电阻表，又称为摇表，它是测量绝缘电阻最常用的仪表。

兆欧表主要用来测量绝缘电阻。一般用来检测供电电路、电动机绕组、电缆、电气设备等的绝缘电阻，以便检验其绝缘程度的好坏。

它在测量绝缘电阻时本身就有高电压电源，这就是它与一般测电阻仪表的不同之处。兆欧表用于测量绝缘电阻既方便又可靠。但是如果使用不当，它将给测量带来不必要的误差，必须正确使用兆欧表对绝缘电阻进行测量。

兆欧表的外形图如图 2-15 所示。

兆欧表的接线柱共有三个："L"为线端、"E"为地端、"G"为屏蔽端(也叫保护环)。一般被测绝缘电阻都接在"L"、"E"端之间，但当被测绝缘体表面漏电严重时，必须将被测物的屏蔽环或不需测量的部分与"G"端相连接。这样漏电流就经由屏蔽端"G"直接流回发电机的负端形成回路，而不再流过兆欧表的测量机构(动圈)。这样就从根本上消除了表面漏电流的影响。特别应该注意的是测量电缆芯线和外表之间的绝缘电阻时，一定要接好屏蔽端钮"G"，因为当空气湿度大或电缆绝缘表面不干净时，其表面的漏电流将很大。为防止被测物因漏电而对其内部绝缘测量所造成的影响，一般在电缆外表加一个金属屏蔽环，与兆欧

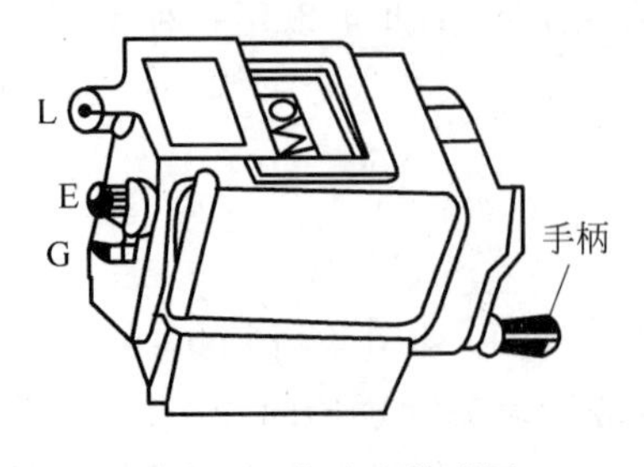

图 2-15 兆欧表外形图

表的“G”端相连。

2.8.2 兆欧表的选择

在测量电气设备的绝缘电阻之前，先要根据被测设备的性质和电压等级，选择合适的兆欧表。

一般测量额定电压在500V以下的设备时，选用500～1000V的兆欧表，测量额定电压在500V以上的设备时，选用1000～2500V的兆欧表。例如，测量高压设备的绝缘电阻，不能用额定电压500V以下的兆欧表，因为这时测量结果不能反映工作电压下的绝缘电阻；同样不能用电压太高的兆欧表测量低压电气设备的绝缘电阻，否则会损坏设备的绝缘。

此外，兆欧表的测量范围也应与被测绝缘电阻的范围相吻合。一般应注意不要使测量范围过多地超出所需测量的绝缘电阻值，以免使读数产生较大误差。一般测量低压电气设备绝缘电阻时，可选用0～200MΩ量程的表，测量高压电气设备或电缆时可选用0～2000MΩ量程的表。刻度不是从零开始，而是从1MΩ起始的兆欧表一般不宜用来测量低压电气设备的绝缘电阻。

2.8.3 兆欧表使用前的准备

兆欧表在工作时，自身产生高电压，而测量对象又是电气设备，所以必须正确使用，否则就会造成人身或设备事故。使用前，首先要做好以下各种准备。

(1) 测量前必须将被测设备的电源切断，并对地短路放电，决不允许设备带电进行测量，以保证人身和设备的安全。

(2) 对可能感应出高压电的设备，必须消除这种可能性后，才能进行测量。

(3) 被测物表面要清洁，减少接触电阻，确保测量结果的准确性。

(4) 测量前要检查兆欧表是否处于正常工作状态，主要检查其“0”和“∞”两点。即摇动手柄，使电动机达到额定转速，兆欧表在短路时应指在“0”位置，开路时应指在“∞”位置。兆欧表使用前应先进行开路和短路试验，检查兆欧表的好坏，检查示意图如图2-16所示。

(5) 兆欧表使用时应放在平稳、牢固的地方，且远离大的外电流导体和外磁场。

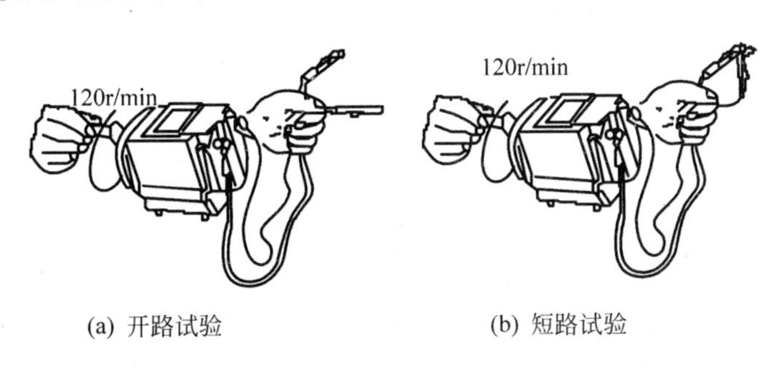

(a) 开路试验　　(b) 短路试验

图2-16 兆欧表的开路和短路试验

2.8.4 兆欧表的接线

做好上述准备工作后就可以进行测量了，在测量时，还要注意兆欧表的正确接线，否则将引起不必要的误差甚至错误。当用兆欧表摇测电器设备的绝缘电阻时，一定要注意“L”和“E”端不能接反，正确的接法是：“L”线端钮接被测设备导体，“E”地端钮接地的设备外壳，“G”屏蔽端接被测设备的绝缘部分。如果将“L”和“E”接反了，流过绝缘体内及表面的漏电流就会经外壳汇集到地，由地经“L”流进测量线圈，使“G”失去屏蔽作用而给测量带来很大误差。另外，因为“E”端内部引线同外壳的绝缘程度比“L”端与外壳的绝缘程度要低，当兆欧表放在地上采用正确接线方式时，“E”端对仪表外壳和外壳对地的绝缘电阻，相当于短路，不会造成误差；而当“L”与“E”接反时，“E”对地的绝缘电阻同被测绝缘电阻并联，而使测量结果偏小，给测量带来较大误差。

由此可见，要想准确地测量出电气设备等的绝缘电阻，必须正确使用兆欧表；否则，将失去测量的准确性和可靠性。

2.8.5 兆欧表测量绝缘电阻

(1) 测量电动机的绝缘电阻时，将电动机绕组接于兆欧表“L”接线端，机壳接于接地“E”端，如图 2-17 所示。

(2) 测量电动机的绕组间的绝缘性能时，将兆欧表“L”接线端和接地端“E”端分别接在电动机的两绕组间，如图 2-18 所示。

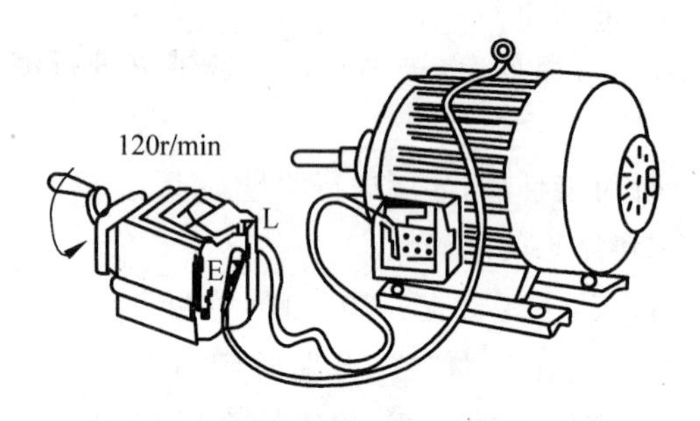

图 2-17 测量电动机的绝缘电阻示意图

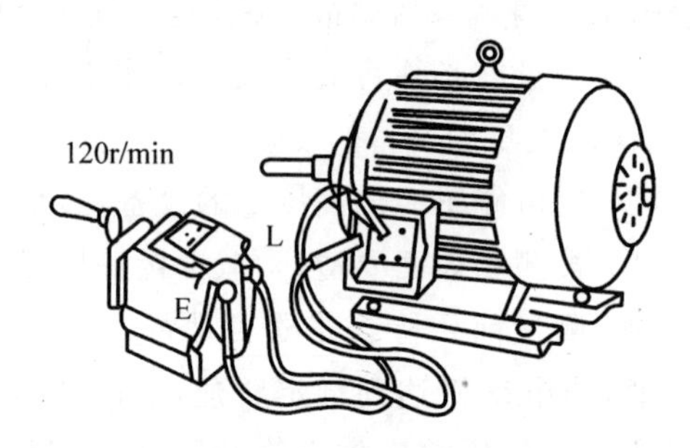

图 2-18 测量电动机的绕组间的绝缘电阻示意图

(3) 测量电缆芯对电缆外壳的绝缘电阻时，除将电缆芯接兆欧表“L”接线端和电缆外壳接接地端（“E”端）外，还需要将电缆壳与芯之间的内层绝缘部分接保护环“G”端，以消除表面漏电产生的误差，如图 2-19 所示。

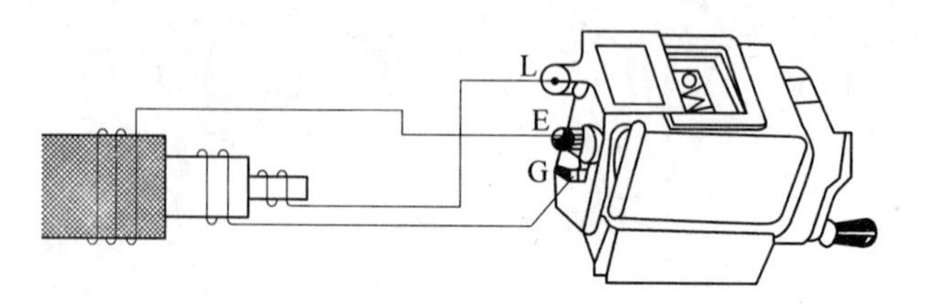

图 2-19 测量电缆的绝缘电阻

2.8.6　使用兆欧表的注意事项

(1) 在进行测量前要先切断电源,被测设备一定要进行放电(约需 2～3min),以保障设备自身安全。

(2) 接线柱与被测设备间连接的导线不能用双股绝缘线或绞线,应用单股线分开单独连接,不能因绞线绝缘不良引起误差,应保持设备表面清洁干燥。

(3) 测量时,表面应放置平稳,手柄摇动要由慢到快。

(4) 一般采用均匀摇动 1min 后的指针位置作为读数。转速 120r/min。测量中如发现指示为 0,则应停止转动手柄,以防表内线圈过热而烧坏。

(5) 在兆欧表转动尚未停下或被测设备未放电时,不可用手进行拆线,以免引起触电。

第3章 导线加工连接及电子焊接技术

3.1 导线分类和结构

3.1.1 电磁线和电力线

1. 电磁线

电磁线用来做各种电感线圈,如变压器、电动机和电磁铁线圈等。

按绝缘材料分为漆包线、丝包线、丝漆包线、纸包线、玻璃纤维包线和纱包线等。

导线截面积有圆形和矩形两种。常用独根圆芯漆包导线最小直径到最大直径如下:

裸线直径 0.1mm,截面 $0.008mm^2$(最小)。

裸线直径 1.56mm,截面 $1.91mm^2$(最大)。

常用圆铜,铝漆包线的名称及绝缘材料如下:

Q　为油性漆包圆铜线;

QQ　为高强度聚乙烯醇缩醛漆包圆铜线;

QZ　为高强度聚酯漆包圆铜线;

QZL　为高强度聚酯漆包圆铝线;

Qy　为耐高温聚酰亚胺漆包圆铜线。

2. 电力线

电力线分为绝缘导线和裸体导线两类,绝缘导线按不同绝缘材料和不同用途,又分为塑料线、塑料护套线、塑料软线、橡皮线、棉纱编织橡皮软线(花线)、橡皮软线、铅包线等。最常见的有塑料护套线、橡皮软线、外架空裸绞线和塑料线。

3.1.2 常用绝缘导线的结构和应用

常用绝缘导线的结构和应用情况见表 3-1。

3.1.3 各种绝缘电力线安全载流量

各种绝缘电力线安全载流量情况见表 3-2。

表 3-1　常用绝缘导线的结构和应用范围

结　构	型号	名　称	用　途
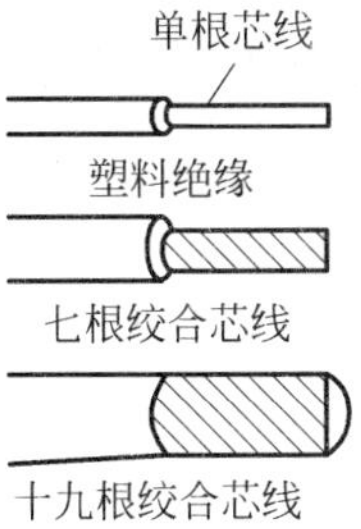 单根芯线 塑料绝缘 七根绞合芯线 十九根绞合芯线	BV-70 BLV-70	聚氯乙烯绝缘铜芯线 聚氯乙烯绝缘铝芯线	用来作为交直流额定电压为500V及以下的户内照明和动力线路的敷设导线，以及户外沿墙支架线路的架设导线
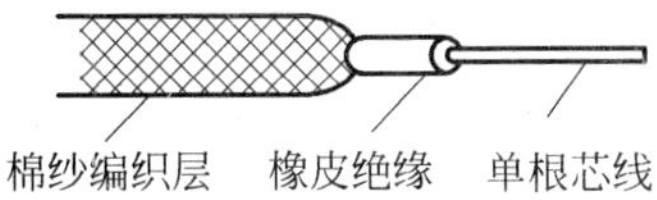 棉纱编织层　橡皮绝缘　单根芯线	BX BLX	铜芯橡皮线 铝芯橡皮线 (俗称皮线)	
	LJ LGJ	裸铝绞线 钢芯铝绞线	用来作为户外高低压架空线路的架设导线，其中LGJ应用于气象条件恶劣，或电杆挡距大，或跨越重要区域，或电压较高等线路场合
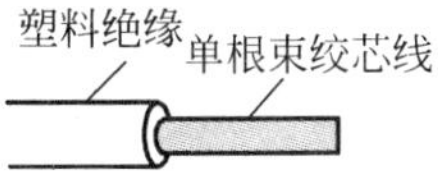 塑料绝缘　单根束绞芯线	BVR BLVR	聚氯乙烯绝缘铜芯软线 聚氯乙烯绝缘铝芯软线	适用于不作频繁活动的插合的电源连接线，但不能作为不固定的，或处于活动场合的敷设导线
 绞合线  平行线	RVB-70 或 RFB RVS-70 或 RFS	聚氯乙烯绝缘双根平行软线(丁腈聚氯乙烯复合绝缘) 聚氯乙烯绝缘双根绞合软线(丁腈聚氯乙烯复合绝缘)	用来作为交直流额定电压为250V及以下的移动电具、吊灯的电源连接导线
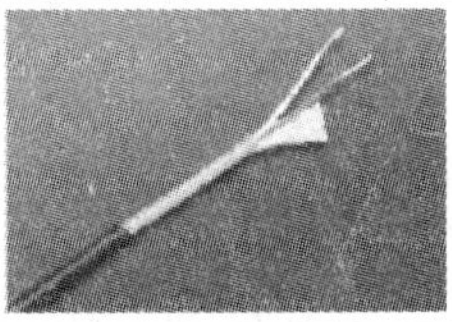	BXS	棉纱编织橡皮绝缘双根绞合软线(俗称花线)	用来作为交直流额定电压为250V及以下的电热移动电具(如小型电炉电熨斗和电烙铁)的电源连接导线
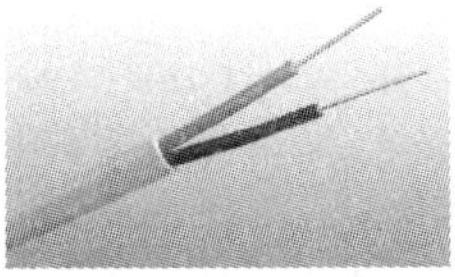	BW-70 BLW-70	聚氧乙烯绝缘和护套铜芯双根或三根护套线	同上规格铅芯线，用来作为交直流额定电压为500V及以下的户内外照明和小容量动力线路的敷设导线
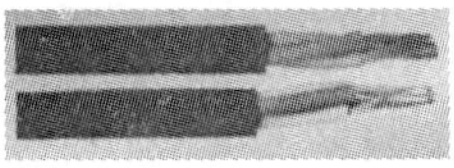	RHF RH	氯丁橡胶软线 橡套软线	用于移动电器的电源连接导线，或用于插座板电源连接导线，或短时期临时送电的电源馈线

表 3-2 各种绝缘电力线安全载流量

(1) 塑料绝缘线安全载流量(A)

导线截面积(mm^2)	固定敷设用的线芯		明线安装		穿钢管安装						穿硬塑料管安装					
	芯线股数/单股直径(mm)	近似英规			一管二根线		一管三根线		一管四根线		一管二根线		一管三根线		一管四根线	
			铜	铝	铜	铝	铜	铝	铜	铝	铜	铝	铜	铝	铜	铝
1.0	1/1.13	1/18#	17		12		11		10		10		10		9	
1.5	1/1.37	1/17#	21	16	17	13	15	11	14	10	14	11	13	10	11	9
2.5	1/1.76	1/15#	28	22	23	17	21	16	19	13	21	16	18	14	17	12
4	1/2.24	1/13#	35	28	30	23	27	21	24	19	27	21	24	19	22	17
6	1/2.73	1/11#	48	37	41	30	36	28	32	24	36	27	31	23	28	22
10	7/1.33	7/17#	65	51	56	42	49	38	43	33	49	36	42	33	38	29
16	7/1.70	7/16#	91	69	71	55	64	49	56	43	62	48	56	42	49	38
25	7/2.12	7/14#	120	91	93	70	82	61	74	57	82	63	74	56	65	50
35	7/2.50	7/12#	147	113	115	87	100	78	91	70	104	78	91	69	81	61
50	19/1.83	19/15#	187	143	143	108	127	96	113	87	130	99	114	88	102	78
70	19/2.14	19/14#	230	177	177	135	159	124	143	110	160	126	145	113	128	100
95	19/2.50	19/12#	282	216	216	165	195	148	173	132	199	151	178	137	160	121

(2) 橡皮绝缘线安全载流量(A)

导线截面积(mm^2)	固定敷设用的线芯		明线安装		穿钢管安装						穿硬塑料管安装					
	芯线股数/单股直径(mm)	近似英规			一管二根线		一管三根线		一管四根线		一管二根线		一管三根线		一管四根线	
			铜	铝	铜	铝	铜	铝	铜	铝	铜	铝	铜	铝	铜	铝
1.0	1/1.13	1/18#	18		13		12		10		11		10		10	
1.5	1/1.37	1/17#	23	16	17	13	16	12	15	10	15	12	14	11	12	10
2.5	1/1.76	1/15#	30	24	24	18	22	17	20	14	22	17	19	15	17	13
4	1/2.24	1/13#	39	30	32	24	29	22	26	20	29	22	26	20	23	17
6	1/2.73	1/11#	50	39	43	32	37	30	34	26	37	29	33	25	30	23
10	7/1.33	7/17#	74	57	59	45	52	40	46	34.5	51	38	45	35	40	30
16	7/1.70	7/16#	95	74	75	57	67	51	60	45	66	50	59	45	52	40
25	7/2.12	7/14#	126	96	98	75	87	66	78	59	87	67	78	59	69	52
35	7/2.50	7/12#	156	120	121	92	106	82	95	72	109	83	96	73	85	64
50	19/1.83	19/15#	200	152	151	115	134	102	119	91	139	104	121	94	107	82
70	19/2.14	19/14#	247	191	186	143	167	130	150	115	169	133	152	117	135	104
95	19/2.50	19/12#	300	230	225	174	203	156	182	139	208	160	186	143	169	130
120	37/2.00	37/14#	346	268	260	200	233	182	212	165	242	182	217	165	197	147
150	37/2.24	37/13#	407	312	294	226	268	208	243	191	277	217	252	197	230	178
185	37/2.50	37/12#	468	365												
240	61/2.24	61/13#	570	442												
300	61/2.50	61/12#	668	520												
400	61/2.86	61/11#	815	632												
500	91/2.62	91/12#	950	738												

3.2　导线绝缘层的去除

3.2.1　电磁线绝缘层剥除方法

漆包线线头绝缘层的剥除，直径 0.1mm 以上的线头，宜用细砂纸擦去漆层。直径 0.6mm 以上的线头，可用小刀刮削漆层。直径 0.1mm 的线头可浸沾溶化的松香液，待松香凝固剥去松香将漆层一起剥落。

丝漆包线头绝缘层剥除，把丝包层向后推缩露出芯线。再用细砂纸擦去线头漆层和氧化层，还有玻璃丝包线和纱包线，用同样削除法。

3.2.2　电力线绝缘层剥除方法

1. 塑料软线（花线）绝缘层剥除

用钢丝钳剥离塑料层很方便，适用于芯线截面 1.5mm² 以下的塑料线。操作方法：用钳口轻切塑料皮，不可切着芯线，然后右手握住钳头部用力向外勒去塑料皮，左手把紧电线反向用力配合动作。

用钢丝钳剥离塑料层，如图 3-1 所示。

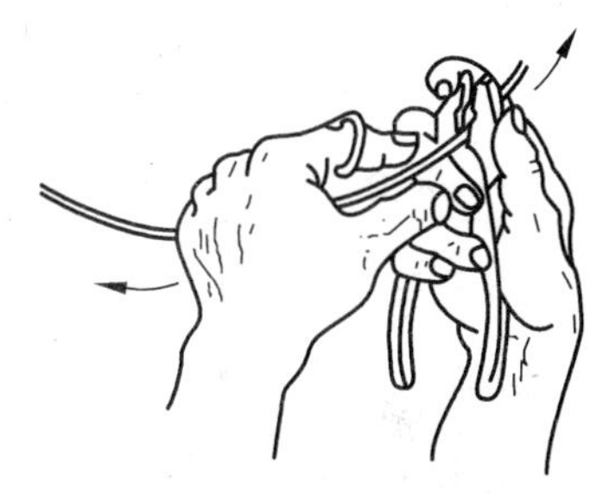

图 3-1　用钢丝钳剥离塑料层

2. 塑料护套层和塑料绝缘层的剖削

塑料护套层和塑料绝缘层的剖削需用电工刀来剥离。操作方法：用刀口以 45°倾斜角切入塑料层，不可切着芯线，应使刀面与芯线保持 15°左右的角度，用力削出去，如图 3-2 所示。

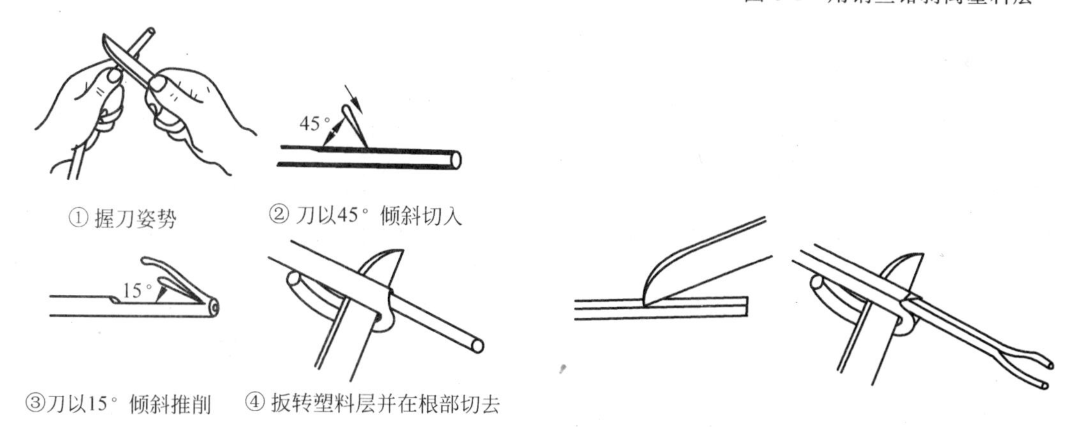

① 握刀姿势　② 刀以45° 倾斜切入　③刀以15° 倾斜推削　④ 扳转塑料层并在根部切去

(a) 电工刀剖削塑料皮　(b) 护套皮剥离方法

图 3-2　用电工刀剖削绝缘层

3.3 电力线线头的连接方法

1. 单股芯线的连接

先把两线端 X 形相交后，互相绞合 2～3 圈，然后将每线端在线芯上紧密并绕到芯线直径的 6～8 倍长，多余的线头剪去，用钳口压平毛刺。单线直接连接如图 3-3 所示。

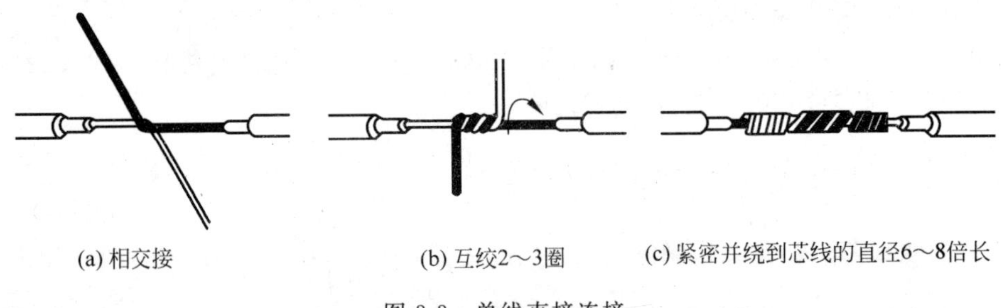

(a) 相交接　(b) 互绞2～3圈　(c) 紧密并绕到芯线的直径6～8倍长

图 3-3　单线直接连接

操作方法：

(1) 相交接，如图 3-3(a)所示。

(2) 互绞 2～3 圈，如图 3-3(b)所示。

(3) 紧密并绕到芯线的直径 6～8 倍长，如图 3-3(c)所示。

2. 单股芯线的丁字连接(分支线连接)

把支线线头与干线芯线十字相交，环绕成芯结状，再把支线线头紧密地并绕到干线线芯上，先背扣后再缠绕 8～10 匝长，必须十分紧密牢绕，用钢丝钳切去余下线芯，并钳平线芯末端及切口毛刺。还可进行锡焊(是指铜芯连接)。单股芯线丁字连接如图 3-4 所示。

3. 终端芯线连接

配电盘内的出口线，电动机引出盒线，可把两线线头紧密绞绕一起，然后再把两线端折回来。终端连接如图 3-5 所示。

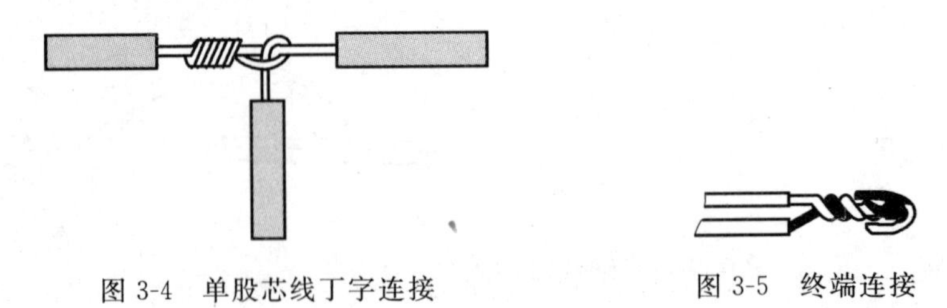

图 3-4　单股芯线丁字连接　　图 3-5　终端连接

4. 粗线芯线的连接(外加绑线连接)

较粗干线芯线连接很不容易接紧密，接松时增大电阻很容易发热，导电能力变差。可用单根 4mm^2 铜芯线紧密缠绕在两根粗芯线上，缠绕 15～18 匝即可，外加绑线连接，如

图 3-6 所示。

5. 软硬线芯线连接

用多根软线在单股线上缠绕 6～8 匝后，再把单股芯线线端折过来压紧，在单股线芯缠绕 2～3 匝即可，软硬线连接如图 3-7 所示。

图 3-6　外加绑线连接　　　　图 3-7　软硬线连接

6. 多股芯线的直接连接

多股芯线的直线连接如图 3-8 所示，首先将除去绝缘层及氧化层的两根导线头的芯线分别散开并拉直，在靠近绝缘层的 1/3 线芯处将该段线芯绞紧，把余下的 2/3 线头分散成伞状，如图 3-8(a)所示。然后把两个分散成伞状的线头隔根对叉，如图(b)所示；再放平两端对叉的线头，如图(c)所示；分组按顺时针方向紧贴并缠绕如图(d)所示；另一边也要按顺时针方向紧缠如图(e)，最后切除多余线头。

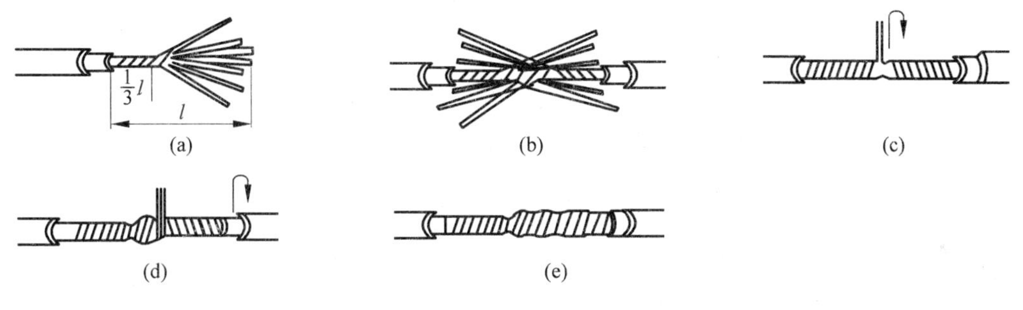

图 3-8　多股芯线直接连接

7. 其他连接方法

1）螺钉压接法

螺钉压接法适用于负荷较小的单股铝芯导线的连接，如图 3-9 所示。

首先除去铝芯线的绝缘层，用钢丝刷刷去铝芯线头的铝氧化膜，并涂上中性凡士林，如图 3-9(a)所示。

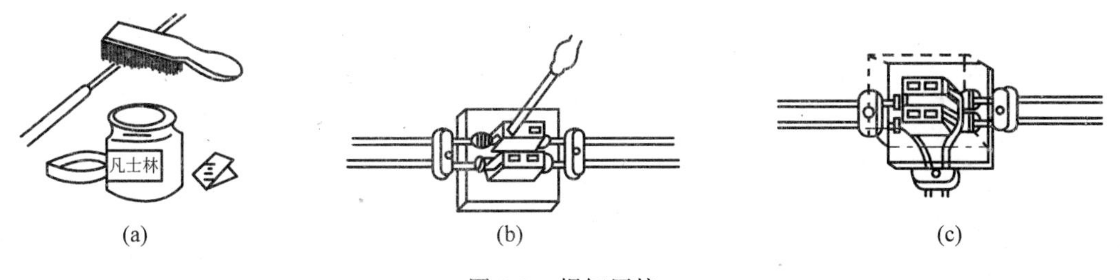

图 3-9　螺钉压接

然后，将线头插入瓷接头或熔断器、插座、开关等的接线桩上，然后旋紧压接螺钉，如图 3-9(b)所示为直线连接，图 3-9(c)所示为分路连接。

2) 压接管接法

压接管接法适用于较大负载的多股铝芯导线的直线连接，需要压接钳和压接管，如图 3-10 (a)、(b)所示。

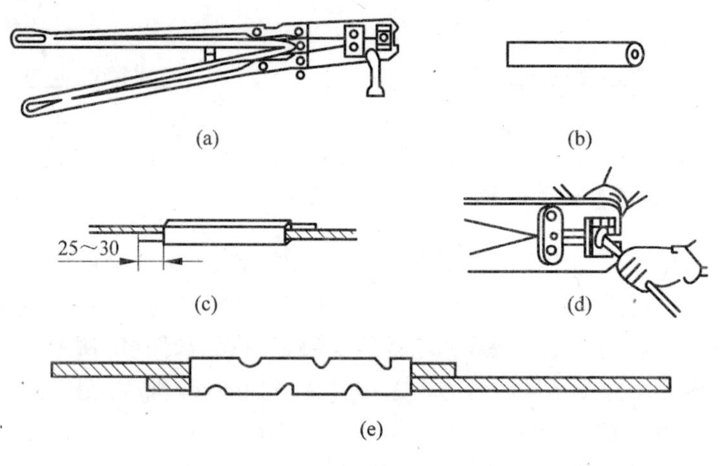

图 3-10 压接管钳接连接

根据多股铝芯线规格选择合适的压接管，除去需连接的两根多股铝芯导线的绝缘层，用钢丝刷清除铝芯线头和压接管内壁的铝氧化层，涂上中性凡士林。

然后将两根铝芯线头对向穿入压接管，并使线端穿出压接管 25～30mm，如图 3-10(c)所示。

最后进行压接，压接时第一道压坑应在铝芯线头一侧，不可压反，如图 3-10(d)所示。压接完成后的铝芯线如图 3-10(e)所示。

3) 线头与针孔式接线桩的连接

把单股导线除去绝缘层后插入合适的接线桩针孔，旋紧螺钉。如果单股线芯较细，把线芯折成双根，再插入针孔。对于软线芯线，须先把软线的细铜丝都绞紧，再插入针孔，孔外不能有铜丝外露，以免发生事故，如图 3-11(a)所示。

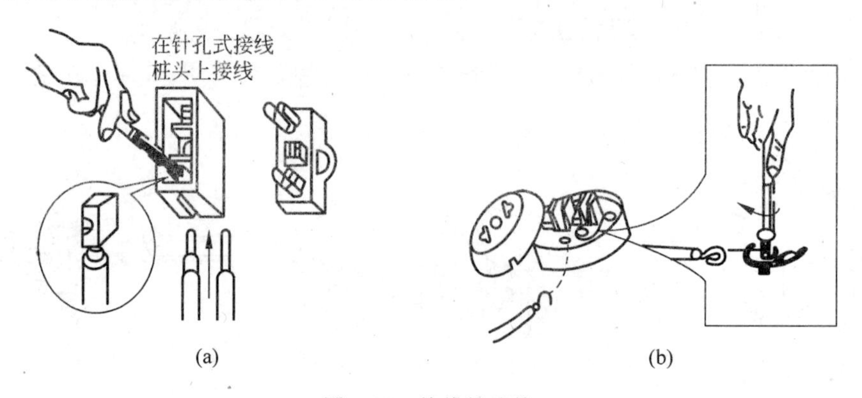

图 3-11 接线桩连接

4）线头与螺钉平压式接线桩的连接

对于较小截面的单股导线，先去除导线的绝缘层，把线头按顺时针方向弯成圆环，圆环的圆心应在导线中心线的延长线上，环的内径 d 比压接螺钉外径稍大些，环尾部间隙为 1～2mm，剪去多余线芯，把环钳平整，不扭曲。然后把制成的圆环放在接线桩上，放上垫片，把螺钉旋紧，如图 3-11(b)所示。

对于较大截面的导线，须在线头装上接线端子，由接线端子与接线桩连接。

8. 软线的打结方法

普通小负载的电气设备，多数使用软芯线，为了防止线头松动脱落，需要在器具内打一个结（电工扣）。方法如图 3-12 所示。

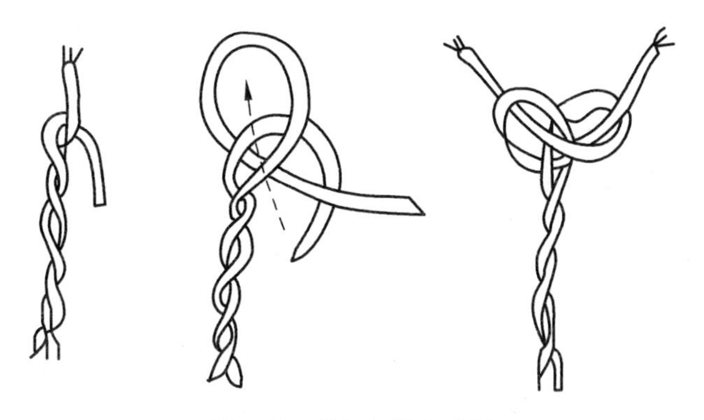

图 3-12 软线打结示意图

3.4 网线水晶头的连接方法

随着信息技术的迅猛发展，网络越来越成为获得知识和信息的主要媒介，我们的学习、工作、生活已经在很大程度上离不开网络了，而当前绝大多数的网络信息传输是有线网，所以网线的制作也成为我们导线连接中非常重要的一个方面。

3.4.1 网线制作使用的工具

1. 压线钳

在制作的工程中，最重要的工具当然就是压线钳了（如图 3-13 所示），有了它我们不需要其他的工具就能将网线制作完成了。

在压线钳的最顶部的是压线槽，压线槽共提供了两种类型的线槽，分别为 6P 和 8P，其中 8P 槽是我们最常用到的 RJ-45 压线槽。在压线钳 8P 压线槽的背面，我们可以看到呈齿状的模块，主要是用于把水晶头上的 8 个触点压稳在双绞线之上。

2. 网线测试仪

用网线测试仪能够测试接好的网线是否符合要求的，如图 3-14 所示。

图 3-13 压线钳

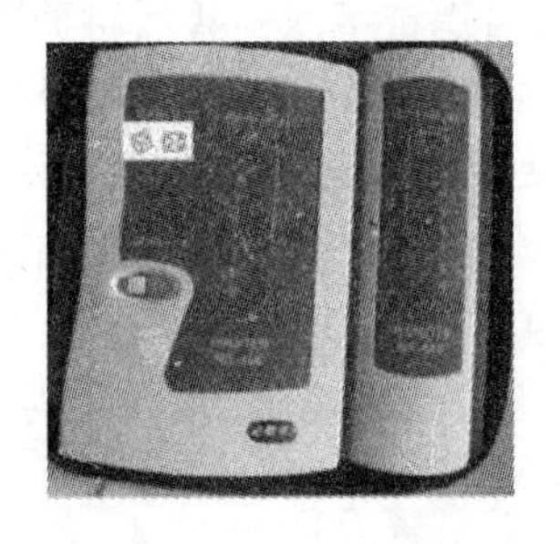

图 3-14 网线测试仪

3.4.2 网线制作使用的材料

1. RJ-45 水晶头

RJ-45 插头之所把它称之为“水晶头”，主要是因为它的外表晶莹透亮的原因而得名的。RJ-45 接口是连接非屏蔽双绞线的连接器，为模块式插孔结构。如图 3-15 所示，RJ-45 接口前端有 8 个凹槽，简称 8P(Position)，凹槽内的金属接点共有 8 个，简称 8C(Contact)，因而也有 8P8C 的别称。

2. 双绞线

双绞线是由不同颜色的 4 对 8 芯线组成，每两条按一定规则绞织在一起，成为一个芯线对。通常使用最多的是 5 类和超 5 类(传输速率 100Mbps)非屏蔽双绞线，布此类线时应注意使网线尽量避开电磁干扰，并且规定双绞线的最大长度不超过 100m，如图 3-16 所示。

图 3-15 RJ-45 水晶头

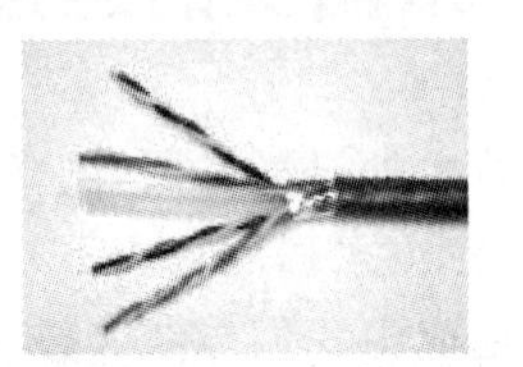

图 3-16 RJ-45 双绞线

双绞线按电气性能划分的话，可以划分为：三类、四类、五类、超五类、六类、七类双绞线等类型，数字越大，也就代表着级别越高、技术越先进、带宽也越宽，当然价格也越贵了。三类、四类线目前在市场上几乎没有了，目前在一般局域网中常见的是五类、超五类或者六类非屏蔽双绞线。双绞线作为一种价格低廉、性能优良的传输介质，在综合布线系统中被广泛应用于水平布线。双绞线价格低廉、连接可靠、维护简单，可提供高达 1000Mbps 的传输带宽，不仅可用于数据传输，而且还可以用于语音和多媒体传输。

3.4.3 接线顺序

水晶头的做法标准，如图 3-17。

568A 标准：白绿，绿，白橙，蓝，白蓝，橙，白棕，棕。

568B 标准：白橙，橙，白绿，蓝，白蓝，绿，白棕，棕。

顺序方向为：RJ-45 水晶头的金属片面对我们，入线口朝下，从左到右是 1～8。

以太网双绞连接线有两种：一种是广泛使用的直连接线，另一种是特殊情况下使用的交叉线，如果是 PC 连接交换机或其他网络接口等，或是其他连接的双方地位不对等的情况下都使用直连接线，而如果连接的两台设备是对等的，例如都是两台 PC、笔记本等，就要使用交叉线了，两者的差别是线序不一致，接口是一样的，如图 3-18 所示。

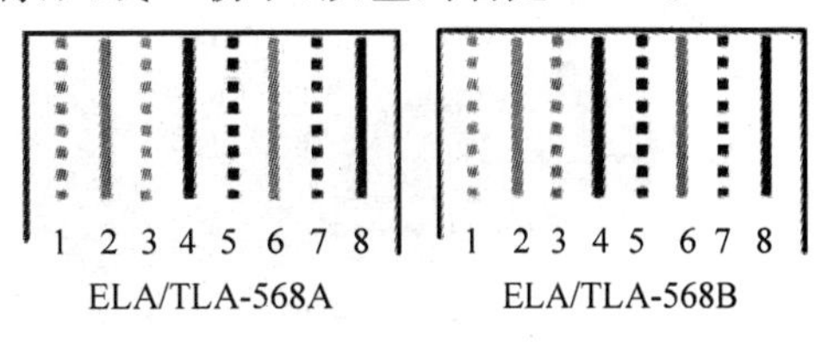

图 3-17　接线标准

使用两种网线的一般性的原则是：

同类（连接线的两端是同一种设备）交叉（做交叉线）。

异类（连接线的两端是不同的设备）平行（做平行线）。

两种网线的做法为：

交叉线的做法是：一头采用 568A 标准，一头采用 568B 标准。

平行线的做法是：两头采用同样的标准（同为 568A 标准或 568B 标准）。

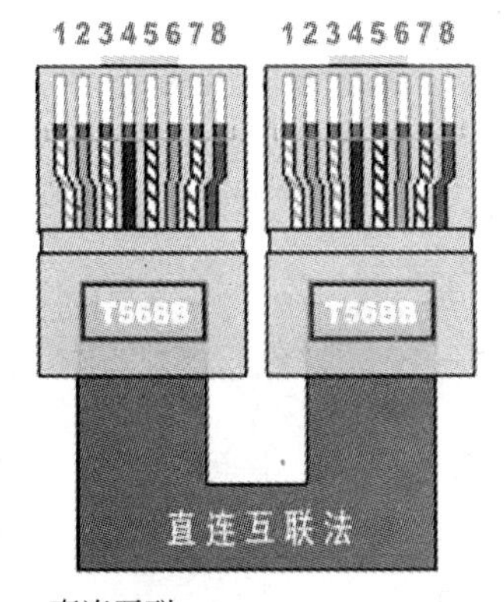

一、直连互联
网线的两端均按T568B接
1.电脑←→ADSL猫
2.ADSL猫←→ADSL路由器的WAN口
3.电脑←→ADSL路由器的LAN口
4.电脑←→集线器或交换机

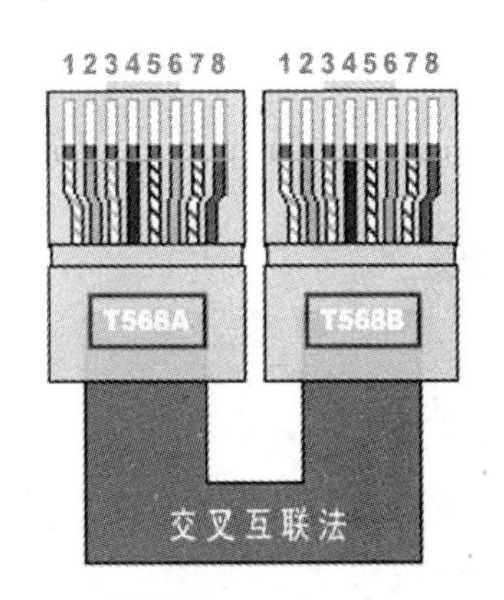

二、交叉互联
网线的一端按T568B接，另一端按T568A接
1.电脑←→电脑，即对等网连接
2.集线器←→集线器
3.交换机←→交换机
4.路由器←→路由器

图 3-18　两种互联法

3.4.4　制作过程

第一步：利用压线钳的剪线刀口剪裁出计划需要使用到的双绞线长度，如图 3-19 所示。

第二步：把双绞线的灰色保护层剥掉，将线头放入剥线专用的刀口，稍微用力握紧压线钳慢慢旋转，让刀口划开双绞线的保护胶皮，如图 3-20 所示。

第三步：互缠绕在一起的线缆逐一解开。解开后则根据需要接线的规则把几组线缆依次地排列好并理顺，排列的时候应该注意尽量避免线路的缠绕和重叠。

图 3-19 计划剥线长度

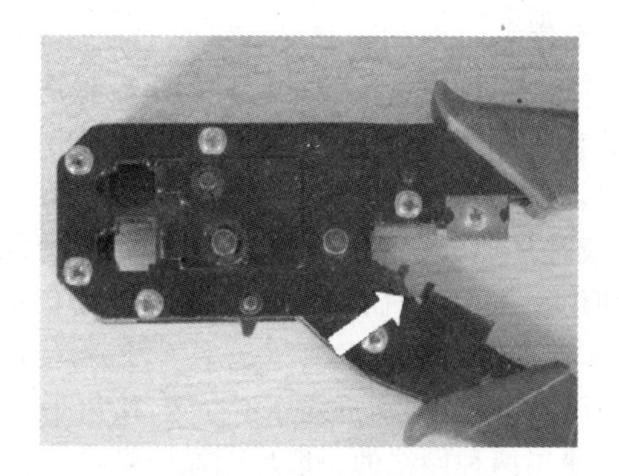

图 3-20 剥线刀口

第四步：把线缆依次排列好并理顺压直之后，细心检查一遍，之后利用压线钳的剪线刀口把线缆顶部裁剪整齐。保留去掉外层保护层的部分约为 15mm 左右，如图 3-21 所示。

第五步：把整理好的线缆插入水晶头内。要将水晶头有塑料弹簧片的一面向下，有针脚的一方向上，使有针脚的一端指向远离自己的方向，有方型孔的一端对着自己。此时，最左边的是第 1 脚，最右边的是第 8 脚，其余依次顺序排列。插入的时候需要注意缓缓地用力把 8 条线缆同时沿 RJ-45 头内的 8 个线槽插入，一直插到线槽的顶端，如图 3-22 所示。

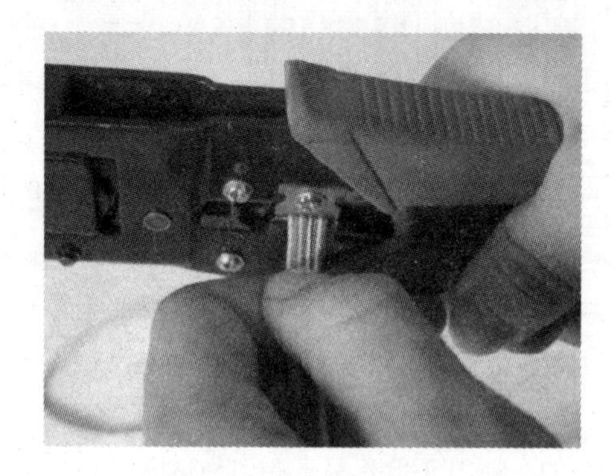

图 3-21 裁剪线头

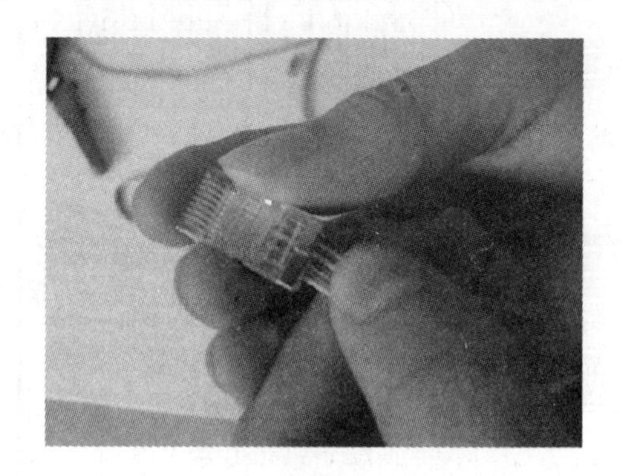

图 3-22 线缆插入水晶头

第六步：从水晶头的顶部检查，看看是否每一组线缆都紧紧地顶在水晶头的末端，确认无误之后就可以把水晶头插入压线钳的 8P 槽内压线了，把水晶头插入后，用力握紧线钳，若力气不够的话，可以使用双手一起压，这样一压的过程使得水晶头凸出在外面的针脚全部压入水晶并头内，受力之后听到轻微的“啪”一声即可，如图 3-23 所示。

3.4.5 测试方法

网线水晶头制作完成后还不能确定是否够正常使用，所以测试其联通性是非常必要的。把在 RJ-45 两端的接口插入测试仪的两个接口之后，打开测试仪我们可以看到测试仪上的两组指示灯都在闪动。若测试的线缆为直通线缆的话，在测试仪上的 8 个指示灯应该依次为绿色闪过，证明了网线制作成功，可以顺利地完成数据的发送与接收。若测试的线缆为交叉线缆的话，其中一侧同样是依次由 1～8 闪动绿灯，而另外一侧则会根据 3、6、1、4、5、2、7、8 这样的顺序闪动绿灯。如果有不亮的灯或者亮的顺序不正确，则说明该条线路有问题，如

图 3-24 所示。

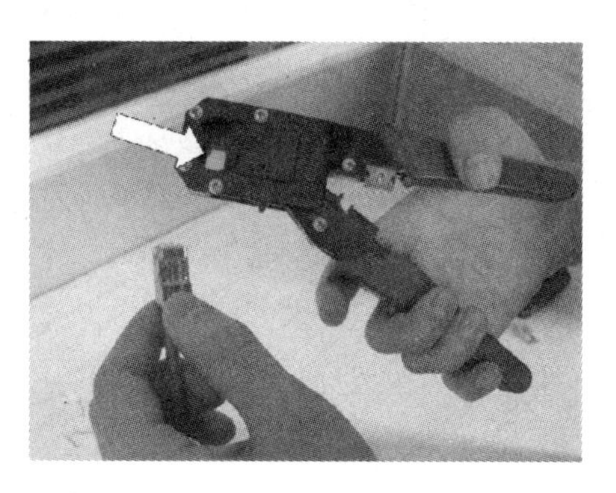

图 3-23　压线

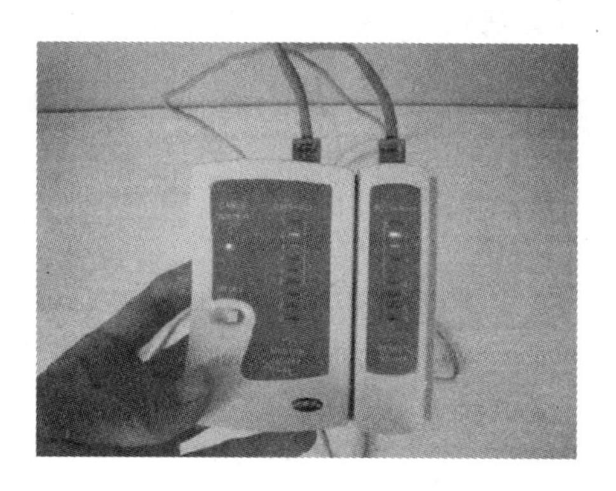

图 3-24　测试联通性

3.5　电子焊接

在电子产品整机装配过程中，焊接是连接各电子元器件及导线的主要手段。利用加热或加压，或两者并用来在焊料的作用下熔解和冷却的物理过程，在工件金属连接处形成牢固的合金层，从而将工件金属永久地结合在一起。焊接通常分为熔焊、钎焊及接触焊三大类，在电子装配中主要使用的是钎焊。钎焊可以这样定义：在已加热的工件金属之间，熔入低于工件金属熔点的焊料，借助焊剂的作用，使焊料浸润工件金属表面，并发生化学变化，生成合金层，从而使工件金属与焊料结合为一体。钎焊按照使用焊料熔点的不同分为硬焊(焊料熔点高于 450℃)和软焊(焊料熔点低于 450℃)。

采用锡铅焊料进行焊接称为锡铅焊，简称锡焊，它是软焊的一种。除了含有大量铬和铝等合金的金属不易焊接外，其他金属一般都可以采用锡焊焊接。锡焊方法简便，整修焊点、拆换元器件、重新焊接都较容易，所用工具简单(电烙铁)。此外，还具有成本低、易实现自动化等优点。在电子装配中，它是使用最早、适用范围最广和当前仍占较大比重的一种焊接方法。

近年来，随着电子工业的快速发展，焊接工艺也有了新的发展。在批量生产过程中普遍地使用了应用机械设备的浸焊和实现自动化焊接的波峰焊，这不仅降低了工人的劳动强度，也提高了生产效率，保证了产品的质量。同时无锡焊接在电子工业中也得到了较多的应用，如熔焊、绕接焊、压接焊等。

虽然焊接的种类很多，但对于小规模生产和家电的维修来说，手工焊接仍是应用最多和最广泛的。本章主要介绍了手工焊接工艺及其焊接工具、焊料和焊剂等内容。

3.5.1　电烙铁

电烙铁是手工焊接的基本工具，是根据电流通过发热元件产生热量的原理而制成的。电烙铁的正确选用与维护，是电器工程人员必须掌握的基础知识。对电烙铁的基本要求是：热量充足，温度湿度，安全耐用。

1. 外热式电烙铁

外热式电烙铁的外形如图 3-25 所示，由烙铁头、烙铁芯、外壳、手柄、电源线和插头等各部分组成。电阻丝绕在薄云母片绝缘的圆筒上，组成烙铁芯。烙铁头装在烙铁芯里面，电阻丝通电后产生的热量传送到烙铁头上，使烙铁头温度升高，故称为外热式电烙铁。

外热式电烙铁的规格很多，常用的有 25W、45W、75W、100W、150W 等几种。

外热式电烙铁结构简单，价格较低，使用寿命长，缺点是体积较大，升温较慢，热效率低。

2. 内热式电烙铁

内热式电烙铁的外形如图 3-26 所示。由于发热原件烙铁芯装在烙铁头里面，故称为内热式电烙铁。内热式电烙铁的烙铁芯是采用极细的镍铬电阻丝绕在瓷管上制成的，外面再套上耐热绝缘瓷管。由于烙铁芯是用瓷管构成的，为确保其不被损坏，应尽可能避免被摔在地上。又由于镍铬电阻丝比较细，长时间通电时就容易被烧断，故在使用时应注意一次性通电时间不能太长。

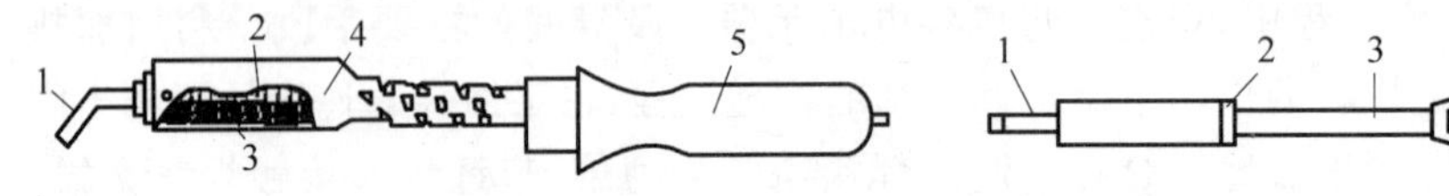

图 3-25　外热式电烙铁

1—烙铁头；2—云母片；3—电阻丝；4—外壳；5—手柄

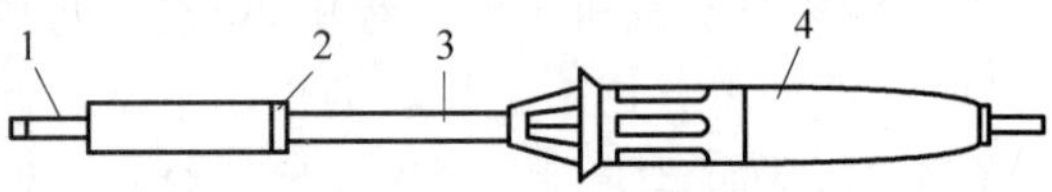

图 3-26　内热式电烙铁

1—烙铁头；2—弹簧夹；3—连接杆；4—手柄

内热式电烙铁常见的规格有 20W、30W、35W、50W 等几种。

内热式电烙铁具有体积小、重量轻、升温快和热效率高等优点，因而在电子装配工艺中得到了广泛的应用。不足之处是，结构稍微复杂些，怕摔碰，不能长时间通电不焊。

3. 恒温电烙铁

恒温电烙铁的工作原理是借助于内部的传感元件控制，控制开关的通断而达到恒温效果。在质量要求较高的场合，通常需要恒温电烙铁。

恒温电烙铁有电控和磁控两种。电控是用热电偶作为传感元件来检测和控制烙铁头的温度。当烙铁头温度低于规定值时，温控装置内的电子电路控制半导体开关元件或继电器接通电源，给电烙铁供电，使电烙铁温度上升。温度一旦达到预定值，温控装置自动切断电源。如此反复动作，使烙铁头基本保持恒温。电控恒温电烙铁不足之处是结构复杂，而且价格较贵，特点是，温度连续可调。

磁控恒温电烙铁的内部装有带磁铁式的控制器，给电烙铁通电时，烙铁的温度上升，当达到预定的温度时，因强磁体传感器达到了居里点而磁性消失，从而使磁芯触点断开，这时便停止对电烙铁供电；当温度低于强磁体传感器的居里点时，强磁体便恢复磁性，并吸动磁芯开关中的永久磁铁，使控制开关的触点接通，继续向电烙铁供电。其结构如图 3-27 所示，其外形如图 3-28 所示。

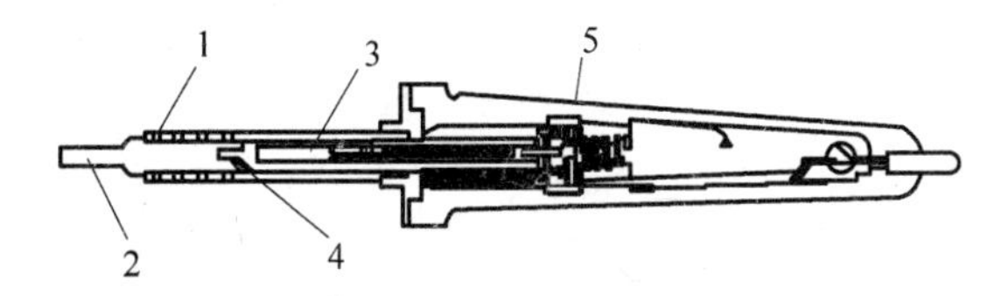

图 3-27　磁控恒温电烙铁的内部结构

1—加热器；2—烙铁；3—永久磁；4—空温；5—加热器控制开

图 3-28　磁控恒温电烙铁外形图

如果需要不同的温度，可调换装有不同居里点的软磁金属的烙铁头，其居里点不同，失磁的温度也不同，烙铁头的工作温度可在 260～450℃范围内任意选取。

4. 感应式烙铁

感应式烙铁也叫速热烙铁，俗称俘枪。它里面实际是一个变压器。这个变压器的次级实际只有 1～3 匝，当初级通电时，次级感应出大电流通过加热体，使同它相连的烙铁头迅速达到焊接所需温度。其结构如图 3-29 所示。

这种烙铁的特点是加热速度快，一般通电几秒钟，即可达到焊接温度。因而，不需像铁芯直热式烙铁那样持续通电，它的手柄上带有开关，工作时只需按下开关几秒钟即可焊接，特别适用于断续工作的使用。但由于烙铁头实际是变压器次级，因而对一些电荷敏感器件，如绝缘栅 MOS 电路，不宜使用这种烙铁。

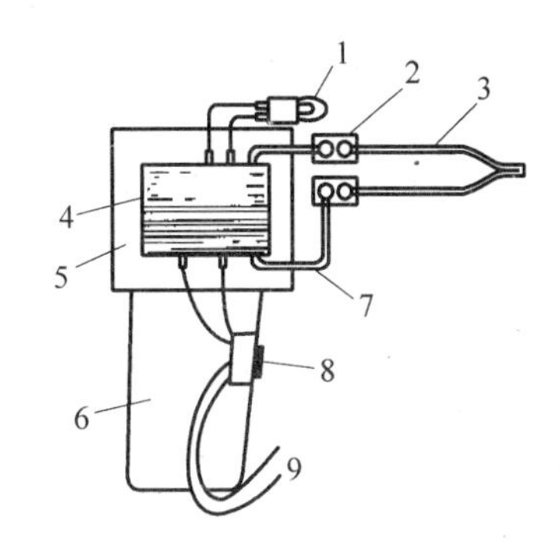

图 3-29 感应式烙铁结构示意图

1—指示灯；2—夹板；3—烙铁头；4—线圈；5—铁芯；6—手柄；7—次级线；8—微动开关；9—电源线

5. 吸锡电烙铁

吸锡电烙铁是将活塞式吸锡器与电烙铁熔为一体的拆焊工具，它具有使用方便、灵活、适用范围宽等特点。这种吸锡电烙铁的不足之处是每次只能对一个焊点进行拆焊。活塞式吸锡电烙铁的外形和结构如图 3-30 所示。

吸锡电烙铁的使用方法是：接通电源预热 3～5min，然后将活塞柄推下(图 3-30 的气泵按钮 1)并卡住，把吸锡电烙铁的吸头前端对准欲拆焊的焊点，待焊锡熔化后，将气泵按钮 2 按下，此时活塞便自动上升，焊锡即被吸进气筒内。如果被拆焊点的焊锡未被吸尽，照上述方法可进行 2～3 次，直至焊锡被吸尽为止。

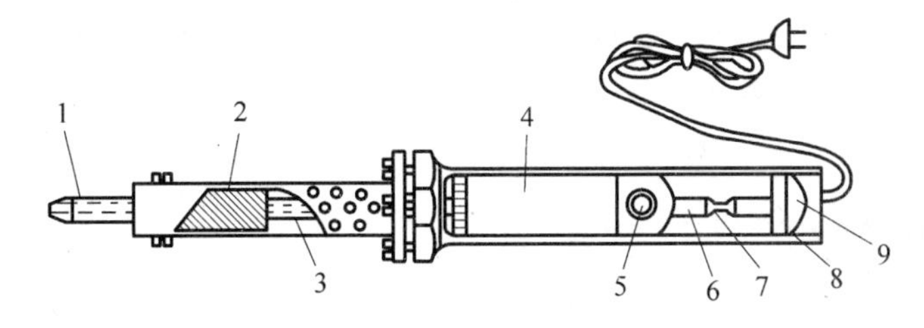

图 3-30　活塞式吸锡电烙铁的外形和结构

1—中空烙铁头；2—外热式烙铁芯；3—金属管；4—气泵；5—气泵按钮 2；6—气泵活塞杆；7—卡位；8—塑料手柄；9—气泵按钮 1

另外，吸锡器一般都配有两个以上的吸头，可根据元器件引线的粗细进行选用。每次使用完毕后，要推动活塞3～4次，用以清除吸管内残留的焊锡，使吸头与吸管畅通，以便下次使用。

3.5.2 烙铁头

烙铁头是电烙铁的重要部件之一，烙铁头的形状和材料直接影响着它的使用功能和焊接效果。

烙铁头一般是用紫铜材料制成的，而内热式烙铁头还经过一次电镀(所镀材料为镍或纯铁)，其电镀的目的是保护烙铁头不受腐蚀。还有一种长寿命烙铁头是用合金制成，该种烙铁头的寿命比紫铜材料烙铁头的寿命要长得多，多用于固定产品和印制电路板的焊接。为适应不同焊接点的要求，烙铁头的形状也有所不同，常见的有锥形面、凿形面、圆形面、马蹄形面等。烙铁头的各种形状如图3-31所示，可根据焊点的需要进行选择。

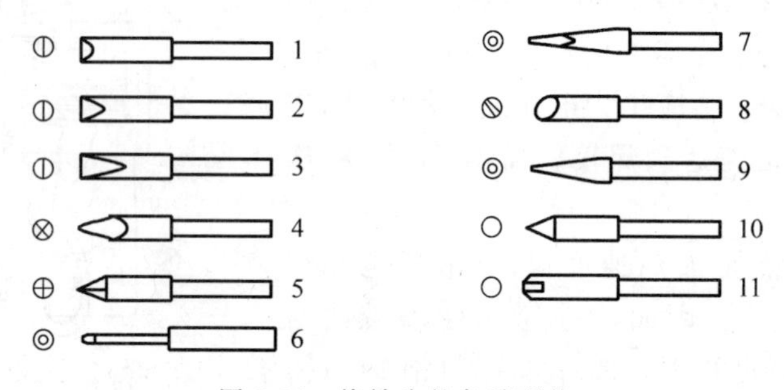

图3-31 烙铁头的各种形状

1—凿式(短嘴)；2—凿式(长嘴)；3—半凿式(宽)；4—半凿式(狭窄)；5—尖锥式；6—夸凿式；7—圆锥凿式；8—圆斜面；9—圆锥斜面；10—圆尖锥；11—半圆沟

3.5.3 电烙铁的选用

电烙铁的种类及规格有很多种，在使用操作时，可根据不同的被焊工件合理地选用电烙铁的功率、种类和烙铁头的形状。一般的焊接应首选内热式电烙铁。对于焊接大型元器件或直径较粗的导线，应选择功率较大的外热式电烙铁。如果功率选择不当，例如使用的电烙铁功率较小，则会造成焊接温度过低，焊料熔化较慢，焊点不光滑、不牢固，造成焊接强度以及质量的不合格。如果电烙铁的功率太大，使元器件的焊点过热，造成元器件的损坏，致使印刷电路板的铜箔脱落，焊料在焊接面上流动过快，并无法控制。

当焊接集成电路、晶体管、受热易损元器件或小型元器件时，应选用20W内热式电烙铁或恒温电烙铁。

当焊接导线及同轴电缆时，应先用45～75W外热式电烙铁，或50W内热式电烙铁。对一些较大的元器件，如变压器的引线脚、大电解电容器的引线脚、金属底盘接地焊片或照明电路的连接时，应选用100W以上的电烙铁。

3.5.4 电烙铁的使用方法

1. 电烙铁的握法

使用电烙铁是为了熔化焊锡牢固可靠地连接被焊件，又不能烫伤、损坏被焊元器件及导线。根据被焊件的位置、大小及电烙铁的规格大小，必须正确掌握手工使用电烙铁的握法。电烙铁的握法可分为3种，如图3-32所示。

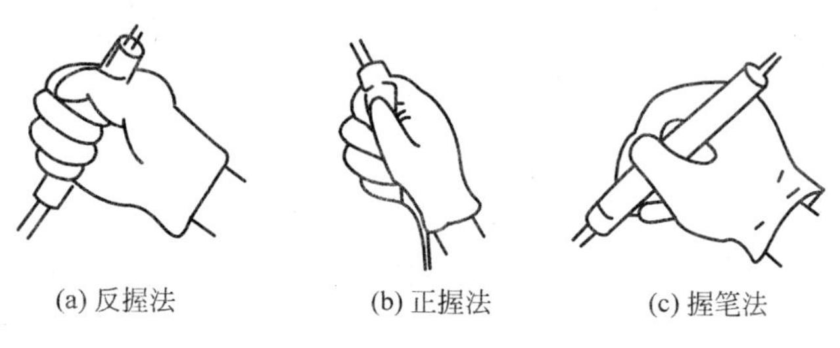

(a) 反握法　(b) 正握法　(c) 握笔法

图3-32　电烙铁的握法

图3-32(a)所示为反握法。此种方法焊接动作平稳，长时间操作不易疲劳，适用于大功率电烙铁的操作、焊接散热量较大的被焊件或组装流水线操作。

图3-32(b)所示为正握法。此种方法使用的电烙铁功率也比较大或带弯形烙铁头的操作。

图3-32(c)所示为握笔法，类似于写字握笔的姿势。此法适合于小功率的电烙铁，焊接散热量小的被焊件，如焊接收音机、电视机的印刷电路板及其维修等，但长时间操作易疲劳。

2. 烙铁头的处理

烙铁头是用纯铜制作的，在焊锡的润湿性和导热性方面没有能超过它的，但其最大的弱点是容易被焊锡腐蚀和氧化。

新使用的电烙铁，在使用前应先用砂布打磨几下烙铁头，将其氧化层除去，然后给电烙铁通电加热并沾点松香焊剂。趁烙铁热时将烙铁头的斜面上挂上一层焊锡，这样能防止烙铁头因长时间加热而被氧化。长寿命烙铁头因为镀有合金，故在使用时不必处理即可直接焊接。

烙铁用了一定时间，或是烙铁头被焊锡腐蚀，头部斜面不平，此时不利于热量传递，或是烙铁头氧化使烙铁头“烧死”，不再吃锡，此种情况，烙铁头虽然很热，但就是焊不上元件。上述两种情况，均需要处理，处理方法：用锉刀将烙铁头锉平，然后按照新使用的烙铁头处理方法处理。长寿命烙铁头在长期使用中，表面也会出现一些脏物，造成吃锡困难或者不吃锡，处理方法是用专用并浸水的烙铁棉在烧热的烙铁头上擦去脏物即可，切记不可用锉刀锉。

3. 烙铁头温度的判别和调整

通常情况下，可根据助焊剂的发烟状态直观目测判断烙铁头的温度。在烙铁头上熔化些松香焊剂，根据助焊剂的发烟量判断其温度是否合适。温度低时，发烟量小，持续时间长；温度高时，发烟量大，消散快；在中等发烟状态，约6～8s消散时，温度约为300℃左右，这时是焊接的合适温度。

4. 电烙铁不宜长时间通电

电烙铁不宜长时间通电而不使用，因为这样容易使电烙铁芯加速氧化而被烧断，同时也将使烙铁头因长时间加热而氧化，甚至被烧“死”而不再“吃锡”。

5. 烙铁头的保护

电烙铁在进行焊接时,最好选用松香焊剂,以保护烙铁头不被腐蚀。氯化锌和酸性焊油对电烙铁头的腐蚀性较大,会使烙铁头的寿命缩短,因而不宜采用。

3.5.5 电烙铁的使用注意事项

(1) 在使用前或更换烙铁芯后,必须检查电源线与地线的接头是否正确。注意接地线要正确地接在烙铁的壳体上,如果接错就会造成烙铁外壳带电,人体触及烙铁外壳就会触电,用于焊接则会损坏电路上的元器件。

(2) 在使用电烙铁的过程中,烙铁电源线不要被烫破,否则可能会使人体触电。应随时检查电烙铁的插头、电源线,发现破损或老化时应及时更换。

(3) 在使用电烙铁的过程中,一定要轻拿轻放,应拿烙铁的手柄部位并且要拿稳,因为在高温时的振动,最易使烙铁损坏。不焊接时,要将烙铁放到烙铁架上,这样既保证安全,又可适当散热。长时间不使用时应切断电源,防止烙铁头氧化;不能用电烙铁敲击被焊工件;烙铁头上多余的焊锡不要随便抛甩,以防落下的焊锡溅到人身上造成烫伤;若溅到正在维修或调试的设备内,焊锡会使设备内部造成短路,造成不应有的损失,要用潮湿的抹布或其他工具将其去除。

(4) 电烙铁在焊接时,最好选用松香或弱酸性助焊剂,以保护烙铁头不被腐蚀。

(5) 经常用湿布、浸水的海绵擦拭烙铁头,以保持烙铁头良好地挂锡,并可防止残留助焊剂对烙铁头的腐蚀。

(6) 焊接完毕时,烙铁头上的残留焊锡应该继续保留,以防止再次加热时出现氧化层。

3.6 焊料、助焊剂、阻焊剂

3.6.1 焊料

凡是用来焊接两种或两种以上的金属面、使之成为一个整体的金属或合金都叫焊料。

按组成成分,焊料可分为锡铅焊料、银焊料和铜焊料等。

按照使用的环境温度,焊料又可分为高温焊料(在高温环境下使用的焊料)和低温焊料(在低温环境下使用的焊料)。锡铅焊料中,熔点在450℃以上的称为硬焊料,熔点在450℃以下的称为软焊料。

现在常用的低温焊料分为有铅焊锡和无铅焊锡。

(1) 有铅焊锡:由锡(熔点232℃)和铅(熔点327℃)组成的合金。其中由锡63%和铅37%组成的焊锡被称为共晶焊锡,这种焊锡的熔点是183℃。

(2) 无铅焊锡:为适应欧盟环保要求提出的ROHS标准。焊锡由锡铜合金做成。其中铅含量为1000PPM以下。无铅焊锡熔点温度范围:

Sn-Cu系列　　Sn-0.75Cu　　227℃,

Sn-Ag系列　　Sn-3.5Ag　　221℃,

Sn-Ag-Cu 系列	Sn-3.5Ag-0.75Cu	217～219℃
	Sn-3.0Ag-0.7Cu	217～219℃
	Sn-3.0Ag-0.5Cu	217～219℃

抗氧化焊锡是自动化生产线上使用的焊料，如波峰焊等。它是在该种焊料的液体中加入少量的活性金属，形成覆盖层来保护焊料，不再继续氧化，以提高焊接质量。焊料的形状有圆片、带状、球状、焊锡丝等几种。常用的是焊锡丝，有的在其内部还夹有固体焊剂松香。焊锡丝的直径种类很多，常用的有：0.5mm、0.8mm、0.9mm、1.0mm、1.2mm、1.5mm、2.0mm、2.3mm、2.5mm、3.0mm、4.0mm、5.0mm。这类焊锡适用于手工焊接。

焊膏由焊料合金粉末和助焊剂组成，并制成糊状物。焊膏能方便地用丝网、模板或点膏机印涂在印刷电路板上，是表面安装技术中的一种重要的贴装材料，适合用于再流焊元器件和贴片元器件的焊接。

3.6.2 助焊剂

焊剂又叫助焊剂，一般由活化剂、树脂、扩散剂、溶剂四部分组成。助焊剂是锡铅焊时所必需的辅助材料，是焊接时添加在焊点上的化合物，参与焊接的整个过程。

1. 助焊剂的作用

(1) 除去氧化膜。在焊接时，为能使被焊物与焊料焊接牢靠，在焊接开始之前，必须采取各种有效措施将金属表面氧化物和杂质除去。

(2) 防止被焊物氧化。助焊剂具有加热时防氧化的作用，由于焊接时随着温度的升高，金属表面的氧化就会加速，此时助焊剂就会在整个金属表面上形成一层薄膜，包住金属表面使其与空气隔绝，从而起到了防止氧化的作用。

(3) 增加焊料流动，减少表面张力，焊料熔化后将贴附于金属表面，使焊料附着力增强，使焊接质量得到提高。

(4) 助焊剂能帮助传递热量、润湿焊点，在焊接中因助焊剂的熔点比焊料和被焊物的熔点都低，故先被熔化，并填满烙铁头的表面与被焊物的表面之间间隙和润湿焊点，使烙铁的热量通过它便能很快地传递到被焊物上，使预热的速度加快。

(5) 使焊点更光亮、美观，合适的焊剂能够整理焊点形状，保持焊点表面的光泽。

2. 对助焊剂的要求

(1) 常温下必须稳定，熔点应低于焊料，只有这样才能发挥助焊剂的作用。

(2) 在焊接过程中具有较高的活化性，表面张力、黏度和密度应小于焊料。

(3) 不产生有刺激性的气味和有害气体，熔化时不产生飞溅或飞沫。

(4) 绝缘好，不能腐蚀母材，残留物无副作用，焊接后的残留物易清洗。

(5) 形成的膜光亮(加消光剂的除外)、致密、干燥快、不吸潮、热稳定性好，具有保护工件表面的作用。

3. 助焊剂的分类

(1) 助焊剂按照成分一般可分为有机、无机和树脂3大类。电子装配中常用的是树脂类助焊剂。

① 无机焊剂。这种类型助焊剂的主要成分是氯化锌和氯化氨及它们的混合物。无机焊剂的活性最强，常温下就能除去金属表面的氧化膜。但这种强腐蚀作用很容易损伤金属及焊点，电子焊接中是不用的，它多数用在可清洗的金属制品焊接中，市场上出售的各种焊油多数属于这一类。

② 有机焊剂。有机系列助焊剂主要由有机酸卤化物组成。有机焊剂具有较好的助焊作用，但也有一定的腐蚀性，不易清除残渣，且挥发物污染空气，一般不单独使用，而是作为活化剂与松香一起使用。

③ 树脂焊剂。这种焊剂的主要成分是松香。松香的主要成分是松香酸和松香酯酸酐，在常温下几乎没有任何化学活力，呈中性，当加热到熔化时，呈弱酸性。可与金属氧化膜发生还原反应，生成的化合物悬浮在液态焊锡表面，也起到焊锡表面不被氧化的作用。焊接完毕恢复常温后，松香又变成固体，无腐蚀，无污染，绝缘性能好。松香酒精焊剂是指：用无水乙醇溶解纯松香，配制成25%～30%的乙醇溶液。这种焊剂的优点是没有腐蚀性，绝缘性能高和具有长期的稳定性及耐湿性。焊接后清洗容易，并能形成膜层覆盖焊点，使焊点不被氧化和腐蚀。

(2) 按助焊剂的状态分：液态、糊状、固态、气态4类焊剂。

① 液态焊剂：用于浸焊和波峰焊接用。

② 糊状焊剂：SMT焊锡膏用。

③ 固态焊剂：焊锡丝芯用。

④ 气态焊剂：通常只用于非电子产品的焊接，如气态铜焊剂等。

3.6.3 阻焊剂

焊接中，特别是在浸焊及波峰焊中，为了使焊料只在需要的焊点上进行焊接，而把不需要焊接的部分保护起来，需要耐高温的阻焊材料起到一种阻焊作用。这种阻焊材料叫做阻焊剂。我们常见到的印制电路板上的绿色涂层即为阻焊剂。

1. 阻焊剂的作用

(1) 印制电路板进行波峰焊或浸焊时，为使不沾上焊锡，将阻焊剂涂到不需要焊接的部位上便可起到阻焊的作用，因印制板板面部分被阻焊剂覆盖，使焊接时印制电路板受到的热冲击小，板面不易起泡和分层。

(2) 防止焊接过程中的桥连、短路等现象发生，节约焊料。

(3) 使用带有色彩的阻焊剂，可使印制板的板面显得整洁美观。

2. 阻焊剂的种类

阻焊剂按成膜方法，可分为热固化型和光固化型两大类。

热固化型阻焊剂容易引起印制电路板的变形，且能源消耗大等原因，现已逐渐被淘汰，很少使用。

光固化型阻焊剂的优点是固化速度快(在1000W高压汞灯下 照射2～3min即可固化)，因此可以提高生产效率，节约能源，应用于自动化生产线。它是目前普遍采用的一种阻焊剂。

3.7　手工焊接工艺

3.7.1　对焊接的要求

手工焊接是焊接技术中一项最基本的操作技能，也是焊接技术的基本功。它适用于小批量生产和大量维修的需要。同时手工焊接还能适用于某些不便于使用自动焊接的电路，以及一些有特殊要求的焊点。掌握手工焊接技术更是无线电爱好者的必备技能。如果没有相应的焊接工艺质量保证，任何一个设计精良的电子装置都难以达到设计指标。因此，在焊接时，必须做到以下几点。

1. 必须具有充分的可焊性

金属表面的可焊性，是指被焊金属材料与焊锡在适当的温度及助焊剂的作用下，形成结合良好合金的能力。铜及其合金、金、银、铁、锌、镍等都具有良好的可焊性，即使是可焊性好的金属，因为表面容易产生氧化膜，为了提高其可焊性，一般采用表面镀锡、镀银等。铜是导电性能良好和易于焊接的金属材料，所以应用得最为广泛。常用的元器件引线、导线及焊盘等，大多采用铜材料制成。

2. 焊点要有足够的机械强度

为保证被焊件在受到振动或冲击时不至于脱落、松动，要求焊点要有足够的机械强度。为此一般可采用把被焊元器件的引线端子打弯后再焊接的方法。但不能用过多的焊料堆积，这样容易造成虚焊、焊点与焊点间的短路。

对引线穿过焊盘后的处理普遍采用三种方式，如图 3-33 所示。其中图 3-33(a)所示为直插式，这种处理方式的机械强度较小，但拆焊方便。图 3-33(b)所示为打弯处理方式，所弯角度为 45°左右，其焊点具有一定的机械强度。

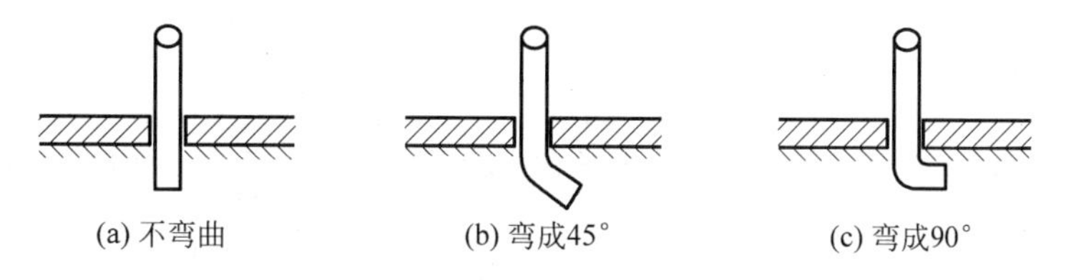

图 3-33　引线穿过焊盘后的处理方式

图 3-33(c)所示为完全打弯处理方式，所弯角度为 90°左右，这种形式的焊点具有很高的机械强度，但拆焊比较困难。在焊盘中引线弯曲的方向，一般情况下应沿着印制导线的方向弯曲。如果只有焊盘而无印制导线时，可朝着距印制导线较远的方向打弯，具体的打弯方向可参考图 3-34 所示。

3. 焊点可靠，保证导电性能

为使焊点具有良好的导电性能，必须防止虚焊。虚焊是指焊料与被焊物表面没有形成合金结构，只是简单地依附在被焊金属的表面上，如图 3-35 所示。

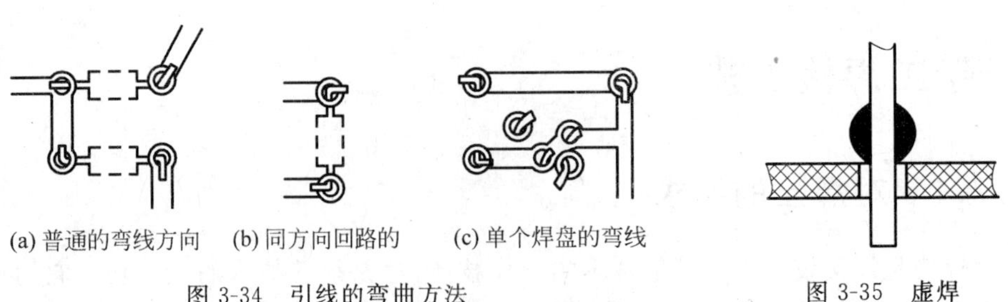

图 3-34 引线的弯曲方法

图 3-35 虚焊

出现虚焊时的焊点在短期内也能通过电流，用仪表测量也很难发现问题。但随着时间的推移，没有形成合金的表面就要被氧化，此时便会出现时通时断的现象，这势必造成产品的质量问题。

4. 焊件表面必须保持清洁

即使是可焊性好的焊件，由于长期存储和污染等原因，焊件的表面可能产生有害的氧化膜、油污等。所以，在实施焊接前也必须清洁表面，否则难以保证质量。

5. 使用合适的助焊剂

为使焊点美观、光滑、整齐，不但要有熟练的焊接技能，而且要选择合适的焊料和助焊剂，否则将出现焊点表面粗糙、拉尖、棱角等现象。

6. 焊接时温度要适当

焊接时将焊料和被焊金属加热到焊接温度，使熔化的焊料在被焊金属表面浸润扩散并形成金属化合物。加热过程中不但要将焊锡加热熔化，而且要将焊件加热到熔化焊锡的温度。只有在足够高的温度下，焊料才能充分浸润，并充分扩散形成合金层。过高的温度是不利于焊接的。

7. 焊接时间适当

焊接时间对焊锡、焊接元件的浸润性、结合层形成有很大影响。准确掌握焊接时间是优质焊接的关键。

3.7.2 手工焊接操作方法

手工焊接是锡铅焊接技术的基础，尽管目前现代化企业已经普遍使用自动插装、自动焊接的生产工艺，但产品试制、小批量产品生产、具有特殊要求的高可靠性产品的生产目前还采用手工焊接。即使印制电路板结构这样的小型化大批量、自动焊接的产品，也还有一定数量的焊接点需要手工焊接。所以目前还没有任何一种焊接方法可以完全取代手工焊接。因此，对于电子技术人员、电子操作工人，手工焊接工艺是必不可少的训练内容。焊接五步法是常用的基本焊接方法，适合于焊接热容量大的工件，如图 3-36 所示。应用时要注意这 5 个步骤不是截然分开的，待逐步练习熟悉后，要将其融为一体。

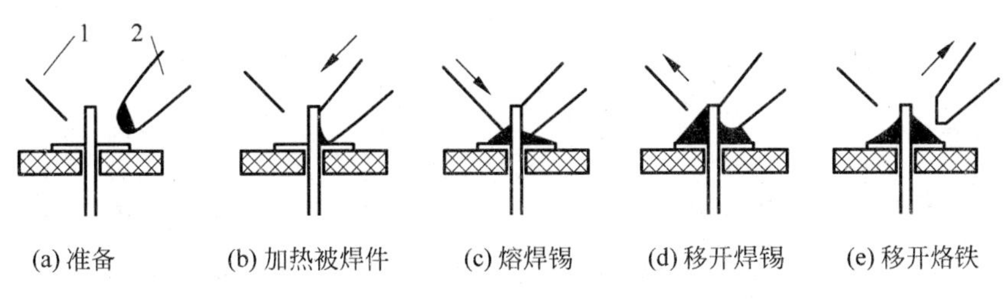

图 3-36　焊接 5 步法

1—焊锡；2—烙铁

1. 焊接准备

将焊接所需材料、工具准备好，如焊锡丝、松香焊剂、电烙铁及其支架等。此时特别强调的是烙铁头部要保持干净，即可以沾上焊锡(俗称吃锡)。

焊锡丝一般有两种拿法，如图 3-37 所示。由于焊丝成分中铅占一定比例，而铅是对人体有害的一种重金属，因此，焊接时应戴上手套或操作后洗手，避免食入铅粉。

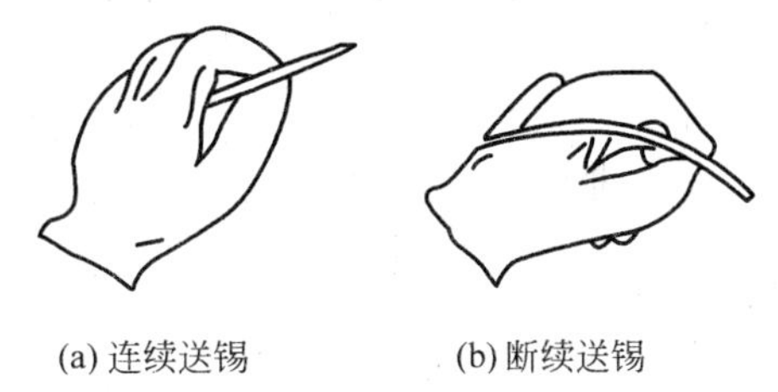

图 3-37　焊锡丝的握法

2. 加热被焊件

将烙铁接触焊接点，首先要注意保持烙铁加热焊件各部分，例如印制板上引线和焊盘都要受热，保护铜箔不被烫坏，其次要注意让烙铁头的扁平部分(较大部分)接触热容量较大的焊件，烙铁头的侧面或边缘部分接触热容量较小的焊件，以保持焊件均匀受热。

3. 熔化焊料

烙铁头放到焊件上后，待被焊件加热到一定温度后，将焊锡丝放到被焊件上(注意不要放到烙铁头上)，使焊锡丝熔化并浸湿焊点。

4. 移开焊锡

当焊点上的焊锡已将焊点浸湿，要及时撤离焊锡丝，以保证焊点不出现堆锡现象和获得较好的焊点。

5. 移开烙铁

移开焊锡后，当焊锡完全润湿焊点后移开烙铁，注意移开烙铁的方向应该是大致 45°的方向。如果移开的时机、方向、速度掌握不好，则会影响焊点的质量和外观。上述过程；对一般焊点而言大约 2～3s，对于热容量较小的焊点，例如印制电路板上的小焊盘，可简化为 3 步法操作，即将上述步骤 2 和 3 合为一步，同时放上电烙铁和焊锡丝，熔化适量的焊锡，步骤 4 和 5 合为一步，当焊锡的扩展范围达到要求后，拿开焊锡丝和电烙铁，这时注意拿开焊锡丝的时机不得迟于电烙铁的撤离时间。

3.7.3 焊接操作要领

1. 焊前准备

(1) 选用合适功率的电烙铁。由于内热式电烙铁具有升温快、热效率高、体积小、重量轻的特点,在电子装配中已得到普遍使用。焊接印制电路板的焊盘和一般产品中的较精密元器件及受热易损元器件宜选用 20W 内热式电烙铁。但低功率的电烙铁由于本身的热容量小,热恢复时间长,不适于快速操作。对这类焊接,在具有熟练的操作技术的基础上,可选用 35W 内热式电烙铁,这样可缩短焊接时间。对一些焊接面积大的结构件、金属底板接地点的焊接,则应选用功率更大一些的电烙铁。

(2) 选用合适的烙铁头。烙铁头的形状要适应被焊工件表面的要求和产品的装配密度。成品电烙铁头都已定形,可根据焊接的需要,自行加工成不同形状的烙铁头,如图 3-38 所示。凿形和尖锥形烙铁头角度较大时,热量比较集中,温度下降较慢,适用于一般焊点。角度较小时,温度下降快,适用于焊接对温度比较敏感的元器件。斜面设计的烙铁头,由于表面积较大,传热较快,因此适用于焊接密度不很高的单面印制板焊盘接点。圆锥形烙铁头适用于焊接密度高的焊点、小孔和小而怕热的元器件。

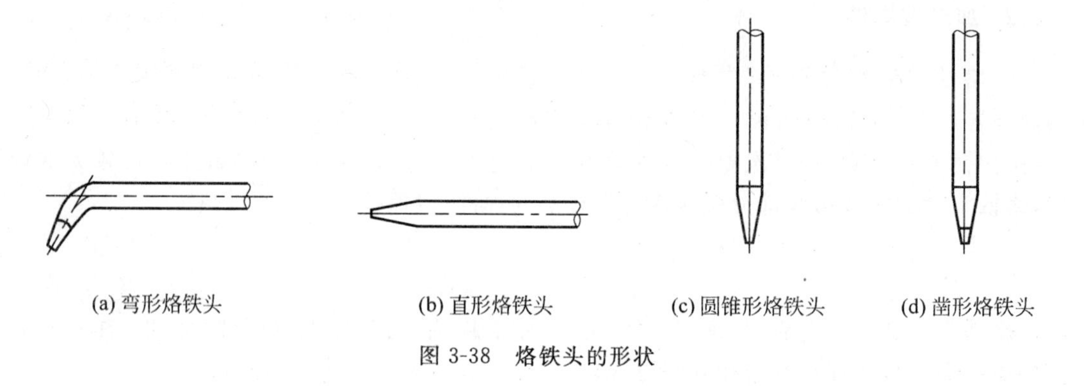

(a) 弯形烙铁头 (b) 直形烙铁头 (c) 圆锥形烙铁头 (d) 凿形烙铁头

图 3-38 烙铁头的形状

目前有一种称之为"长寿命"的烙铁头,是在紫铜表面镀以纯铁或镍,使用寿命比普通烙铁头高 10～20 倍。这种烙铁头不宜用锉刀加工,以免破坏表面镀层,缩短使用寿命。该种烙铁头的形状一般都已加工成适于印制电路板焊接要求的形状。

(3) 烙铁头的清洁和上锡。由于焊接时烙铁头长期处于高温状态,又接触焊剂等受热分解的物质,其表面很容易氧化而形成一层黑色杂质,这些杂质几乎形成隔热层,使烙铁头失去加热作用。因此要随时在烙铁架上蹭去杂质,进行表面清洁、整形及上锡,使烙铁头表面平整、光亮及上锡良好。

2. 焊件表面处理

手工烙铁焊接中遇到的焊件是各种各样的电子零件和导线,一般情况下某些焊件往往都需要进行表面清理,去除焊接面上的锈迹、油污、灰尘等杂质。手工操作中常用机械刮磨和酒精、丙酮擦洗等简单易行的方法。

3. 预焊

为了提高焊接的质量和速度，避免虚焊等缺陷，应该在装配以前对焊接表面进行可焊性处理——预焊。预焊就是将要锡焊的元器件引线或导线的焊接部位预先用焊锡润湿，一般也称为镀锡、上锡等。预焊并非锡焊不可缺少的操作，但对手工烙铁焊接特别是维修、调试、研制工作几乎可以说是必不可少的。尤其是对于一些可焊性差的元器件，镀锡更是至关重要的。专业电子生产厂家都备有专门的设备进行可焊性处理。

镀锡实际就是液态焊锡对被焊金属表面浸润，形成一层既不同于被焊金属又不同于焊锡的结合层。由这个结合层将焊锡与待焊金属这两种性能、成分都不相同的材料牢固连接起来。

镀锡有以下工艺要点：

(1) 待镀面应该清洁。

(2) 烙铁头的温度要适合。

(3) 要使用有效的焊剂。

4. 焊剂的用量要合适

使用焊剂时，必须根据被焊面积的大小和表面状态适量施用。用量过少会影响焊接质量；用量过多，将会造成焊后焊点周围出现残渣，这势必使印制线路板的绝缘性能下降，同时还可能造成对元器件的腐蚀。

5. 焊接的温度和时间要掌握好

在焊接时，为了保护焊接质量就必须使被焊件达到适当的温度。如果温度过低，焊锡流动性差，容易凝固，形成虚焊。如果锡焊温度过高，将会使焊锡流淌，焊点上不易存锡，焊剂分解速度加快，使被焊物表面加速氧化，甚至导致印制电路板上的焊盘脱落。

锡焊的时间随被焊件的形状、大小的不同而有所差别，但总的原则是根据被焊件是否完全被焊料所润湿(润湿是指焊料熔解后达到所需要的扩散范围)的情况而定。通常情况下，烙铁头与焊点的接触时间是以使焊点光亮、圆滑为宜。如果焊点不亮表面粗糙，说明温度不够，烙铁停留时间太短。解决方法是只要将电烙铁头继续放在焊点上多停留些时间，便可使焊点的粗糙面得以改善。

6. 焊锡量要合适

过量的焊锡会增加焊接时间，降低工作速度，更为严重的是在高密度的电路中，过量的锡很容易造成不易觉察的短路。但是焊锡过少不能形成牢固的结合，降低焊点强度，特别是在板上焊导线时，焊锡不足往往会造成导线脱落。

7. 焊件要固定

在焊接过程的焊锡凝固之前不要使焊件移动或振动，这是因为焊锡凝固过程是结晶过程，在结晶期间受到外力会改变结晶条件，导致晶体粗大，表面无光泽，呈现出豆渣状，焊点内部结构疏松，容易有气隙和裂缝，造成焊点强度降低，导电性能差。因此，在焊锡凝固前一定要保持焊件静止。

8. 烙铁撤离有讲究

烙铁撤离要及时，而且撤离时的角度和方向对焊点形成有一定关系。掌握好电烙铁的撤离方向，能很好地控制焊料的多少，并能带走多余的焊料，从而能控制焊点的形成。图 3-39 所示为不同撤离方向对焊料的影响。其中图(a)是烙铁头与轴向成 45°角斜上方的方向撤离，此种方法能使焊点成形美观、圆滑，是较好的撤离方式；图(b)是烙铁头与轴同向（垂直向上）的撤离方式，此种方法容易造成焊点的拉尖及毛刺现象；图(c)是烙铁头以水平方向撤离，此种方法将使烙铁头带走很多的焊锡，将造成焊点焊量不足的现象；图(d)是烙铁头垂直向下撤离，烙铁头将带走大部分焊料，使焊点无法形成；图(e)是烙铁头垂直向上撤离，烙铁头要带走少量焊锡，将影响焊点的正常形成。

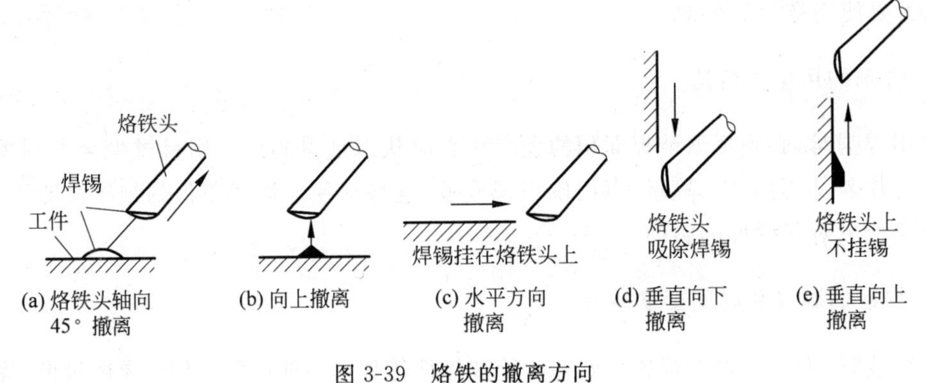

图 3-39 烙铁的撤离方向

3.7.4 印制电路板的手工焊接工艺

1. 印制电路板焊接的特点

(1) 印制电路板是用胶黏剂把铜箔压粘在绝缘基板上制成的。绝缘基板的材料有环氧玻璃布、酚醛绝缘纸板等。铜与这些绝缘材料的黏合能力不是很强，高温时则更差。一般环氧玻璃布覆铜板允许连续使用的温度是 140℃左右，远低于焊接温度。而且铜与绝缘基板的热膨胀系数各不相同，过高的焊接温度和过长的时间会引起印制电路板起泡、变形，甚至铜箔翘起。

(2) 印制电路板插装的元器件一般为小型元器件，如晶体管、集成电路及使用塑料骨架的中周、电感等，耐高温性能较差，焊接温度过高，时间过长，都会造成元器件的损坏。

(3) 如果采用低熔点焊料，又会给焊接点的机械强度和其他方面带来不利影响。所以在焊接印制电路板时，要根据具体情况，除掌握合适的焊接温度、焊接时间外，还应选用合适的焊料和助焊剂。

2. 焊前准备

(1) 焊前要将被焊的元器件引线进行清洁和预挂锡。

(2) 对印制线路板的表面进行清洁,主要是去除氧化层,并检查焊盘和印制导线是否有缺陷和短路点等不足。

(3) 检查电烙铁能否吃锡,并进行去除氧化层和预挂锡工作。

(4) 要熟悉所焊印制电路板的装配图,并按图纸检查所有元器件的型号、规格及数量是否符合图纸的要求。

3. 装焊顺序

元器件的装焊顺序依次是电阻器、电容器、二极管、三极管,集成电路、大功率管等。其他元器件是依先小、先轻、后大、后重的顺序进行。

4. 印制电路板手工焊接工艺

(1) 电烙铁的选用。由于铜箔和绝缘基板之间的结合强度、铜箔的厚度等原因,烙铁头的温度最好控制在250～300℃之间,因此最好选用20W内热式电烙铁。当焊接能力达到一定的熟练程度时,为提高焊接效率,也可选用35W内热式电烙铁。为避免因电烙铁的感应电压损坏集成电路,要给电烙铁接好地线。

(2) 烙铁头的形状。烙铁头的形状应以不损伤印制电路板为原则,同时也要考虑适当增加烙铁头的接触面积,最好选用凿式烙铁头,并将棱角部分锉圆。

(3) 电烙铁的握法。焊接时,烙铁头不能对印制电路板施加太大的压力,以防止焊盘受压翘起。可以采用握笔法拿电烙铁,小指垫在印制电路板上支撑电烙铁,以便自由调整接触角度、接触面积、接触压力,使焊接面均匀受热。

(4) 焊料和助焊剂的选用。焊料可选用HH6-2-2牌号的活性树脂芯焊锡丝,直径可根据焊盘大小、焊接密度决定。对难焊的焊接点,在复焊与修整时再添加BH66-1液态助焊剂。

(5) 焊接的步骤。可按前述手工焊接的步骤进行,一般焊盘面积不大时,可采用3步操作法:(a)加热被焊工件;(b)填充焊料;(c)移开焊锡丝、移开电烙铁。根据印制电路板的特点,为防止焊接温度过高,焊接时间一般以2～3s为宜。当焊盘面积很小,或用35W电烙铁时,甚至可将(a)、(b)步合并,有利于连续操作,提高效率。

(6) 焊接点的形式与要求。导线或元器件引线插入印制电路板规定的孔内,暴露在焊盘外部引线的形状可分为直脚和弯脚两种。印制电路板插焊的形式如图3-40所示。

图3-40　印制电路板插焊的形式

直脚露骨焊即为部分导线或元器件引线露出焊接点锡面，这样可以避免在焊接时因导线或元器件引线自孔中下落而形成虚焊、假焊甚至漏焊的现象。如果焊点“包头”的话，很可能将这些问题掩盖了。对焊接点的要求是光亮、平滑、焊料布满焊盘并成“裙状”展开。焊接结束后应立即剪脚，“露骨”长度宜在 0.5mm～1mm 之间，过长可能产生弯曲，易与相邻焊点发生短路，直脚露骨焊示例如图 3-41 所示。

双面印制电路板的连接孔一般要进行孔的金属化，金属化孔的焊接如图 3-42 所示。在金属化孔上焊接时，要将整个元器件的安装座（包括孔内）都充分浸润焊料，所以金属化孔上的焊接加热时间应稍长一些。

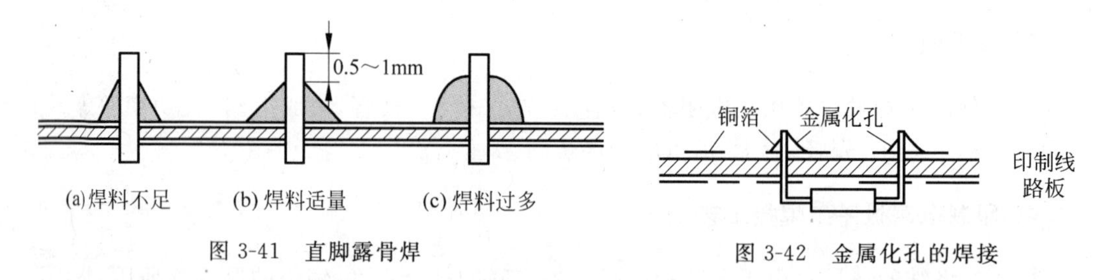

图 3-41　直脚露骨焊

图 3-42　金属化孔的焊接

由于直脚焊还存在着机械强度较差的缺点，因此在某些具有特殊要求的高可靠性产品中采用的是弯脚焊。弯脚焊可将导线或元器件引线弯成 45°或 90°两种。采用 45°的弯曲角度焊接。既保持了足够的机械强度，又较容易在更换元器件时拆装重焊。弯成 90°时应带有一些弧形，焊接时不易产生拉尖。同时机械强度最高，但拆装重焊困难。在采用这种方法时要注意焊盘中引线的弯曲方向，不能随意乱弯，防止与相邻的焊盘造成短路。一般应沿着印制导线的方向弯，然后剪脚，其断头长度不超过焊盘的半径，以防止弯曲后造成短路。

(7) 检查和整理。焊接完成后要进行检查和整理。检查的项目包括：有无插错元器件、漏焊及桥连；元器件的极性是否正确及印制电路板上是否有飞溅的焊料、剪断的线头等，检查后还需要将歪斜的元器件扶正并整理好导线。

5. 对元器件焊接的要求

(1) 电阻器的焊接。按图纸要求将电阻器插入规定位置，插入孔位时要注意电阻器的标称值放在容易看到的方位上（色码电阻可忽略此要求）。插装时可按图纸标号顺序依次装入，也可按单元电路装入，依具体情况而定，然后就可对电阻进行焊接。

(2) 电容器的焊接。将电容器按图纸要求装入规定位置，并注意有极性的电容器其“＋”与“－”的位置不能接错，电容器上的标称值要容易看见。可先装玻璃釉电容器、金属膜电容器、瓷介电容器，最后装电解电容器。

(3) 二极管的焊接。将二极管辨认正、负极后按要求装入规定位置，型号及标记要容易看见。焊接立式安装二极管，对最短的引线焊接时，注意焊接时间不要超过 2s，以避免温升过高而损坏二极管。

(4) 三极管的焊接。按要求将 e、b、c 三引脚插入相应孔位，焊接时应尽量缩短焊接时间，并可用镊子夹住引脚，以帮助散热。焊接大功率三极管，若需要加装散热片时，应将散热片的接触面加以平整，打磨光滑后再紧固，以加大接触面积。若需要加垫绝缘薄膜片时，千万不能忘记。管脚与线路板上的焊点需要进行导线连接时，应尽量采用绝缘导线。

6. 集成电路的焊接

将集成电路按照要求装入印制电路板的相应位置，并按图纸要求进一步检查集成电路的型号、引脚位置是否符合要求，确保无误后便可进行焊接。焊接时可先焊相对角的引脚，以其起到固定作用，然后再从左至右，或从上至下进行逐个焊接。焊接时注意时间不要超过3s为最好，而且要使焊锡均匀包住引脚。焊接完毕后要检查是否有漏焊和虚焊的引脚，引脚之间是否有焊锡短路现象等，并清理焊点处的残留焊料、焊剂等杂质。

3.7.5 表面焊接技术

SMT是英文"Surface Mount Technology"的简称，在我国电子行业标准中称之为表面组装技术。随着电子产品的小型化和元件集成化的发展，以"短、小、轻、薄"为特点的表面安装器件的应用越来越广泛，对其安装主要采用表面贴装技术进行自动安装，即在元件的引脚上粘上特制的含锡粉的黏贴胶，使用贴装机将器件黏贴在电路板上，然后加热使锡粉熔化焊接。SMT在投资类电子产品、军事装备领域、计算机、通信设备、彩电调谐器、录像机、数码相机、数码摄像机、袖珍式高档多波段收音机、MP3、传呼机和手机等几乎所有的电子产品的生产中都得到广泛应用。

1. 表面贴装技术简介

1) SMT和通孔插装技术(THT)的比较

SMT工艺技术的特点可以通过其与传统通孔插装技术(THT)的差别比较来体现。从组装工艺技术的角度分析，SMT和THT的根本区别是"贴"和"插"。二者的差别还体现在基板、元器件、组件形态、焊点形态和组装工艺方法等方面。电子电路装联技术的发展主要受元器件类型的支配，之所以出现"插"和"贴"这两种截然不同的电路模块组装技术，是由于采用了外形结构和引脚形式完全不同的两种类型的电子元器件。由于SMT生产中采用"无引线或短引线"的元器件，故从组装工艺角度分析，表面组装和通孔插装(THT)技术的根本区别，一是所用元器件、PCB的外形不完全相同；二是前者是"贴装"，即将元器件贴装在PCB焊盘表面，而后者则是"插装"，即将长引脚元器件插入PCB焊盘孔内。前者是预先将焊料(焊锡膏)涂放在焊盘上，贴装元件后一次加热而完成焊接过程，元件与焊点在PCB的同一面；而后者是通过波峰焊机利用熔融的焊料流，实现升温与焊接，元件与焊点分别在PCB的两面。THT与SMT的区别如表3-3所示。

表3-3 THT与SMT的区别

类　型	THT	SMT
元器件	双列直插或DIP 针阵列PGA 有引线电阻，电容	SOIC，SOT，LCCC，PLCC，QFP，BGA，CSR 尺寸比DIP要小许多倍片式电阻，电容
基板	印制电路板采用2.54mm网络设计，通孔孔径为0.8～0.9mm	印制电路板采用1.27mm网格或更细设计，通孔孔径为0.3～0.5mm，布线密度要高2倍以上

续表

类　型	THT	SMT
焊接方法	波峰焊	再流焊
面积	大	小,缩小比约为1∶3～1∶10
组装方法	穿孔插入	表面安装(粘贴)
自动化程度	自动插装机	自动贴片机,生产效率高于自动插装机

2) SMT的优点

(1) 组装密度高

片式元器件比传统穿孔元件所占面积和质量大大减少。采用SMT可使电子产品体积缩小60%,质量减轻75%。通孔插装元器件按2.54mm网格安装元件,而SMT组装元件从1.27mm网格发展到目前0.63mm网格,个别达0.5mm网格安装元件,密度更高。例如一个64引脚的DIP集成电路,它的组装面积为25mm×75mm,而采用引线间距为0.63mm的QFP,同样的引线数量,其组装面积仅为12mm×12mm,为通孔技术的1/12。

(2) 可靠性高

片式元器件小而轻,故抗震能力强;采用自动化生产,贴装与焊接可靠性高,一般不良焊点率小于百万分之十,比通孔插装元件波峰焊接技术低一个数量级,用SMT组装的电子产品MTBF平均为25万小时。

(3) 高频特性好

由于片式元器件贴装牢固,器件通常为无引线或短引线,降低了寄生电感和寄生电容的影响,提高了电路的高频特性,采用片式元器件设计的电路最高工作频率达3GHz,而采用通孔元件的电路最高工作频率仅为500MHz。采用SMT也可缩短传输延迟时间,可用于时钟频率为16MHz以上的电路。若使用MCM技术,计算机工作站的高端时钟频率可达100MHz,由寄生电抗引起的附加功耗可降低2～3倍。

(4) 降低成本

印制板使用面积减小,若采用CSP安装则其面积还会大幅度下降。片式元器件发展很快,促使成本迅速下降,一个片式电阻已同通孔电阻价格相当,约合人民币1分左右。SMT技术简化了电子整机产品的生产工序,降低了生产成本。在印制板上安装时,元器件的引线不用整形、打弯、剪短,因而使整个生产过程缩短,生产效率提高。同样功能电路的加工成本低于通孔插装方式,一般可使生产总成本降低30%～50%。以下几点也是促使SMT生产成本下降的因素:

① 印制板上钻孔数量减少,节约返修费用;

② 由于频率特性更好,减少了电路调试费用;

③ 由于片式元器件体积小、质量轻,减少了包装、运输和储存费用。

(5) 便于自动化生产

目前通孔安装印制板要实现完全自动化,还需扩大40%原印制板面积,这样才能使自动插件的插装头插入元件,否则没有足够的空间间隙,将碰坏零件。自动贴片机采用真空吸嘴吸放元件,真空吸嘴小于元件外形,有利于提高安装密度。目前小元件及细间距的QFP器件均采用自动贴片机进行生产,以实现全线自动化生产。

当然，SMT 大生产中也存在一些问题，如：元器件上的标称数值看不清，维修工作困难，维修调换器件需要专用工具，元器件与印制板之间热膨胀系数一致性差等。但这些问题都只是发展中的问题，随着专用拆装设备以及新型低膨胀系数印制板的出现，已不再是 SMT 深入发展的障碍。

2. SMT 元器件的封装

由于安装形式的不同，SMT 与 THT 所用元器件的主要区别在于外形封装。另外，由于 SMT 重点在减小体积，故 SMT 所用的元器件为表面贴装元器件，简称 SMD。

1）片状阻容元件

表面贴装电阻和电容组件常用外形尺寸——长度和宽度命名，来标识其外形的大小，通常有英制和公制称谓（如表 3-4 所示）。例如，英制 0805 表示电阻组件长为 0.08 英寸，宽为 0.05 英寸，其公制表示为 2012，即长 2.0mm，宽 1.2mm。电阻常用的公制和英制标记以及包装形式如上表。

表 3-4　外形尺寸的公英制对照

英　制	公　制	功率(W)	英　制	公　制	功率(W)
0402	1005	1/16	1210	3225	1/4
0603	1508	1/16	1812	4532	1/2
0805	2012	1/10	1825	4564	1/2
1206	3216	1/8			

注：公制/英制转换 1 inch=1000mil；1 inch=25.4mm

片状阻容元件如图 3-43 所示。

图 3-43　电阻、电容

2）表面贴装集成电路

集成电路常用的封装如图 3-44 所示。

SOP

QFP

PLCC

BGA

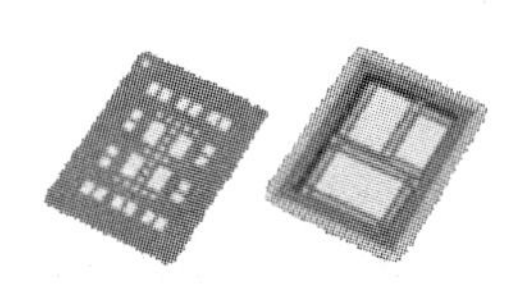

Multi Chip Model

图 3-44　常用集成电路的表贴封装

3. 表面组装工艺

1) SMT 工艺的两类基本工艺流程

SMT 工艺有两类最基本的工艺流程，一类是焊锡膏-再流焊工艺，另一类是贴片胶-波峰焊工艺。在实际生产中，应根据所用元器件和生产装备的类型以及产品的需求，选择单独进行或者重复、混合使用，以满足不同产品生产的需要。

① 焊锡膏-再流焊工艺

焊锡膏-再流焊工艺如图 3-45 所示。该工艺流程的特点是简单、快捷，有利于产品体积的减小，在无铅焊接工艺中更显示出其优越性。

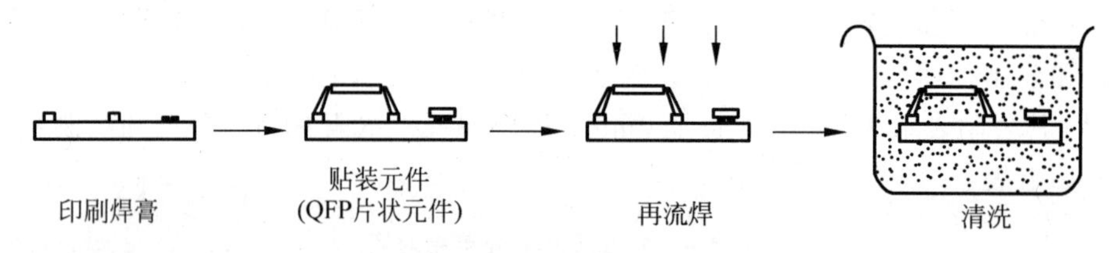

图 3-45 焊锡膏-再流焊

② 贴片-波峰焊工艺

贴片-波峰焊工艺如图 3-46 所示。该工艺流程的特点是：利用双面板空间，电子产品的体积进一步减小，并部分使用通孔元件，价格更低。但所需设备增多，由于波峰焊过程中缺陷较多，难以实现高密度组装。若将上述两种工艺流程混合与重复使用，则可以演变成多种工艺流程。

2) SMT 工艺的元器件组装方式

SMT 的组装方式及工艺流程主要取决于表面组装组件(SMA)的类型、使用的元器件种类和组装设备的条件。大体上可分为单面混装、双面混装和全表面组装 3 种类型，共 6 种组装方式，如表 3-5 所示。

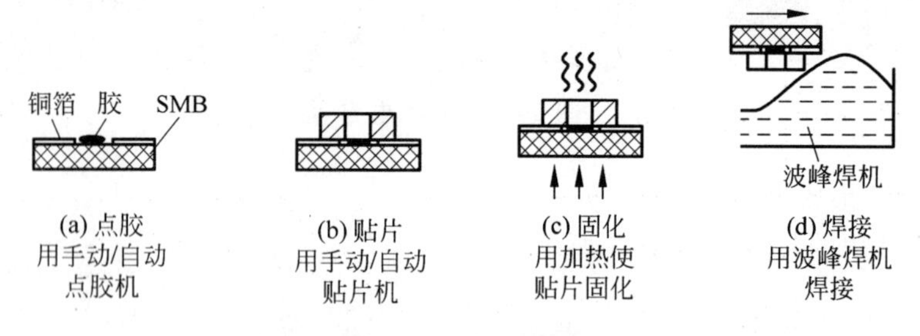

图 3-46 贴片-波峰焊

根据组装产品的具体要求和组装设备的条件选择合适的组装方式，是高效、低成本组装生产的基础，也是 SMT 工艺设计的主要内容。

(1) 单面混合组装

第一类是单面混合组装，即 SMC/SMD 与通孔插装元件(THC)分布在 PCB 不同的两个面上混装，但其焊接面仅为单面。这一类组装方式均采用单面 PCB 和波峰焊接工艺，具体有两种组装方式。

① 先贴法，即在 PCB 的 B 面(焊接面)先贴装 SMC/SMD，而后在 A 面插装 THC。

② 后贴法，即先在 PCB 的 A 面插装 THC，后在 B 面贴装 SMC/SMD。

(2) 双面混合组装

第二类是双面混合组装，SMC/SMD 和 THC 可混合分布在 PCB 的同一面；同时，SMC/SMD 也可分布在 PCB 的双面。双面混合组装采用双面 PCB，双波峰焊接或再流焊接。

在这一类组装方式中也有先贴还是后贴 SMC/SMD 的区别，一般根据 SMC/SMD 的类型和 PCB 的大小合理选择，通常采用先贴法较多。该类组装的两种组装方式在实践中均有应用。

① SMC/SMD 和 THC 同侧方式。即表 3-5 中所列的第三种，SMC/SMD 和 THC 同在 PCB 的一侧。

表 3-5 表面组装组件的组装方式

<table>
<tr><th>序号</th><th colspan="2">组装方式</th><th>组件结构</th><th>电路基板</th><th>元器件</th><th>特征</th></tr>
<tr><td>1</td><td rowspan="2">单面混装</td><td>先贴法</td><td rowspan="2"> 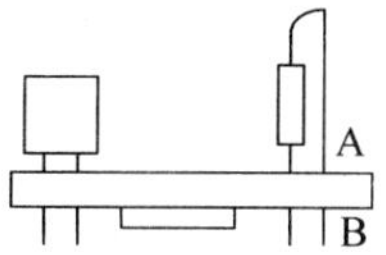A
B</td><td>单面 PCB</td><td>表面组装元器件及通孔插装元器件</td><td>先贴后插，工艺简单，组装密度低</td></tr>
<tr><td>2</td><td>后贴法</td><td>单面 PCB</td><td>同上</td><td>先插后贴，工艺较复杂，组装密度高</td></tr>
<tr><td>3</td><td rowspan="2">双面混装</td><td>SMD 和 THC 都在 A 面</td><td> 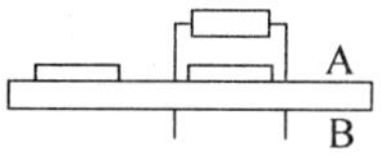A
B</td><td>双面 PCB</td><td>同上</td><td>先贴后插，工艺较复杂，组装密度高</td></tr>
<tr><td>4</td><td>THC 在 A 面 A,B 两面都有 SMD</td><td> 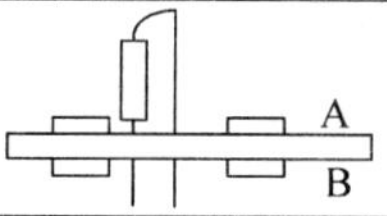A
B</td><td>双面 PCB</td><td>同上</td><td>THC 和 SMC/SMD 组装在 PCB 同一侧</td></tr>
<tr><td>5</td><td rowspan="2">全表面组装</td><td>单面表面组装</td><td> 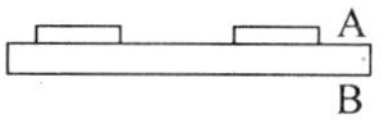A
B</td><td>单面 PCB，陶瓷基板</td><td>表面组装元器件</td><td>工艺简单，适用于小型，薄型化的电路组装</td></tr>
<tr><td>6</td><td>双面表面组装</td><td> 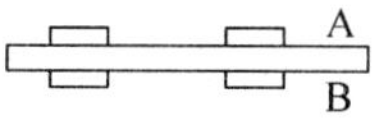A
B</td><td>双面 PCB，陶瓷基板</td><td>同上</td><td>高密度组装，薄型化</td></tr>
</table>

② SMC/SMD 和 THC 不同侧方式。即表 3-5 中所列的第四种，把表面组装集成芯片(SMIC)和 THC 放在 PCB 的 A 面，而把 SMC 和小外形晶体管(SOT)放在 B 面。这类组装方式由于在 PCB 的单面或双面贴装 SMC/SMD，而又把难以表面组装化的有引线元件插入组装，因此组装密度相当高，如图 3-47 所示。

(3) 全表面组装

第三类是全表面组装，在 PCB 上只有 SMC/SMD 而无 THC。由于目前元器件还未完全实现 SMT 化，实际应用中这种组装形式不多。这一类组装方式一般是在细线图形的 PCB 或陶瓷基板上采用细间距器件和再流焊接工艺进行组装时应用。它也有两种组装方式。

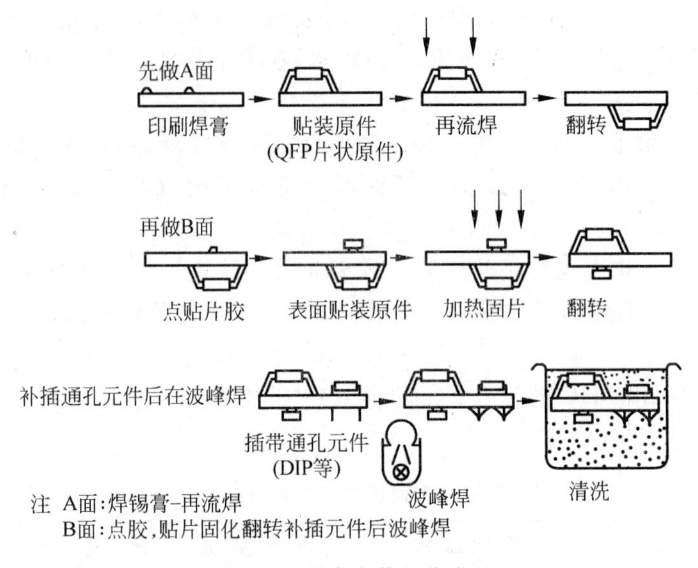

图 3-47 混合安装工艺流程

① 单面表面组装方式。即表 3-5 所列的第五种方式,采用单面 PCB 在单面组装 SMC/SMD。

② 双面表面组装方式。即表 3-5 所列的第六种方式,采用双面 PCB 在两面组装 SMC/SMD,组装密度更高,如图 3-48 所示。

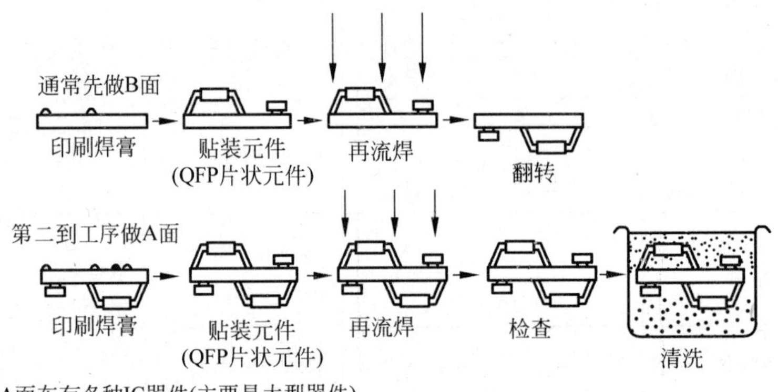

图 3-48 双面均采用焊锡膏-再流焊工艺流程

4. SMT 生产系统的基本组成

由表面涂敷设备、贴装机、焊接机、清洗机、测试设备等表面组装设备形成的 SMT 生产系统,习惯上称为 SMT 生产线。

目前,表面组装元器件的品种规格尚不齐全,因此在表面组装组件(SMA)中有时仍需要采用部分通孔插装元器件。所以,一般所说的表面组装组件中往往是插装件和贴装件兼有的,全部采用 SMC/SMD 的只是一部分。根据组装对象、组装工艺和组装方式不同,SMT 的生产线有多种组线方式。

图 3-49 所示为采用再流焊技术 SMT 生产线的最基本组成，一般用于 PCB 单面贴装 SMC/SMD 的表面组装场合，也称之为单线形式。如果在 PCB 双面贴装 SMC/SMD，则需要双线组线形式的生产线。当插装件和贴装件兼有时，还需在图 3-49 所示生产线基础上附加插装件组装线和相应设备。当采用的是非免清洗组装工艺时，还需附加焊后清洗设备。目前，一些大型企业设置了配有送料小车，以及计算机控制和管理的 SMT 产品集成组装系统，它是 SMT 产品自动组装生产的高级组织形式。

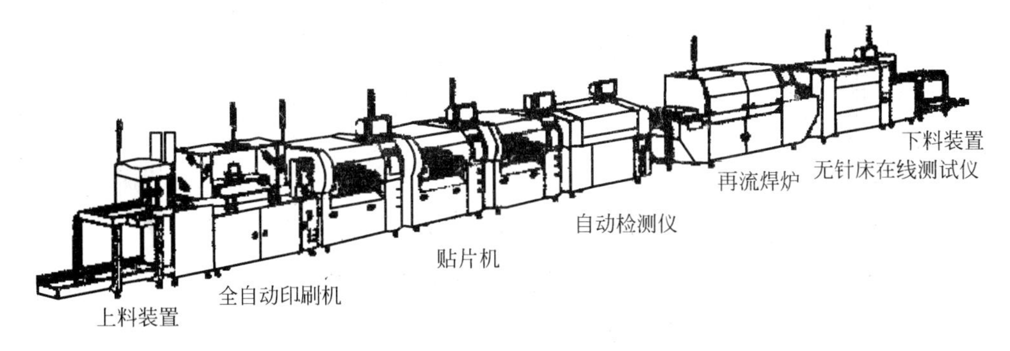

图 3-49 SMT 生产线基本组成示例

下面是 SMT 生产线的一般工艺过程，其中的焊膏涂敷方式、焊接方式以及点胶工序根据不同的组线方式而有所不同。

(1) 丝印。其作用是将焊膏或贴片胶漏印到 PCB 的焊盘上，为元器件的焊接做准备。所用设备为全自动印刷机，位于 SMT 生产线的最前端。

(2) 点胶。它是将胶水滴到 PCB 的固定位置上，其主要作用是在采用波峰焊接时，将元器件固定到 PCB 板上。所用设备为点胶机，位于 SMT 生产线的最前端或检测设备的后面。

(3) 贴装。其作用是将表面组装元器件准确安装到 PCB 的固定位置上。所用设备为贴片机，位于 SMT 生产线中印刷机的后面。

(4) 固化。其作用是将贴片胶固化，从而使表面组装元器件与 PCB 牢固黏结在一起。所用设备为固化炉，位于 SMT 生产线中贴片机的后面。

(5) 再流焊接。其作用是将焊膏熔化，使表面组装元器件与 PCB 牢固黏结在一起。所用设备为再流焊炉，位于 SMT 生产线中贴片机的后面。

(6) 清洗。其作用是将组装好的 PCB 上面对人体有害的焊接残留物如助焊剂等除去。所用设备为清洗机，位置可以不固定，即可以在线，也可不在线。

(7) 检测。其作用是对组装好的 SMA(表面组装组件)进行焊接质量和装配质量的检测。所用设备有放大镜、显微镜、在线测试仪(ICT)、飞针测试仪、自动光学检测(AO1)、X-Ray 检测系统、功能测试仪等。位置根据检测的需要，可以配置在生产线合适的地方。

(8) 返修。其作用是对检测出故障的 SMA 进行返工，所用工具为烙铁、返修工作站等，配置在生产线中任意位置。

3.7.6 拆焊

在电子产品的生产过程中，不可避免地要因为装错、损坏或因调试、维修的需要而拆换元器件，这就是拆焊，也叫解焊。在实际操作中拆焊比焊接难度高，由于拆焊方法不当，往往就会造成元器件的损坏、印制导线的断裂，甚至焊盘的脱落，尤其是更换集成电路时，拆焊的难度就更大。

1. 拆焊的原则

拆焊的步骤一般是与焊接的步骤相反的，拆焊前一定要弄清楚原焊接点的特点，不要轻易动手。

(1) 不可损坏拆除的元器件、导线，原焊接部位的结构件。

(2) 拆焊时不可损坏印制电路板上的焊盘与印制导线。

(3) 对已判断为损坏的元器件，可先行将引线剪断，再行拆除，这样可减少其他损伤的可能性。

(4) 在拆焊过程中，应尽量避免拆动其他元器件或变动其他元器件的位置，如确实需要，要做好复原工作。

2. 拆焊工具

(1) 吸锡电烙铁。用于吸去熔化的焊锡，使焊盘与元器件引线或导线分离，达到解除焊接的目的。其外形、内部结构和使用方法可参见上文所述。

(2) 镊子。镊子以端头较尖、硬度较高的不锈钢为佳，用以夹持元器件或借助电烙铁恢复焊孔。

(3) 铜编织网、空心针头、气囊吸锡器。铜编织网可选用专用吸锡铜网(价格较贵)，也可用普通电缆的铜编织网代替；空心针头可选医用不同号的针头代用；气囊吸锡器一般为橡皮气囊。其外形如图 3-50 所示。

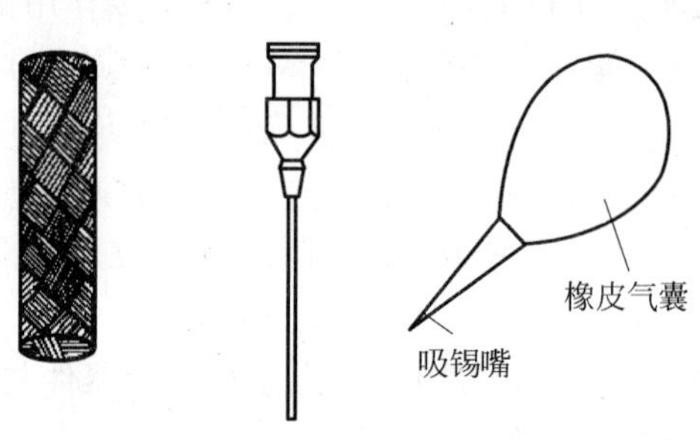

(a) 铜编织网　(b) 空心针头　(c) 气囊吸锡器

图 3-50　其他拆焊工具

(4) 专用拆焊电烙铁及烙铁头。如图 3-51 所示，其中图(a)适用于拆焊双列直插式集成电路的烙铁头；图(b)适用于拆焊四列扁平式集成电路的烙铁头；图(c)是专用烙铁与烙铁头的配合使用；图(d)适用于拆焊多脚焊点；图(e)适用于拆焊双列扁平集成电路。

3. 拆焊的操作要点

拆焊是一件细致的工作，不能马虎，否则将造成元器件的损坏和印制导线的断裂、焊盘的脱落等不应有的损失。为保证拆焊的顺利进行应做到以下几点。

(1) 严格控制加热的温度和时间。因拆焊的加热时间和温度较焊接时要长、要高，当焊料一熔化，就应及时在与印制板垂直的方向拔出元器件的引线，以免将元器件烫坏或使焊盘翘起、断裂。宜采用间隔加热法来进行拆焊。

(2) 对于多焊点的元器件，其所有焊点没有被熔化时，不能强行用力拉动、摇动、扭转。另外，在高温状态下元器件的封装强度都会下降，尤其是塑封器件、陶瓷器件、玻璃端子等，拆焊时不要用力过猛，以免损坏元器件和焊盘。

(3) 吸去拆焊点上的焊料。拆焊前，用吸锡工具吸去焊料，有时可以直接将元器件拔下。即使还有少量锡连接，也可以减少拆焊的时间，减少元器件及印制电路板损坏的可能性。如果在没有吸锡工具的情况下，则可以将印制电路板或能移动的部件倒过来，用电烙铁加热拆焊点，利用重力原理，让焊锡自动流向烙铁头，也能达到部分去锡的目的。

(4) 拆焊完毕，必须把焊盘插线孔内的焊料清除干净，必须重新插装元器件。

4. 常用的拆焊方法

采用专用拆焊工具进行拆焊。专用拆焊工具能依次完成多引线管脚元器件的拆焊，而且不易损坏印制电路板及其周围的元器件。

5. 拆焊后的重新焊接

拆焊后一般都要重新焊上元器件或导线，注意应尽量恢复原样，并弄干净。

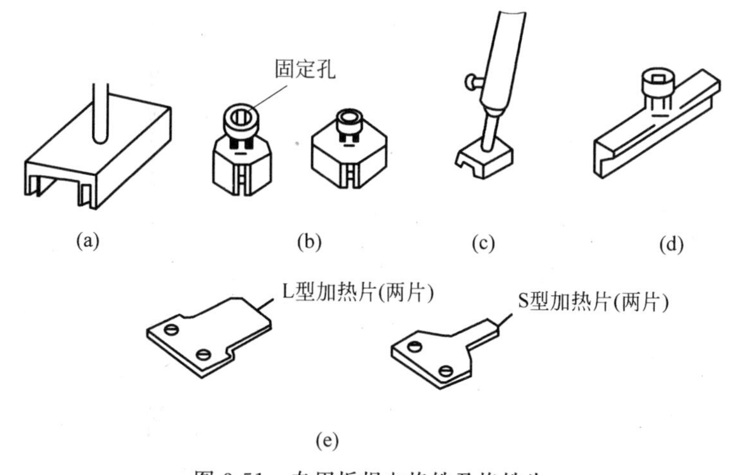

图 3-51　专用拆焊电烙铁及烙铁头

3.8 焊接质量的检查

焊接结束后，为保证焊接质量，一定要进行焊点的质量检查。由于焊接检查与其他生产工序不同，不能通过机械化、自动化的检测方式进行，因此主要还是通过目视检查和手触检查发现问题并解决问题。

3.8.1 目视检查

目视检查就是通过肉眼从外观上检查焊接质量是否合格，也就是从外观上评价焊点有什么缺陷。目视检查可以借助3～10倍的放大镜进行。目视检查的主要内容如下。

(1) 是否有错焊、漏焊、虚焊和连焊；

(2) 焊点的光泽好不好；

(3) 焊点的焊料足不足；

(4) 焊点周围是否有焊剂残留物；

(5) 焊盘与印制导线是否有桥接；

(6) 焊盘有没有脱落；

(7) 焊点有没有裂纹；

(8) 焊点是不是凹凸不平；

(9) 焊点是否有拉尖的现象。

3.8.2 手触检查

手触检查是指用手触摸被焊元器件时，元器件是否有松动和焊接不牢的现象。当用镊子夹住元器件引线，轻轻拉动时观察有无松动现象。对焊点进行轻微地晃动时，观察上面的焊锡是否有脱落现象。

3.8.3 通电检查

通电检查必须是在外观检查及连接检查无误后才可做的工作，也是检验电路性能的关键步骤。如果不经过严格的外观检查，通电检查不仅困难较多，而且容易损坏设备仪器，造成安全事故。

通电检查可以发现许多微小的缺陷，例如眼睛观察不到的电路桥接，但对于内部虚焊的隐患就不容易觉察。

3.8.4 焊接缺陷及其产生的原因和排除方法

常见焊点缺陷及其原因如表3-6所示。

表3-6 常见焊点缺陷及其原因

焊点缺陷	外观特点	危害	原因分析
焊料过少	焊料未形成平滑面	机械强度不足	焊丝撤离过早
焊料过多	焊料面呈凸形	浪费焊料，且容易包藏缺陷	焊丝撤离过迟

续表

焊点缺陷	外观特点	危害	原因分析
拉尖	出现尖端	外观不佳，容易造成桥接现象	助焊剂过少，而加热时间过长； 烙铁撤离角度不当
桥接	相邻导线连接	电器短路	焊锡过多； 烙铁撤离方向不当
针孔	目测或低倍放大镜可见有孔	强度不足，焊点容易腐蚀	焊盘孔与引线间隔太大
松香焊	焊缝中央有松香渣	强度不足，导通不良	助焊剂过多，或已经失效；焊接时间不足，加热不足；表面氧化膜未去除
过热	焊点发白，无金属光泽，表面较粗糙	焊盘容易剥落，强度降低	烙铁功率过大，加热时间过长

3.9 印制电路板的自动焊接介绍

随着电子技术的发展，电子元器件日趋集成化、小型化和微型化，电路越来越复杂，印制电路板上元器件排列密度越来越高，手工焊接已不能同时满足对焊接高效率和高可靠性的要求。浸焊和波峰焊是适应印制电路板而发展起来的焊接技术，可以大大提高焊接效率，并使焊接点质量有较高的一致性，目前已成为印制电路板的主要焊接方法，在电子产品生产中得到普遍使用。

3.9.1 浸焊

浸焊是将插装好元器件的印制电路板在熔化的锡槽内浸锡，一次完成印制电路板众多焊接点的焊接的方法，它不仅比手工焊接大大提高了生产效率，而且可消除漏焊现象。浸焊有手工浸焊和机器自动浸焊两种形式。

1. 手工浸焊

手工浸焊是指操作工人手持夹具将需焊接的已插装好元器件的印制电路板浸入锡槽内

来进行焊点焊接。

2. 自动浸焊

自动浸焊是用机械设备进行浸焊，代替操作人员完成浸焊的一切工序。如图 3-52 所示的是自动浸焊的一般工艺流程图。将插装好元器件的印制电路板用专用夹具安置在传送带上。印制电路板先经过泡沫助焊剂槽被喷上助焊剂，加热器将助焊剂烘干，然后经过熔化的锡槽进行浸焊 2～3s，待锡冷却凝固后再送到切头机剪去过长的引脚。

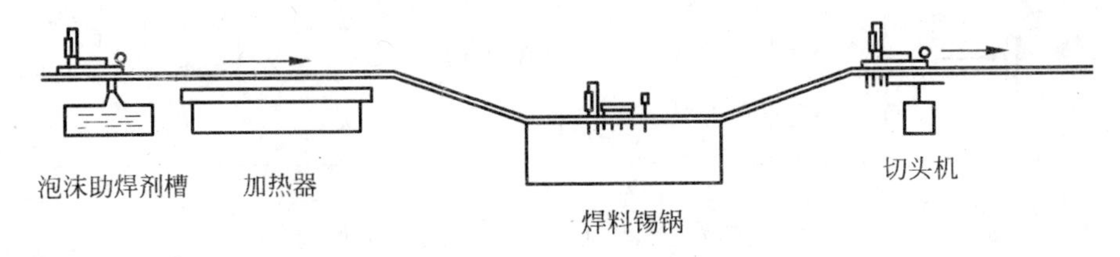

图 3-52 自动浸焊工艺流程图

3.9.2 波峰焊

波峰焊是目前应用最广泛的自动化焊接工艺。与自动浸焊相比较，其最大的特点是锡槽内的锡不是静止的，熔化的焊锡在机械泵(或电磁泵)的作用下由喷嘴源源不断流出而形成波峰，波峰焊的名称由此而来。在传动机构移动过程中，印制线路板分段、局部与波峰接触焊接，避免了浸焊工艺存在的缺点，使焊接质量可以得到保证，焊接点的合格率可达 99. 97%以上，在现代工厂企业中它已取代了大部分的传统焊接工艺。

波峰焊接分为两种：一种是一次焊接工艺；另一种是两次焊接工艺。两者主要的区别在于两次焊接中有一个预焊工序。在预焊过程中，将元件固定在印制板上，然后用刀切除多余的引线头(称为砍头)，这样从根本上解决了一次焊接中元器件容易歪斜和弹离现象。在一台设备上能完成两次焊接工序的全部动作，故又称为顺序焊接系统。

下面主要介绍波峰焊机的主要组成和工作过程。

1. 波峰焊机的组成

波峰焊机由传送装置、涂助焊剂装置、预热装置、锡缸、锡波喷嘴、冷却风扇等组成。

2. 产生焊料波的装置

焊料波的产生主要依靠喷嘴，喷嘴向外喷焊料的动力来源于机械泵或是电流和磁场产生的洛伦兹力。焊料从焊料槽向上打入一个装有做分流用挡板的喷射室，然后从喷嘴中喷出。焊料到达其顶点后，又沿喷射室外边的斜面流回焊料槽中，如图 3-53 所示。

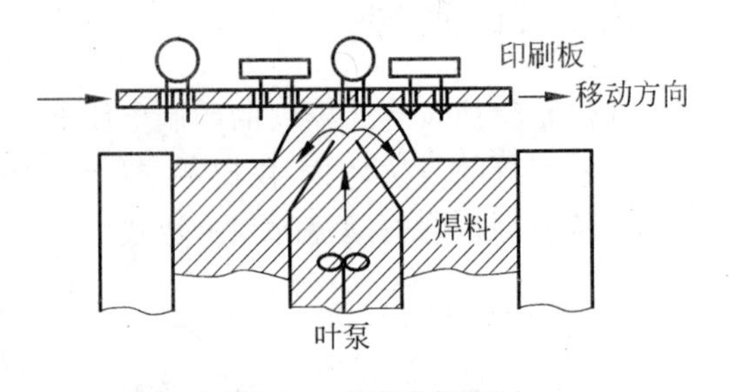

图 3-53 波峰焊原理图

由于波峰焊机的种类较多，其焊料波峰的形状也有所不同，常用的为单向波峰和双向波峰。焊料朝一个方向流动且方向与印制板移动方向相反的称单向波峰，如图 3-54 所示。

焊料向两个方向流动的称双向波峰，如图 3-55 所示。

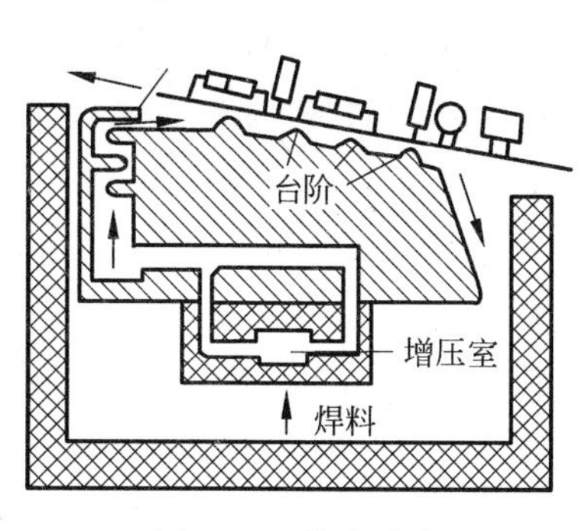

图 3-54 单向波峰

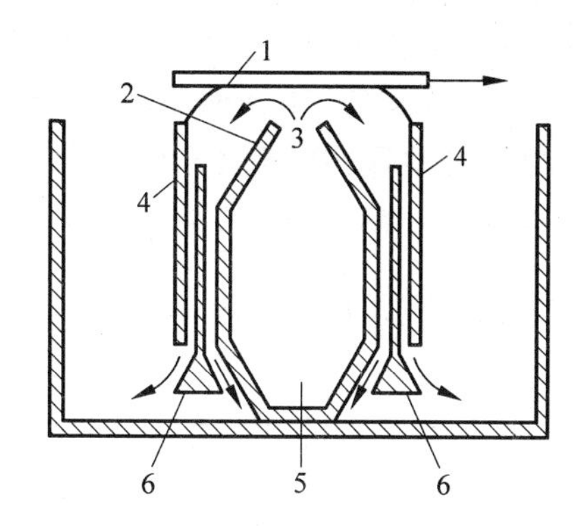

图 3-55 双向波峰

1—印制电路板；2—喷嘴；3—焊料；4—侧板；5—增压泵；6—闸门

3.9.3 再流焊接技术

再流焊（也称回流焊）是预先在 PCB 焊接部位（焊盘）施放适量和适当形式的焊料，然后贴放表面组装元器件，经固化（在采用焊膏时）后，再利用外部热源使焊料再次流动，达到焊接目的的一种成组或逐点焊接工艺。再流焊接技术能完全满足各类表面组装元器件对焊接的要求，因为它能根据不同的加热方法使焊料再流，实现可靠的焊接连接。

再流焊接技术具有以下特征。

（1）元器件不直接浸渍在熔融的焊料中，所以元器件受到的热冲击小。但由于其加热方法不同，有时会施加给器件较大的热应。

（2）仅在需要部位施放焊料，避免桥接等缺陷的产生。

（3）当元器件贴放位置有一定偏离时，由于熔融焊料表面张力的作用，只要焊料施放位置正确，就能自动校正偏离，使元器件固定在正常位置。

（4）可以采用局部加热热源，从而可在同一基板上，采用不同焊接工艺进行焊接。

再流焊接技术不适用于通孔插装元器件的焊接，但是，在电子装配技术领域，随着 PCB 组装密度的提高和 SMT 的推广应用，再流焊接技术已成为电路组装焊接技术的主流。

再流焊技术按照加热方式进行分类，主要包括气相再流焊、红外再流焊、热风炉再流焊、热板加热再流焊、激光再流焊和工具加热再流焊等类型。

再流焊技术工艺过程中，将糊状焊膏（由铅锡焊料、胶黏剂、抗氧化剂组成）涂到印制板上，可用手工、半自动或全自动丝网印刷机（如同油印一样），将焊膏印到印制电路板上。同样可用手工或自动机械装置元件粘到印刷电路板上。可在加热炉中，也可以用热风吹，还有使用玻璃纤维“皮带”热传导，将焊膏加热使其熔化而再次流动浸润，实现再流焊。

再流焊操作方法简单，焊接效率高、质量好，一致性好，而且仅元器件引线下有很薄的焊料，是种适合自动化生产的微电子产品装配技术。

3.9.4 高频加热焊

高频加热焊是利用高频感应电流，在变压器次级回路将被焊的金属进行加热焊接的方法。

高频加热焊装置由与被焊件形状基本适应的感应线圈和高频电流发生器组成。

焊接的方法是：把感应线圈放在被焊件的焊接部位上，然后将垫圈形或圆形焊料放入感应圈内，再给感应圈通以高频电流，此时焊件就会受电磁感应而被加热，当焊料达到熔点时就会熔化并扩散，待焊料全部熔化后，便可移开感应圈或焊件。

3.9.5 脉冲加热焊

这种焊接的方法是以脉冲电流的方式通过加热器在很短的时间内给焊点施加热量完成焊接的。

具体的方法是：在焊接前，利用电镀及其他的方法在被焊接的位置加上焊料，然后进行极短时间的加热，一般以 1s 左右为宜，在焊料加热的同时也需加压，从而完成焊接。

脉冲焊接适用于小型集成电路的焊接，如电子手表、照相机等高密度焊点的产品，即不易使用电烙铁和焊剂的产品。

脉冲焊接的特点是：产品的一致性好，不受操作人员熟练程度高低的影响，而且能准确地控制温度和时间，能在瞬间得到所需要的热量，可提高效率和实现自动化生产。

3.9.6 其他焊接方法

除上述几种焊接方法外，在微电子器件组装中，超声波焊、热超声金丝球焊、机械热脉冲焊都有各自的特点。新近发展起来的激光焊，能在几个毫秒时间内将焊点加热熔化而实现焊接，是一种很有潜力的焊接方法。

随着微处理机技术的发展，在电子焊接中使用微机控制焊接设备也进入实用阶段，例如微机控制电子束焊接已在我国研制成功。还有一种所谓的光焊技术，已用于 CMOS 集成电路的全自动生产线，其特点是用光敏导电胶代替焊料，将电路片子粘在印刷电路板上，用紫外线固化焊接。

可以预见，随着电子工业的不断发展，传统的方法将不断得到完善，新的高效率的焊接方法不断涌现。

无论选用哪一种方法，焊接中各步的工艺规范都必须严格控制。例如波峰焊中，焊接波峰的形状、高度、稳定性，焊锡的温度、化学成分的控制等，任何一项指标不合适都会影响焊接质量。

将自动焊接机、自动涂覆焊剂装置等机器联装起来，加上自动测量、显示等装置，就构成自动焊接系统。目前，我国较新的自动焊接系统已达到每小时可焊近 300 块印制板，最小不产生桥接的线距为 0.25mm。

第4章 室内电气布线及照明设备安装

4.1 导线选择

4.1.1 线芯材料的选择

作为线芯的金属材料，必须同时具备的特点是：电阻率较低；有足够的机械强度；在一般情况下有较好的耐腐蚀性；容易进行各种形式的机械加工，价格较便宜。铜和铝基本符合这些特点，因此常用铜或铝作导线的线芯。当然，在某些特殊场合，需要用其他金属作导电材料。铜导线的电阻率比铝导线小，焊接性能和机械强度比铝导线好，因此它常用于要求较高的场合。铝导线密度比铜导线小，而且资源丰富，价格较铜低廉。目前铝导线的使用极为普遍内。

4.1.2 导线截面的选择

选择导线，一般考虑三个因素：长期工作允许电流，机械强度和电路电压降在允许范围内。

1. 根据长期工作允许电流选择导线截面

由于导线存在电阻，当电流通过导线电阻时会发热，当导线发热超过一定限度时，其绝缘物会老化、损坏，甚至发生电火灾。所以根据导线敷设方式不同、环境温度不同，导线允许的载流量也不同。通常把允许通过的最大电流值称为安全载流量。在选择导线时，可依据用电负荷，参照导线的规格型号及敷设方式来选择导线截面，表4-1是一般用电设备负载电流量算表。

表4-1 负载电流计算表

负载类型	功率因数	计算公式	每kW电流量(A)
电灯、电阻	1	单相：$I_P=P/U_P$	4.5
		三相：$I_L=P/\sqrt{3}U_L$	1.5
荧光灯	0.5	单相：$I_P=P/(U_P\times0.5)$	9
		三相：$I_L=P/(\sqrt{3}U_L\times0.5)$	3
单相电动机	0.75	$I_P=P/[U_P\times0.75\times0.75(效率)]$	8
三相电动机	0.85	$I_L=P/[U_P\times0.85\times0.85(效率)]$	2

2. 根据机械强度选择导线截面

导线安装后和运行中，要受到外力的影响。导线本身自重和不同的敷设方式使导线受到不同的张力，如果导线不能承受张力作用，会造成断线事故。在选择导线时必须考虑导线机械强度。

3. 根据电压损失选择导线截面

(1) 住宅用户，由变压器低压侧至电路末端，电压损失应小于6%。

(2) 在正常情况下，电动机端电压与其额定电压不得相差±5%。

按照以上条件选择导线截面的结果，在同样负载电流下可能得出不同截面数据。此时，应选择其中最大的截面。

4.2 室内布线

4.2.1 室内布线的形式

室内布线有两种形式，一种是明线，一种是暗线。

随着建筑水平提高和装修的美观，现在的家庭通常采用暗线。暗线布线主要为线管布线，即将绝缘导线穿在管内敷设。这种布线方式安全可靠，能抗腐蚀和机械损伤，线管为硬塑管。特别要注意的是：过去使用的塑料配线管是聚氯乙烯，经过多年实践后发现，在发生由电气短路故障引起电气火灾时，聚氯乙烯不仅易燃，而且能分解有害气体，增加了灭火难度。自20世纪90年代起，聚氯乙烯逐渐被工程塑料及其他阻燃的塑管所代替。另外，导线在线管中的总截面应不超过线管内部面积40%，管内导线不允许有接头，所有导线的连接应在接线盒或开关盒内通过线端子连接。家庭布线还通常使用塑料互套线，通常有双芯、三芯、四芯。应该特别指出的是：塑料互套线禁止直埋墙面内、实心楼板内，或地下，且互套线敷设在线路上不可采用线与线直连，所有的连接应在接线盒内或接线桩进行。塑料互套线用于假顶上暗敷时应注意防火。

明线布线主要用于后期由于添加新的设备进行的布线。明线布线的早期多用瓷夹板、绝缘子及线管进行导线的固定，现在为了导线走线的安全和外在美观，多采用线槽进行导线的固定。

4.2.2 线槽布线方法

在室内布线中先把导线槽按照走线的规划固定在墙上，把导线放进线槽内，然后再盖上线槽盖的布线称为线槽布线。此种方法有耐潮耐腐蚀，导线不易受到机械损伤，且安装和维修也比较方便。适用与室内照明和动力电路的布线。

线槽一般由金属或阻燃高强度PVC材料制成，线槽由金属或阻燃高强度PVC材料制成，有单件扣合方式和双件扣合式两种类型。

金属槽由槽底和槽盖组成，每根槽一般长度为2m，槽与槽连接时使用相应尺寸的铁板和螺丝固定。槽的外形如图 4-1 所示。

在综合布线系统中一般使用的金属槽的规格有 50mm×100mm、100mm×100mm、100mm×200mm、100mm×300mm、200mm×400mm 等多种规格。

塑料槽的外形与图类似，如图 4-2 所示，但它的品种规格更多，从型号上讲有：PVC-20 系列、PVC-25 系列、PVC-25 F 系列、PVC-30 系列、PVC-40 系列、PVC-40Q 系列等。规格有 20mm×12mm、25mm×12.5mm、25mm×25mm、30mm×15mm、40mm×20mm 等。

与 PVC 槽配套的附件有阳角、阴角、直转角、平三通、左三通、右三通、连接头、终端头、接线盒(暗盒、明盒)等。

线槽的选择根据所用电线的类型、规格的计算出电线截面，再将各截面累加，根据不同的填充率(强电线槽填充率为 20%，弱电线槽填充率为 50%)算出所需线槽截面，并以此选择线槽规格。

图 4-1　金属槽外形图

图 4-2　塑料槽外形图

4.3 安全保护措施的选择

20 世纪 90 年代以前，常见的家用电器就是电灯、电炉、电吹风等小功率电器，电流比较小，开关的选择比较单一，通常采用负荷开关和熔断器作为线路的控制开关。随着家用电器的普及，家庭中增加了像电热水器、微波炉、空调等大功率电器。负荷开关与熔断器的配合已不能满足要求，多种功能的开关电器不断涌现。常用触电保护电器主要有漏电保护器、触电保护插头、插座以及触电保护分电板等。常见的漏电保护器如图 4-3 所示。

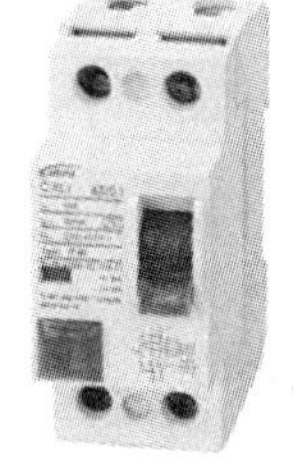

图 4-3　漏电保护器外形图

漏电保护器的主要技术参数有额定电压、额定电流、额定漏电动作电流、额定漏电不动作电流及分断时间等。

在低压电路中，常用的漏电保护器有 220V、380V 两种电压等级，在选用时应注意区分。漏电保护器的额定电流应与电路工作电流相匹配。

根据额定漏电动作电流($I_{\Delta m}$)大小，漏电保护器可分为高灵敏度($0.006A \leqslant I_{\Delta m} \leqslant 0.03A$)、中灵敏度($0.03A \leqslant I_{\Delta m} \leqslant 1A$)、低灵敏度($I_{\Delta m} \geqslant 1A$)。对不同的对象，选择相应额定漏电动作电流的漏电保护器。

为避免漏电保护器误动作，额定漏电保护器不动作电流不应低于额定漏电电流的1/2。

目前常用的漏电保护器是反时限的高灵敏度电流型漏电保护器。在选择漏电保护器时，还应考虑保护负载的类型、接地状况，以及电路新旧等因素。一般应以实现接地保护为主，并在躲过电路正常漏电电流的前提下，尽量选用额定漏电动作电流较小的漏电保护器，以兼顾人身和设备的安全要求。若保护对象是电动机负载、家用电路以及临时性电路等，一般选用漏电动作电流不超过30mA，动作时间不大于0.2s的高灵敏度快速型漏电保护器。若漏电保护器安装在计算机电源电路中，应考虑负载范围内的电容器设备，因为在计算机电路中，为了避免干扰信号的侵入，在其入口处往往设置电容器，而这一技术措施会使电路中的漏电流增加。为保证漏电保护器的有效使用，还应注意漏电保护器的额定电压与额定电流等级，必须大于或等于电路的额定电压与电路的计算电流，漏电保护器的极限通断能力，应大于或等于电路的最大短路电流。

4.4 强弱电干扰问题的解决

随着人们对信息需求越来越高，在室内设计布线中弱电系统布线也越来越普遍，如何解决强电对弱电信号干扰及弱电信号之间相互干扰，是电气设计工作者不能回避的问题。应从以下方面解决强、弱电干扰问题。

(1) 因强电线路通过的工频交流电是强干扰源，因此不能与有线电视电缆、电话线、信号线等弱电线缆合穿同一保护管内，而应分开分别敷设。特别要注意的是：电源线插座与电视信号线插座保持不小于0.5m的水平距离，若间距不够，可将弱电线缆穿金属管进行屏蔽保护。

(2) 闭路电视线缆通过的是高频电流，极易受外来干扰，应单独布线，切忌与电源线、电话线在同一预埋管中平行并走，并尽可能远离电源线。因为日光灯的启辉及空调机、电视机、洗衣机等强电家电电机启动时，电流变化通过电源线对视频信号极易产生干扰，影响图像质量。电话线通话时通过的电流虽然较弱，但在拨号或来电时产生强脉冲却不容忽视，当其与电视电缆敷设在同一管内时，也很容易串入闭路电视线中干扰视频，故电话线与视频信号线应分开敷设。

4.5 户内配电系统

户内配电系统主要包括户内配电控制箱、照明线路及设备、空调配电等。

4.5.1 配电控制箱

配电控制箱一般要安装在距进门不远处。如客厅或餐厅墙上。位置宜稍高。以避免小孩轻易接触，该箱主要起到控制整套房子的所有用电，开关个数主要取决于回路划分，当然与房子大小也有关。一般应不少于八个回路。电源线进户最好采用三相$6mm^2$，可承载总负荷10kW以上。回路划分要尽量合理，照明可分为2～3个回路，插座2～3个回路，空调

3～4个回路，注意不要将大容量用电负荷集中装于一个回路上，应尽可能分配均匀。除空调外的插座回路必须装有漏电保护装置，漏电开关动作电流可采用30mA，动作时间0.1s，主要为了保证人身安全。

如图4-4所示为简易配电控制图，左上角线的颜色从下到上工程中接线颜色分别用红、绿、黄、黑、黄绿。红、绿、黄为三相工作线路，黑色为工作零线，黄绿为保护地线一般接外壳保护。三相接线保证了分配均衡。

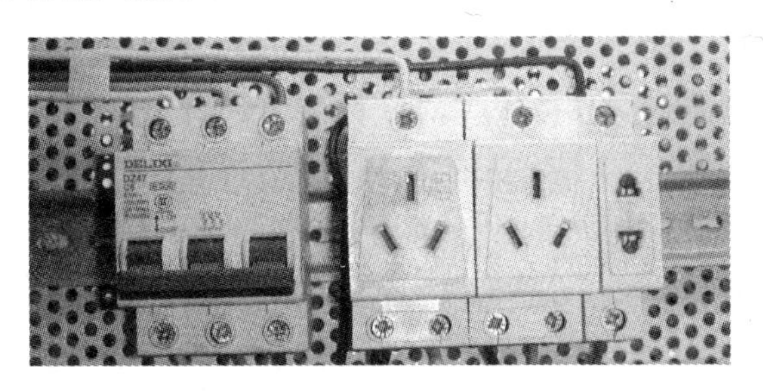

图4-4　简易配电控制图

4.5.2　照明线路及设备

目前国内大多数住宅是以毛坯房作为交房标准的。但是国家规定线路必须按施工图敷设到位，业主入住后几乎全部要进行二次装修。除保留部分照明线路外，很多线路重新敷设，势必造成巨大的浪费。有鉴于此.设计人员必须考虑到住户的使用方便和最少的改造。因为每个人喜欢的风格不一，所以设计者其实不可能面面俱到，但应考虑大多数人的习惯，并且考虑一定的预留量，比如：每个房间每一面墙上都应当有插座线路，厨房应不少于四到五个插座。这样做可使住户二次装修时对土建的影响较小。设备选择主要是灯具和插座及开关等。

在选择灯具时，除了美观外，要注意一些基本技术性能。要注意荧光灯比白炽灯光效高，直接照明比间接照明灯具效率高，吸顶安装比嵌入安装灯具效率高，应选择光效高、寿命长、功率因数高的光源、高效率的灯具和合理的安装方式以保证照度并节约用电。此外，合理利用吊装花灯、壁灯、筒灯、射灯以及不同光源的光色创造舒适温馨的环境。选择开关和插座要与相应线路电流配合，应选择知名品牌产品，有质量保证。

4.5.3　空调配电

空调独立配电，是从安全方面考虑。需要说明的是，客厅一般配三相空调电源，餐厅独立时，也可配三相空调电源，其他房间则采用单相空调插座，插座高度要与预留洞口高度相一致。相邻房间空调可放在同一回路。但开关必须加大一级。

4.5.4　综合布线注意事项

现在室内设计布线中，为了美观，很多电线、电话线、有线电视线等，一般不是埋在地板底下，就是埋在墙内，用水泥覆盖，然后再进行表面装潢。这种全封闭的方式，造成了很多安全隐患,也给今后管线的维修带来了很大障碍。因此保留完整的管线走向图纸是避免今后出现问题和解决问题的前提条件,否则根本无从着手。同时,一定要注意施工人员应持有国家有关部门发放的电工本,严防无证施工的情况出现。

4.6 照明装置安装

照明装置是我们日常工作、学习和生活都离不开的必备品。民用常见的照明装置一般分为白炽灯、日光灯和节能灯等。白炽灯的结构简单、操作方便;节能灯的结构与日光灯类似。

4.6.1 日光灯

日光灯本身结构并不复杂,但是要想使它正常发光,还需要一些配套的电器元件按照电路图正确安装才行,如图4-5所示。

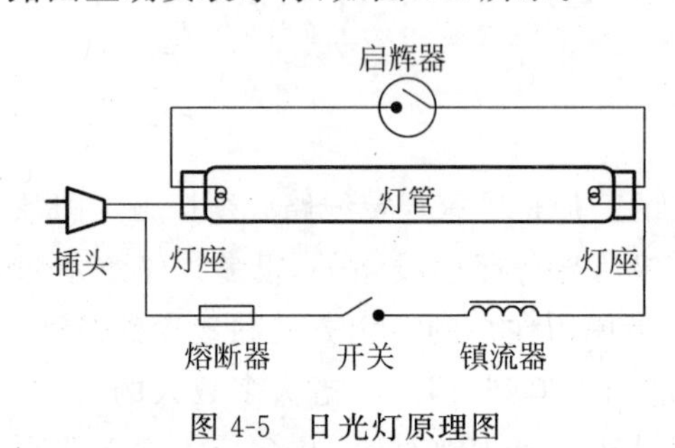

图4-5 日光灯原理图

日光灯又叫荧光灯,它最大的特点是发光效率高,在同等功率下,它的发光率是白炽灯的4~6倍。日光灯管的规格有6W、8W、12W、15W、20W、30W、40W等。

1. 日光灯工作特点

灯管在启动时必须高电压(远大于220V)激活水银蒸气,才能导电发光。正常工作时必须降低灯管电压(小于220V,约200V),才能持续发光。为了达到上述要求必须增设外围设备,启辉器和镇流器就应运而生,它们和灯管的自动默契配合,使灯管自动完成启动及正常运行。

2. 主要器件

日光灯由灯管、启辉器、镇流器、电源插头、开关、灯架和灯座等组成。下面介绍主要元器件:

灯管。由玻璃管,灯丝和灯丝引角等构成。玻璃管内壁涂有荧光粉,管内真空后充入少量水银蒸气,灯丝上涂有电子发射物质。当两端灯丝加上电压后,灯丝上的电子发射物质发射电子,激活水银蒸气导电,水银蒸气电子打在荧光粉上使之发出可见光,因可见光酷似太阳光,故又称日光灯。

启辉器。由氖泡、小电容、出线脚和外壳组成。氖泡内装有动触片(U型双金属片)和静触片,并充有惰性气体——氖,如图4-6所示。U型双金属片如图4-7所示。

在两引脚未加电压时,动、静触片是分开的,当两引脚加上足够电压后(220V),由于间隙较小,电压将击穿间隙导电,并使惰性气体——氖发出粉红色的可见光,此时因间隙处电阻较大,造成双金属片因发热膨胀而使两触片闭合。当两触片闭合后而接触电阻近乎为零,故温度急剧下降,由于双金属片的记忆恢复作用,使动、静触片重新断开。启辉器恢复通电前的初始状态。

经过上述分析可知,启辉器的氖泡在双金属片的作用下,自动的实现了开→闭→开的工作过程。其内部的小电容是因为在双金属片闭合产生火花的瞬间会发出电磁波,可对周围的无线电接收产生不良影响,与氖泡并联一个小电容可消除此影响。

镇流器。主要由铁芯和电感线圈组成。作用是启动瞬间产生感生电动势 e,启动后正常工作时产生感抗压降,起降压和限流的功能。

熔断器。俗称保险丝,由锌铅合金组成,导电但熔点低。作用是当电路出现短路故障时,过大的短路电流在瞬间将其融化断路,从而保护了电源。

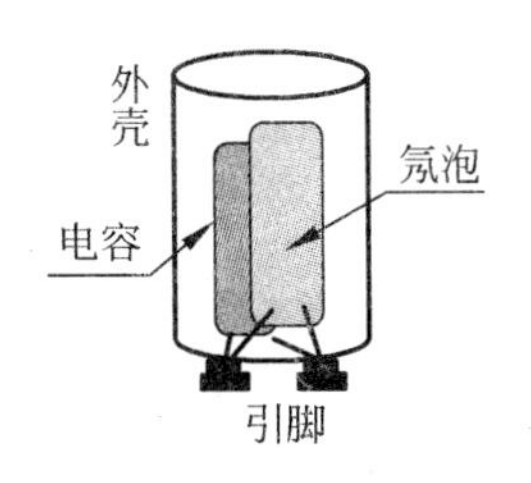

图 4-6 启辉器示意图

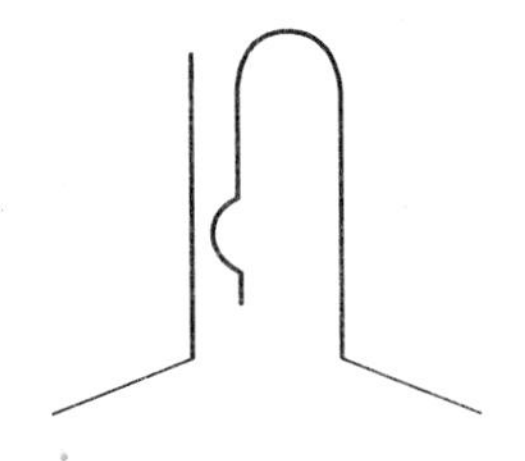

图 4-7 双金属片示意图

3. 日光灯工作原理

将开关闭合,电压(220V)通过熔断器、开关和镇流器加在灯管两端和启辉器两端(两者可视为并联),电流对灯丝加热但灯管并不发光(灯管在启动时必须高压才能激活水银蒸气导电发光)。而启辉器此时则进行一系列的开→闭→开的动作。

在启辉器完成开→闭动作时,由于有电流通过镇流器,当启辉器完成闭→开动作时,因电流的突然断开则在镇流器里产生较大的感生电动势 e,感生电动势 e 将和外加电压 u 叠加起来加在日光灯管两端灯丝上,此电压足以激活水银蒸气而使其导电发光。

当日光灯管导电发光后,镇流器里产生的感生电动势 e 变成正常的感抗压降(70V),日光灯管的压降也降落到正常数值(200V)。此时镇流器的作用是降压和限流,启辉器已完全失去作用,摘除它丝毫不影响日光灯正常工作。

4.6.2 节能灯

节能灯又叫紧凑型荧光灯(国外简称 CFL 灯)它是 1978 年由国外厂家首先发明的,由于它具有光效高(是普通灯泡的 5 倍),节能效果明显,寿命长(是普通灯泡的 8 倍),体积小,使用方便等优点,受到各国人民和国家的重视和欢迎。

节能灯是自带镇流器的日光灯,节能灯点燃时首先通过电子镇流器给灯管灯丝加热,涂了电子粉(电子粉是指吸收较低的能量就可发射电子的金属如钍、铯等粉末)的灯丝开始发射电子,电子碰撞充装在灯管内的氩原子,氩原子碰撞后获得了能量又撞击内部的汞原子,汞原子在吸收能量后跃迁产生电离,灯管内形成等离子态,灯管两端电压直接通过等离子态导通并发出紫外线,紫外线激发荧光粉发光,由于荧光灯工作时灯丝的温度在 1160K 左右,比白炽灯工作的温度 2200～2700K 低很多,所以它的寿命大大提高,达到 5000 小时以上,由于它使用效率较高的电子镇流器,同时不存在白炽灯那样的电流热效应,荧光粉的能量转换效率也很高，所以节约电能。

LED 节能灯由于节约能源，色彩丰富，其无与伦比的装饰性正走进千家万户。LED 节能灯发光二极管的核心部分是由 P 型半导体和 N 型半导体组成的晶片，在 P 型半导体和 N 型半导体之间有一个过渡层，即 PN 结。在某些半导体材料的 PN 结中，注入的少数载流子与多数载流子复合时会把多余的能量以光的形式释放出来，从而把电能直接转换为光能。PN 结加反向电压，少数载流子难以注入，故不发光。这种利用注入式电致发光原理制作的二极管叫发光二极管，通称 LED。当它处于正向工作状态时，电流从 LED 阳极流向阴极时，半导体晶体就发出从紫外到红外不同颜色的光线，光的强弱与电流有关。

第5章 小型变压器

变压器是电子电路以及电力系统中非常常见的器件，小到收音机中用到的音频变压器中频变压器，大到我们日常生活中大型电网，用来升压降压的电力变压器。变压器是变换交流电压、电流和阻抗的器件，当初级线圈中通有交流电流时，铁芯（或磁芯）中便产生交流磁通，使次级线圈中感应出电压（或电流）。变压器由铁芯（或磁芯）和线圈组成，线圈有两个或两个以上的绕组，其中接电源的绕组叫初级线圈，其余的绕组叫次级线圈。

5.1 变压器的类型和结构

5.1.1 分类

变压器有很多的种类，按照不同分类方式有如下几种。

按冷却方式分类：干式（自冷）变压器、油浸（自冷）变压器、氟化物（蒸发冷却）变压器。

按防潮方式分类：开放式变压器、灌封式变压器、密封式变压器。

按铁芯或线圈结构分类：芯式变压器（插片铁芯、C 型铁芯、铁氧体铁芯）、壳式变压器（插片铁芯、C 型铁芯、铁氧体铁芯）、环型变压器、金属箔变压器。

按电源相数分类：单相变压器、三相变压器、多相变压器。

按用途分类：电力变压器（电源变压器、调压变压器等）和电子变压器（音频变压器、中频变压器、高频变压器、脉冲变压器等）。

5.1.2 结构（电力变压器）

变压器主要部件是绕组和铁芯（器身）。绕组是变压器的电路，铁芯是变压器的磁路。二者构成变压器的核心即电磁部分。除了电磁部分，还有油箱、冷却装置、绝缘套管、调压和保护装置等部件。常见的变压器构造如图 5-1 所示。

1. 铁芯

型式。芯式（结构简单工艺简单应用广泛）或壳式（用在小容量变压器和电炉变压器）。

材料。一般由 0.35mm/0.5mm 冷轧（也用热轧）硅钢片叠成。

铁芯交叠。相邻层按不同方式交错叠放，将接缝错开。偶数层刚好压着奇数层的接缝，从而减少了磁阻，便于磁通流通。

铁芯柱截面形状。小型变压器做成方形或者矩形，大型变压器做成阶梯形。容量大则级数多。叠片间留有间隙作为油道(纵向或横向)。

2. 绕组

一般用绝缘扁铜线或圆铜线在绕线模上绕制而成。绕组套装在变压器铁芯柱上，低压绕组在内层，高压绕组套装在低压绕组外层，以便于绝缘。

3. 油/油箱/冷却/安全装置

变压器器身装在油箱内，油箱内充满变压器油。变压器油是一种矿物油，具有很好的绝缘性能。变压器油起两个作用：①在变压器绕组与绕组、绕组与铁芯及油箱之间起绝缘作用。②变压器油受热后产生对流，对变压器铁芯和绕组起散热作用。油箱有许多散热油管，以增大散热面积。为了加快散热，有的大型变压器采用内部油泵强迫油循环，外部用变压器风扇吹风或用自来水冲淋变压器油箱。这些都是变压器的冷却装置。

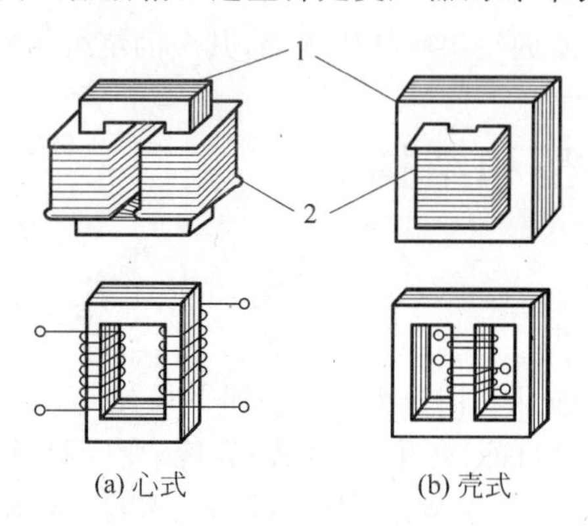

图 5-1 心式和壳式变压器

1—软心；2—绕组

5.2 变压器的工作原理

变压器的基本原理是电磁感应原理，现以单相双绕组变压器为例说明其基本工作原理：如图 5.2 所示，当一次侧绕组上加上电压时，流过电流，在铁芯中就产生交变磁通，这些磁通称为主磁通，在它作用下，两侧绕组分别产生感应电势，感应电势公式为：

$$e = 4.44 f N \Phi_m$$

式中：e——感应电势有效值(V)。

f——频率(Hz)。

N——匝数。

Φ_m——主磁通最大值(Wb)。

由于二次绕组与一次绕组匝数不同，感应电势大小也不同，当略去内阻抗压降后，电压大小也就不同。

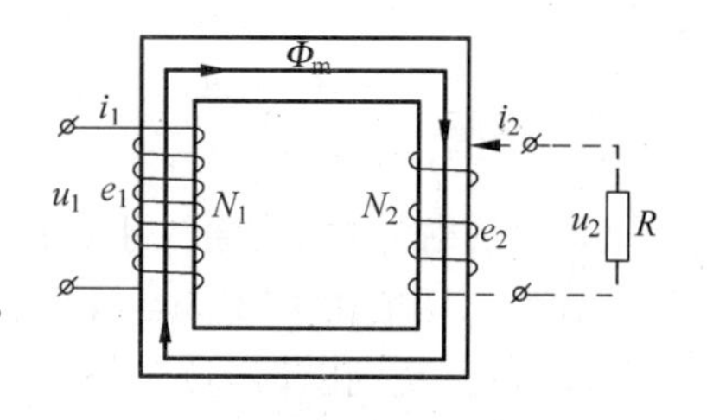

图 5-2 变压器原理示意图

当变压器二次侧空载时，一次侧仅流过主磁通的电流，这个电流称为激磁电流。当二次侧加负载流过负载电流时，也在铁芯中产生磁通，力图改变主磁通，但一侧电压不变时，主磁通是不变的，一次侧就要流过两部分电流，一部分为激磁电流，一部分用来平衡负载电流，所以这部分电流随着负载电流变化而变化。当电流乘以匝数时，就是磁势。

上述的平衡作用实质上是磁势平衡作用，变压器就是通过磁势平衡作用实现了一、二次侧的能量传递。

电力系统普遍采用三相制供电。因而实际应用得最广的是三相变压器，三相变压器在三相负载平衡时的运行情况基本上与单相变压器相同。

变压器只能改变交流电压，不能改变直流电压，因为直流电流是不会变化的，直流电流通过变压器不会产生交变的磁场，所以次级线圈只能在直接接通的一瞬间产生一个瞬间电流和电压。

5.3 变压器的主要参数

5.3.1 电力变压器主要参数

1. 额定电压

变压器的一个作用就是改变电压，因此额定电压是重要数据之一。额定电压是指在多相变压器的线路端子间或单相变压器的端子间指定施加的电压，或当空载时产生的电压，即在空载时当某一绕组施加额定电压时，则变压器所有其他绕组同时都产生的电压。

变压器的额定电压应与此连接的输变线路电压相符合。我国输变电线路电压等级(kV)为 0.38、3、6、10、15(20)、35、63、110、220、330、500、750。输变电线路电压等级就是线路终端的电压值。因此，连接线路终端变压器一侧的额定电压与上列数值相同。线路始端(电源端)电压考虑了线路的压降将比等级电压高，35kV 以下电压等级的始端电压比电压等级要高 50%。而 35kV 及以上的要高 10%。因此，变压器的额定电压也相应提高，线路始端电压值(kV)有 0.4、3.15、6.3、10.5、15.75、38.5、69、121、242、363、550。由此可知高压额定电压等于始端电压的变压器为升压变压器，等于线路终端电压(电压等级)的变压器为降压变压器。

变压器产品系列是以高压的电压等级而分的，现在电力变压器的系列分为 10kV 及以下系列，35kV 系列，63kV 系列，110kV 系列和 220kV 系列等。额定电压是指线电压，且均以有效值表示。

2. 额定容量(额定功率)

变压器的主要作用是传输电能，因此，额定容量是它的主要参数。额定容量是一个表现功率的惯用值，它是表征传输电能的大小，以 kVA 或 MVA 表示，当对变压器施加额定电压时，根据它来确定在规定的频率和电压下，变压器能长期工作，不超过温升限值的额定电流。

双绕组变压器的额定容量即为绕组的额定容量(由于变压器的效率很高，通常一、二次侧的额定容量设计成相等)。

多绕组变压器应对每个绕组的额定容量加以规定。其额定容量为量大的绕组额定容量；当变压器容量由冷却方式而变更时，则额定容量是指量大的容量。

我国现在变压器的额定容量 100、125、160、200kVA 等，只有 30kVA 和 63000kVA 以外的容量等级与优先数系有所不同。

变压器的容量大小与电压等级也是密切相关的。电压低，容量大时电流大，损耗增大，电压高，容量小时绝缘比例过大，变压器尺寸相对增大，因此，电压低的容量必小。电压高的容量必大。

3. 额定电流

变压器的额定电流是由绕组的额定容量除以该绕组的额定电压及相应的系数（单相为 1，三相为$\sqrt{3}$）而算得的流经绕组线端的电流。

因此变压器的额定电流就是各绕组的额定电流，是指线电流，也以有效值表示（要注意组成三相的单相变压器）。

4. 额定频率

额定频率是指对变压器所设计的运行频率，我国标准规定频率为 50Hz。

5. 空载电流和空载损耗

空载电流是指当向变压器的一个绕组（一般是一次侧绕组）施加额定频率的额定电压时，其他绕组开路，流经该绕组线路端子的电流，称为空载电流 I。其较小的有功分量 I_{oa}用以补偿铁芯的损耗，其较大的无功量 I_{or}用于励磁以平衡铁芯的磁压降。

除以上以外，还有阻抗电压和负载损耗、温升和冷却方式、效率、绝缘电阻等参数。

5.3.2 电子变压器主要特性参数

电子变压器主要指音频变压器和高频变压器，主要特性参数如下：

1. 频率响应

指变压器次级输出电压随工作频率变化的特性。

2. 通频带

如果变压器在中间频率的输出电压为 U_o，当输出电压（输入电压保持不变）下降到 0.707U_o 时的频率范围，称为变压器的通频带 B。

3. 初、次级阻抗比

变压器初、次级接入适当的阻抗 R_o 和 R_i，使变压器初、次级阻抗匹配，则 R_o 和 R_i 的比值称为初、次级阻抗比。在阻抗匹配的情况下，变压器工作在最佳状态，传输效率最高。

5.4 变压器极性的判别

变压器绕组的极性指的是变压器原副边绕组的感应电势之间的相位关系。如图 5-3 所示：1、2 为原边绕组，3、4 为副边，它们的绕向相同，在同一交变磁通的作用下，两绕组中同时产生感应电势，在任何时刻两绕组同时具有相同电势极性的两个断头互为同名端。1、3互为同名端，2、4互为同名端；1、4互为异名端。

变压器同名端的判断方法较多，分别叙述如下。

(1) 交流电压法。一单相变压器原副边绕组连线如图5-4所示，在它的原边加适当的交流电压，分别用电压表测出原副边的电压U_1、U_2，以及1、3之间的电压U_3。如果$U_3=U_1+U_2$，则相连的线头2、4为异名端，1、4为同名端，2、3也是同名端。如果$U_3=U_1-U_2$，则相连的线头2、4为同名端，1、4为异名端，1、3也是同名端。

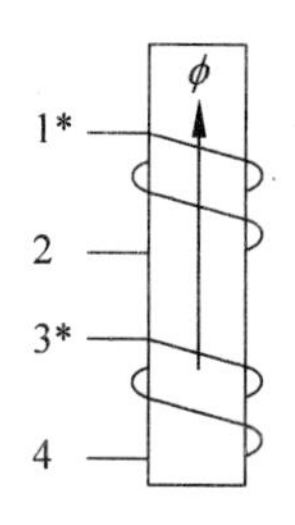

图5-3　变压器绕组极性示意图

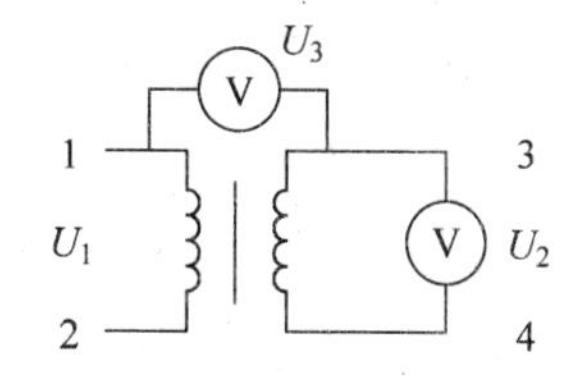

图5-4　单相变压器原副边绕组连线示意图

(2) 直流法(又叫干电池法)。将干电池一节，万用表一块接成如图5-5所示。将万用表挡位打在直流电压低挡位，如5V以下或者直流电流的低挡位(如5mA)，当接通S的瞬间，表针正向偏转，则万用表的正极、电池的正极所接的为同名端；如果表针反向偏转，则万用表的正极、电池的负极所接的为同名端。注意断开S时，表针会摆向另一方向；S不可长时接通。

(3) 测电笔法。如图5-6所示，为了提高感应电势，使氖管发光，可将电池接在匝数较少的绕组上，测电笔接在匝数较多的绕组上，按下按钮突然松开，在匝数较多的绕组中会产生非常高的感应电势，使氖管发光。注意观察哪端发光，发光的那一端为感应电势的负极。此时与电池正极相连的以及与氖管发光那端相连的为同名端。

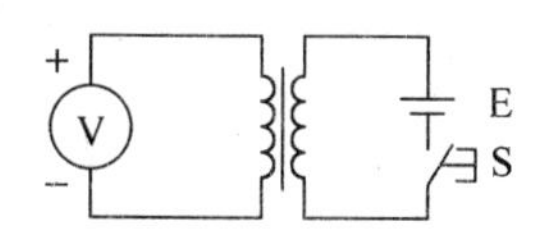

图5-5　干电池法测同名端

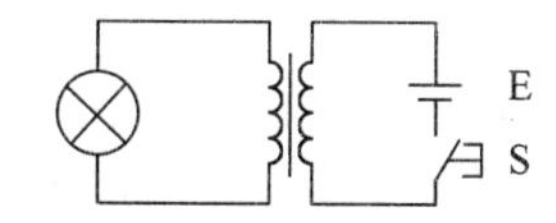

图5-6　测电笔法测变压器同名端

第6章 常用低压电器及电机控制

6.1 常用低压电器简介

低压电器通常是指工作电压在1200V以下的电器。低压电器种类繁多，应用广泛，是电工技术中电气控制运用最普遍的电器。

6.1.1 主令电器

在电气控制中，用于切换控制电路，控制电力拖动系统启、停、调速等的开关类电器称为主令电器。主令电器既可以直接作用于控制线路，也可以通过其他电器间接控制，但不能直接用于主电路。

主令电器种类繁多，按控制方式可分为传统的接触式(有触点)和电子的非接触式(无触点)两大类。

1. 常用接触式主令电器

1) 按钮开关

按钮开关是一种结构简单、应用广泛的主令电器，实物如图6-1所示。

按钮开关可由若干对常开、常闭触点组成。一对常开触点和一对常闭触点组成的两对触点按钮开关结构及符号如图6-2所示。当按下按钮时常闭触点先断开，然后常开触点才闭合；当手松开复位按钮时，常开触点先断开，常闭触点再闭合。有的按钮开关带有指示灯并由接线引出，指示灯可根据需要接成常闭或常开触点控制触点动作的指示。按钮开关的主要参数是额定工作电压和额定工作电流。

图6-1 按钮开关实物图

2) 行程开关和微动开关

行程开关又称为限位开关，主要用于机械的转向或停止，其实物如图6-3所示。它的触点动作与按钮开关类似，但使用中其动作要由机械撞击顶杆产生，且需要比按钮开关大的动作压力。行程开关的主要参数有额定工作电压和额定工作电流。

微动开关则是具有微量动作行程和较小动作压力的行程开关，由触点材料带银的动静触点、作用弹簧和操作钮等组成。当作用于操作钮时，弹簧拉伸达到一定位置时，触头瞬时

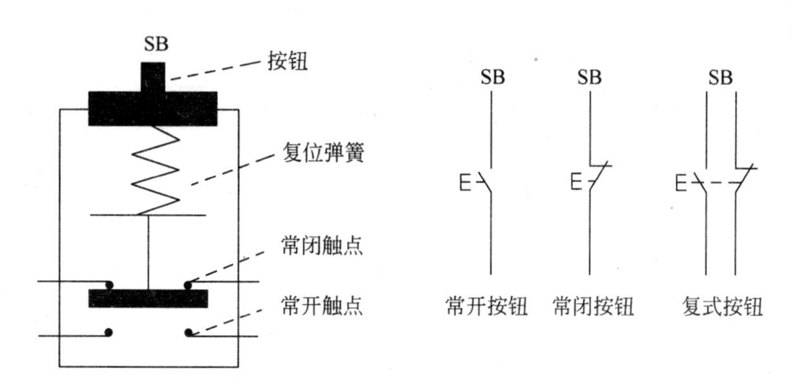

图 6-2 两对触点组成的按钮开关结构及符号

转换，外力去除后，触点借弹簧反力自动复位。

微动开关的主要参数有额定工作电压、额定工作电流和工作行程、接触电阻。其工作电压和额定工作电流均比行程开关低。

目前许多使用行程开关的场合已被非接触式光电开关、磁敏开关、感应开关、霍尔效应开关等替代，但行程开关的电气符号仍可沿用。

图 6-3 滚轮手柄型行程开关

2. 常用非接触式主令电器

1) 接近开关

接近开关是当运动物体接近到一定距离时就发出动作信号的一种。由于其动作触点往往由半导体开关元件来代替机械触点，故又称为无(机械)触点行程开关。接近开关具有无机械磨损、工作可靠、使用寿命长等优点，在电气控制中不仅可代替有触点行程开关来完成行程控制，还可作为自动化的部件，用于高速计数、测速、液位检测等方面。接近开关实物如图 6-4 所示。

图 6-4 接近开关实物图

接近开关实际上属于传感器，其种类较多。原理是：在物体接近开关时接收到信号，经整形放大后去推动功率型晶体管或继电器，最后由功率型晶体管或继电器触点来执行开关动作。根据传感器原理的不同，接近开关分为电感式、电容式和霍尔式等。

2) 光电开关

光电开关是接近开关的一种，通常具有一对发光和接收装置(发光管和接收管)，当发光装置发射光信号，接收装置接收到光信号后，经放大驱动晶体管开关或继电器，最后由晶体管开关或继电器来执行开关动作。

光电开关具有体积小、检测距离远、响应速度快、可靠性好等优点，已成为广泛应用的主令电器。

光电开关根据接收装置接收方式的不同，分为对射式和反射式两种。反射式光电开关原理框图如图 6-5 所示。

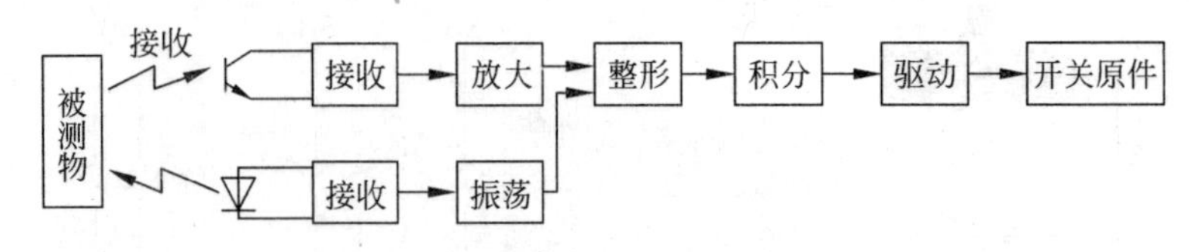

图 6-5 反射式光电开关原理框图

当发光管发射出脉冲光或红外光后，由被测物反射，若接收管不被遮挡，则接收管接收，经放大电路放大和整形电路整形，由积分电路滤除干扰信号，再经功率放大器驱动，最后由功率电子器件或继电器来执行开关动作。若发光管、接收管与被测物之间有遮挡，则后面的电路不动作。

6.1.2 保护电器

电气控制中，用于保护设备安全的电器称为保护电器。当电气设备(或线路)过载或发生漏电、接地等故障时，保护电器能很快地自动切断电源，进而有效地保护了电气设备，防止了漏电等故障频发的安全事故。

1. 熔断器

熔断器又称为保险丝，符号如图 6-6 所示，实物如图 6-7 所示。它是一种传统的过电流保护器，其结构简单、使用方便、价格低廉，串接在电源回路中，主要用做短路保护。熔断器的熔体由铅、锡、锌或铅锡合金组成，当电流过载时，熔体产生热量使其在较短的时间内熔断。所以当电路短路时，能在瞬间熔断，切断工作电源。

图 6-6 熔断器符号　　图 6-7 熔断器实物图

熔断器的主要技术参数如下。

(1) 额定电压。额定电压指熔断器正常工作时和分断后能够承受的电压，其值一般等于或大于电气设备的电压。

(2) 额定电流。额定电流指熔断器正常工作时，设备部件温升不超过额定值时熔断器能够承受的电流。

(3) 极限分断能力。熔断器的分断能力通常是指在额定电压及一定功率因素下，切断短路电流的极限能力，常用极限断开电流值来表示，它反映了熔断器的瞬间限流特性。

熔断器的选择。

(1) 对于实验台上的设备。熔体额定电流应略大于或等于设备上标定的电流。

(2) 对于电动机。由于起动电流要比正常工作电流大 5～7 倍，所以熔体额定电流应为电动机正常工作电流的 1.5～2.5 倍。

2. 低压断路器

低压断路器又称自动空气开关或空气开关，其实物如图 6-8 所示。它相当于闸刀开关、熔断器、热继电器、过电流继电器和欠电压继电器的组合，是一种既有手动开关作用又能自动进行欠电压、失电压、过载和短路保护的电器。

低压断路器是电气控制系统中常用的保护电器，不仅可分断额定电流、一般故障电流，还能分断短路电流，但单位时间内允许的操作次数较低。

低压断路器的主要技术参数有额定电流、额定电压、各种脱扣器的整定电流、主触点极对数、允许分断极限电流等。

图 6-8　低压断路器实物图

低压断路器的选用原则：主要根据被控电路的额定电压、短路容量及负载电流的大小来选用相应额定电压、额定电流及分断能力断路器。这就要求所选用的断路器的额定电压和额定电流不小于电路正常时的工作电压和工作电流；极限分断能力要大于等于电路的最大短路电流；欠电压脱扣器锁定电压应等于主电路额定电压；热脱扣器的整定电流应与所控制负载的额定电流或负载额定电流相等；过电流脱扣器的瞬时脱扣整定电流应大于负载电路正常工作时的尖峰电流，保护电动机时取起动电流的 1.7 倍左右。

3. 热继电器

在电动机工作过程中，长期过载、频繁起动、欠电压、断相运行均会引起过载电流，造成绕组温度升高而导致电机故障，热继电器主要用于此类故障的保护，其实物如图 6-9所示。

图 6-9　热继电器实物图

当电动机过载时，电流增大的同时电热元件热量也增加，从而导致双金属片弯曲位移的力矩增大。经过一定时间的弯曲位移，双金属片推动导板，经补偿双金属片和推杆，将静触点和动触点分离。由于动、静触点串联在接触器回路线圈电路中，断开后接触器失电，使接触器主触点断开，导致控制电动机的主电路断开而失电。

热继电器的选用。

选用热继电器时应从电动机的工作形式、工作环境、起动及负荷情况等几方面综合加以考虑。

(1) 当电动机起动电流为其额定电流 6 倍及起动时间不超过 6s 的情况下，如果很少连续起动，就可按电动机的额定电流选取热继电器。

(2) 当电动机来用△形接法时，必须选用带断相保护的三相式热继电器。三相异步电动机缺相运行，是造成电动机烧坏的主要原因之一。

若在热继电器中使用Y形接法，当电路发生缺相时，另外两相电流便增大很多，由于线电流等于相电流，流过电动机绕组的电流和流过热继电器的电流增加的比例相同，因此普通的两相或三相热继电器可以对此做出保护。

若在热继电器中使用△形接法，当发生缺相时，由于电动机的相电流与线电流不相等，流过电动机绕组的电流和流过热继电器的电流增加的比例不相同，而热元件又串联在电动机的电源进线中，按电动机的额定电流(即线电流)来整定，整定值较大。当故障线电流达到额定电流时，在电动机绕组内部的电流较大的那一相绕组的故障电流将超过额定相电流，便有过热烧毁的危险。所以△形接法必须采用带断相保护的热继电器。

(3) 对于可逆运行和频繁通断的电动机，不宜采用热继电器保护。当电动机工作在频繁通断的情况下，要注意确定热继电器的允许操作频率。因为热继电器的操作频率不高，如果用它保护操作频率较高的电动机，效果很不理想，有时甚至不能使用。

6.1.3 控制电器

控制电器是一种可根据输入信号的变化来接通或断开电路，从而实现自动控制的电器。

1. 继电器

继电器是最常用的控制电器，它具有控制系统(又称输入回路)和被控制系统(又称输出回路)，通常应用于自动控制电路中。它实际上是以较小的电流(电压)去控制较大电流(电压)的一种“自动开关”，在电路中起着自动调节、安全保护、转换电路等作用。

继电器种类繁多，常用的有电压继电器、电流继电器、功率继电器、时间继电器、速度继电器、温度继电器等，根据控制的需要，应用于不同的场合。常见的继电器实物如图6-10所示。

图6-10 常用继电器实物

2. 接触器

接触器是利用电磁吸力的作用来使触头闭合或断开的大电流的自动切换，开关电器，它具有远距离操作功能。在可编程控制器(PLC)中,它用做执行元件控制电动机等。接触器的符号如图6-11所示,实物如图6-12所示。

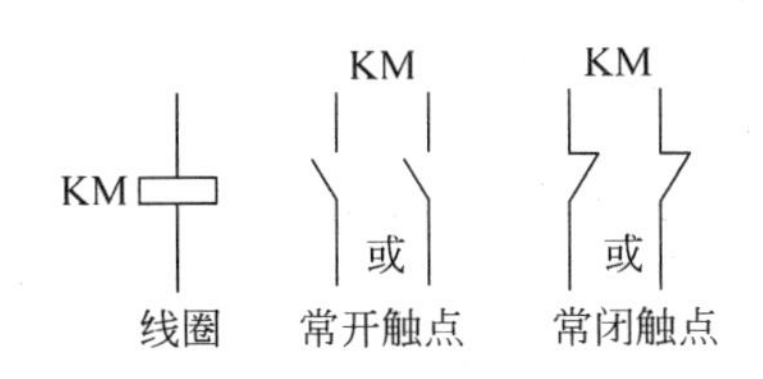

图6-11 接触器符号

图6-12 接触器实物图

接触器具有失电压和欠电压保护功能,但它不同于低压断路器,虽有一定过载能力,但却不能切断短路电流,也不具备过载保护的能力。

接触器用途广泛、价格低廉,常用于控制电动机、电热设备、电焊机等功率较大的负载。因此,它是最重要的控制电器。

接触器是电磁式电器的一种,其结构与电磁式继电器相同,一般也由电磁机构、触点系统、复位弹簧机构(或缓冲装置)等部分组成。但由于接触器工作电流较大,有电弧产生,故还增添了灭弧系统,通常与触点共称为触点——灭弧系统。

接触器按其主触点控制的电路中电流种类性质的不同,分为交流接触器和直流接触器,一般所说的接触器默认为交流接触器。

接触器的主要技术参数如下。

(1) 额定电压。额定电压是指接触器主触点能承受的额定电压。常用的电压等级规格有:交流为36V、127V、220V、380V;直流为24V、48V、110V、220V、440V。

(2) 额定电流。额定电流是指接触器流过主触点的额定电流,即允许长期通过主触点的最大电流。常用的电流等级规格有5A、10A、20A、40A、60A、100A、150A、250A、400A、600A。

(3) 线圈额定电压。线圈额定电压是指接触器电磁线圈的额定电压。通常的电压等级规格有:交流为36V、110V、220V、380V;直流为24V、48V、220V、440V。

(4) 动作值。动作值是指接触器接通和释放时的电压值。在接触器的电磁线圈已发热稳定时,加85%的线圈额定电压,衔铁能可靠吸合,反之,电网电压过低或失电时,衔铁能及时释放。

(5) 电气寿命和机械寿命。电气寿命是指接触器触点带负载情况下的极限工作次数;机械寿命是指接触器触点不带负载情况下的极限工作次数。接触器的电气寿命和机械寿命均以万次表示。一般电气寿命在数十万次;机械寿命在数百万次。

(6) 额定操作频率。即接触器的每小时操作次数。以次/小时表示。一般有300/h、600/h和1200/h等几种。

6.2 三相异步电动机控制

6.2.1 三相笼型异步电动机的结构与铭牌

1. 三相笼型异步电动机的结构

三相笼型异步电动机具有结构比较简单、工作可靠、维修方便的优点。它主要由定子和转子两大部分组成，还包括机壳和端盖等。如果是封闭式电动机，则还有冷却风扇及保护风扇的端罩。三相笼型异步电动机的外形如图 6-13(a)所示，内部结构如图 6-13(b)所示。

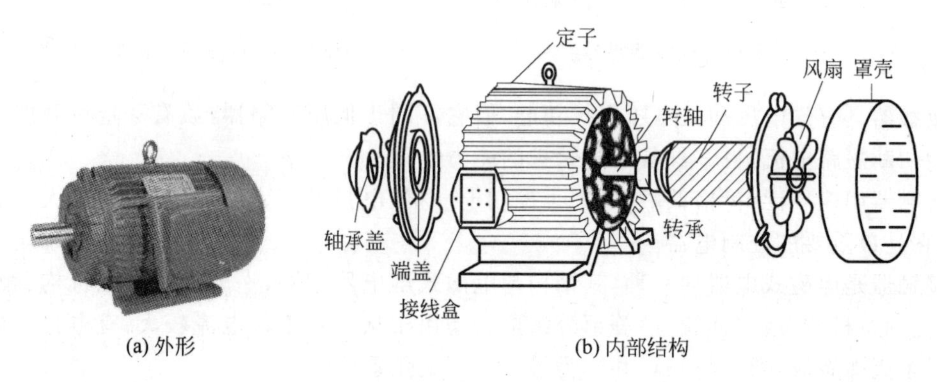

(a) 外形　　(b) 内部结构

图 6-13　三相笼型异步电动机结构示意图

1）定子

定子由定子铁芯、定子绕组、机座和端盖等组成。机座的主要作用是用来支撑电机各部件，因此应有足够的机械强度和刚度，中小型三相笼型异步电动机的机座和端盖多采用铸铁制造，如果是封闭式电动机，外壳的表面铸有散热片，用来散发电动机工作时内部产生的热量。为了减少涡流和磁滞损耗，定子铁芯一般是采用 0.5mm 厚的 D22-D24 硅钢片使用成型的模具一片一片冲出的，然后叠压制成。铁芯的作用是导磁，定子铁芯内圆上的槽是用来嵌放定子绕组的。三相笼型异步电动机的定子如图 6-14 所示。

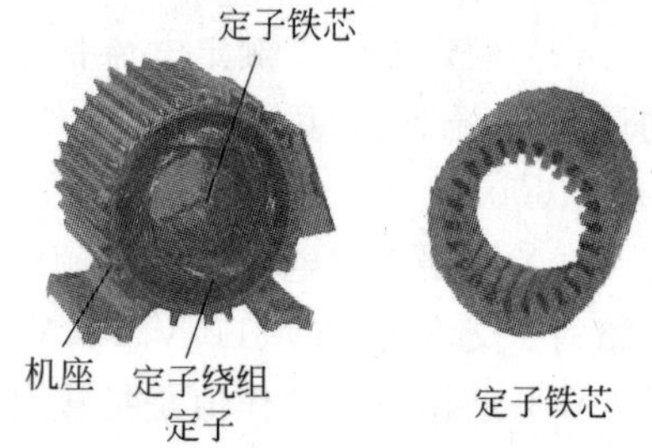

图 6-14　三相笼型异步电动机的定子

定子绕组分布在定子铁芯的槽内，小型电动机的定子绕组通常用漆包线绕制，三相绕组在定子内圆周空间彼此相隔 120°。共有六个出线端，分别引至电动机接线盒的接线柱上。三相定子绕组可以连接成 Y 形，如图 6-15(a)所示；或△形，如图 6-15(b)所示。其接法根据电动机的额定电压和三相电源电压而定，通常三个绕组的首端分别用 U_1、V_1、W_1 表示，末端分别用 U_2、V_2、W_2 表示。

2）转子

转子由转子铁芯、转子绕组、转轴和风扇等组成。转子铁芯也使 0.5mm 厚硅钢片冲成

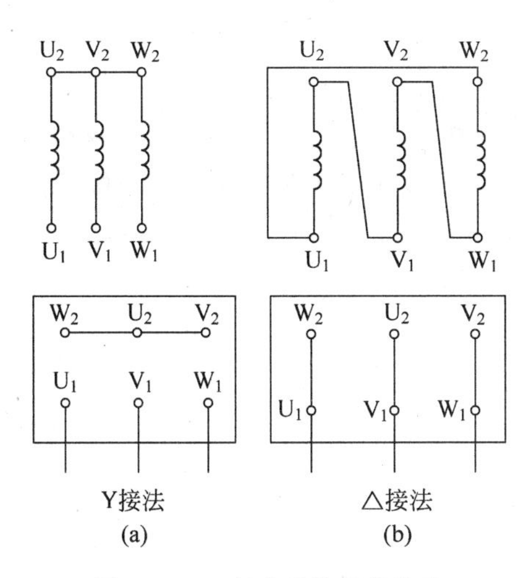

图 6-15　三相定子绕组的接法

转子冲片叠成圆柱形，压装在转轴上。其外围表面冲有凹槽，用以安放转子绕组。

异步电动机按转子绕组形式不同，可分为绕线式和鼠笼式两种，如图 6-16(a)所示。绕线式转子绕组和定子绕组一样，也是三相绕组，绕组的三个末端接在一起(Y 形)，三个首端分别接在转轴上三个彼此绝缘的铜制滑环上，再通过滑环上的电刷与外电路的变阻相接，以便调节转速或改变电动机的启动性能。绕线式转子如图 6-16(b)所示，绕线式转子的等效电路如图 6-16(c)所示。绕线式异步电动机由于其结构复杂，价位较高，所以通常用于启动性能或调速性能要求高的场合。

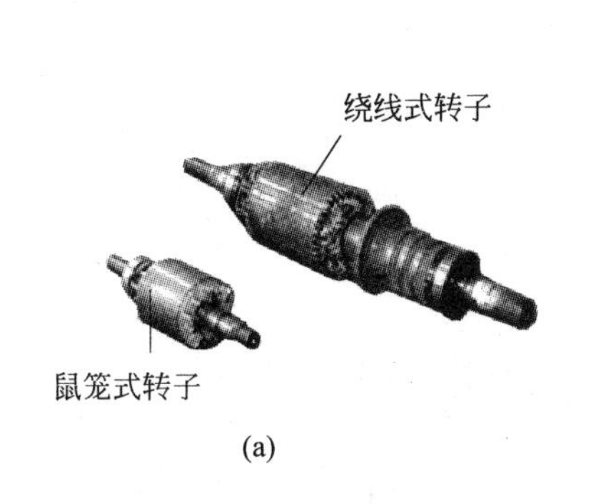

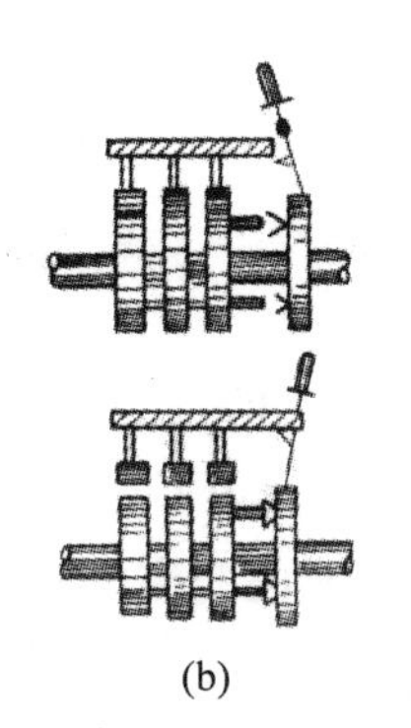

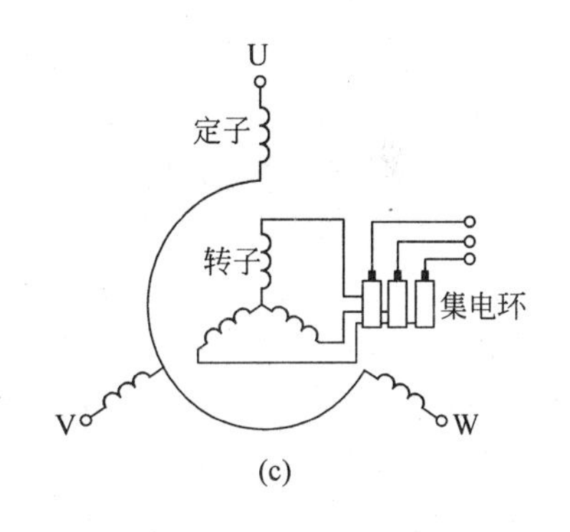

图 6-16　绕线式转子

鼠笼式转子绕组是在转子铁芯槽内插入铜条，两端再用两个铜环焊接而成。若把铁芯拿出来，整个转子绕组外形很像一个鼠笼，故称鼠笼式转子。对于中小功率的电机，目前常用铸铝工艺把鼠笼式绕组及冷却用的风扇叶片铸在一起。鼠笼式铜条转子如图 6-17(a)所示，鼠笼式铸铝转子如图 6-17(b)所示。

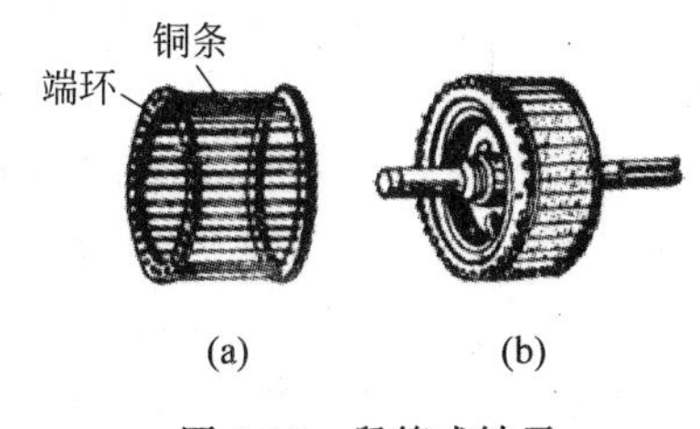

图 6-17　鼠笼式转子

虽然绕线式异步电动机与鼠笼式异步电动机的结构不同，但它们的工作原理是相同的。

2. 三相笼型异步电动机的铭牌

每台异步电动机的外壳上都有一块铭牌，上面标示着这台电动机的主要技术数据，供使用者正确选用和维护电机。图 6-18 所示为某台异步电动机的铭牌。

三相异步电动机		
型号	Y100L1-4	接　　法△/Y
额定功率	2.2kW	工作方式 S1
额定电压	220/380V	绝缘等级 B
额定电流	8.6/5A	允许升温 70℃
额定转速	1430r/min	重　　量 34kg
额定频率	50Hz	编　　号
	××电机厂	出厂日期

图 6-18　异步电动机的铭牌

1）型号

型号表示电动机的结构形式、机座号和极数。例如 Y100L1-4 中，Y 表示鼠笼式异步电动机（YR 表示绕线式异步电动机）；100 表示机座中心高为 100mm；L 表示长机座（S 表示短机座，M 表示中机座）；1 为铁芯长度代号；4 表示 4 极电动机。

2）额定电压 U

额定电压是电动机定子绕组应加线电压的额定值，有些异步电动机铭牌上标有 220/380V，相应的接法为△/Y。它说明当电源线电压为 220V 时，电动机定子绕组应接成△形；当电源线电压为 380V 时，应接成 Y 形。

3）额定电流 I

额定电流是指电动机在额定运行时，定子绕组的线电流。

4）额定转速 n

额定转速指电动机额定运行时的转速。

5）额定频率 f

额定频率是指电动机在额定运行时的交流电源的频率，我国工频为 50Hz。

6）工作方式

工作方式是指电动机的运行状态。根据发热条件可分为三种：S1 表示连续工作方式，允许电机在额定负载下连续长期运行；S2 表示短时工作方式，在额定负载下只能在规定时间短时运行；S3 表示断续工作方式，可在额定负载下按规定周期性地重复短时运行。

7）绝缘等级

绝缘等级是由电动机所用的绝缘材料决定的。按照耐热程度不同，将电动机的绝缘级分为 A、E、B、F、H、C 等几个等级，它们允许的最高温度见表 6-1。

表 6-1　电动机的绝缘等级

绝缘等级	A	E	B	F	H	C
最高允许温度（℃）	105	120	130	155	180	>180

8）温升

在稳定状态下，电动机温度与环境温度之差，叫电动机温升。通常规定的环境温度是40℃，如果电动机铭牌上的温升为70℃，则电动机允许的最高温度可以是40℃＋70℃＝110℃。显然，电动机的温升取决于电动机绝缘材料的等级。电动机在工作时，所有的损耗都会使电动机发热，温度上升。在正常额定负载范围内，电动机的温度是不会超出允许温升的，绝缘材料可保证电动机在一定期限内可靠工作。如果超载，尤其是故障运行，则电动机的温升超过允许值，电动机的寿命将受到很大的影响。在选用电动机时，除了要看电动机上的铭牌数据外，还要了解电动机的其他技术数据，通常可在产品资料中查到，表6-2给出了Y160M-4型异步电动机的技术数据。

表 6-2 Y160M-4 型异步电动机的技术数据

电动机型号	额定功率	满载				堵转电流	堵转转矩	最大转矩
		电流(A)	转速(r/min)	效率(%)	功率因数	额定电流	额定转矩	额定转矩
Y160M-4	11.0	22.6	1460	88.0	0.84	7.0	2.2	2.3

6.2.2 电动机全压起动和降压起动

对小容量的电机，只要把电源接入电机上，就可直接起动。（称为全压起动）。

对大容量的电机，它起动的电流很大，会引起电路压降，也会引起电机绕组发热，绝缘老化，寿命缩短，故对容量较大的电机，应采用降压起动的方法。

6.2.3 正转闸刀控制

闸刀开关QS合上时，使电机旋转。常用的瓷底闸刀开关内部有三个沟槽，可安装熔丝（保险丝）。电路上有较大过载和短路现象时，熔丝会马上熔化，保护电路的安全。

闸刀开关如图6-19所示。

(a) 胶盖瓷底闸刀开关

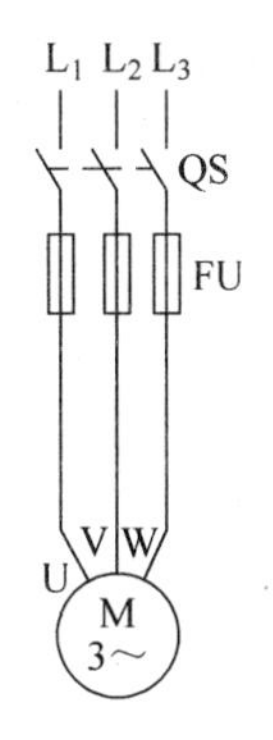

(b) 闸刀开关正转电路

图 6-19 闸刀开关

6.2.4 按钮开关

按钮开关是一种以短时接通或分断小电流的电器，它不是接去控制主电路的通断，而在控制电路中发出“指令”去控制接触器、继电器，再由它去控制主电路。

按钮开关按用途和结构分为以下 3 种。

停止按钮——常闭按钮。

启动按钮——常开按钮。

复合按钮——常开和常闭组合按钮。

按钮结构图如图 6-20 所示。

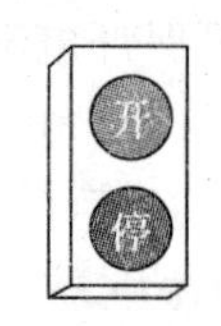

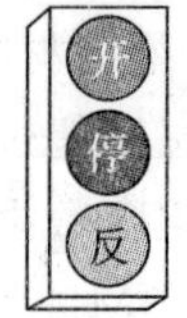

(a) 二个按钮 (b) 三个按钮

图 6-20 按钮开关

6.2.5 点动正转控制

点动正转控制线路是增加按钮和接触器各一组，如图 6-21 所示。

点动原理如下。

起动：按下起动按钮 SB→接触器的线圈 KM_1 得电→KM_2 主触点闭合→电机运转。

停止：松开起动按钮 SB→接触器的线圈 KM_1 断电→KM_2 主触头分断→电机停转。

在使用接触器控制电路时，必须安装三相闸刀开关 QS 或转换开关 HK。作为电源隔离开关用，电路中 FU 是熔断器。

6.2.6 具有自锁的正转控制

按起动按钮 SB_2 时，电机就旋转，在松开起动按钮 SB_2 时，电机仍能连续运转，如图 6-22 所示。原因是在 SB_2 两端并联一组辅助常开触头(称自锁)。

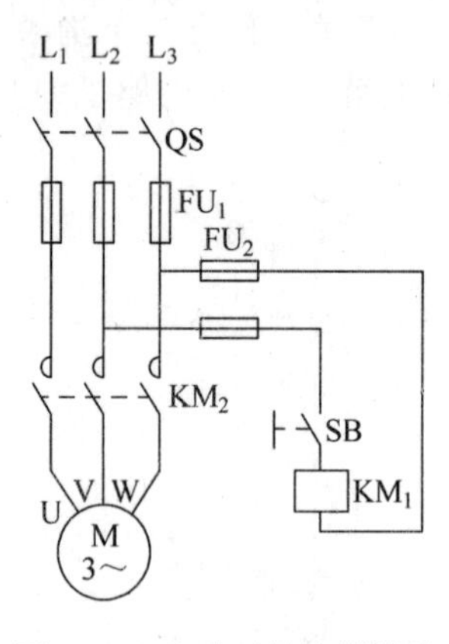

图 6-21 点动正转控制线路

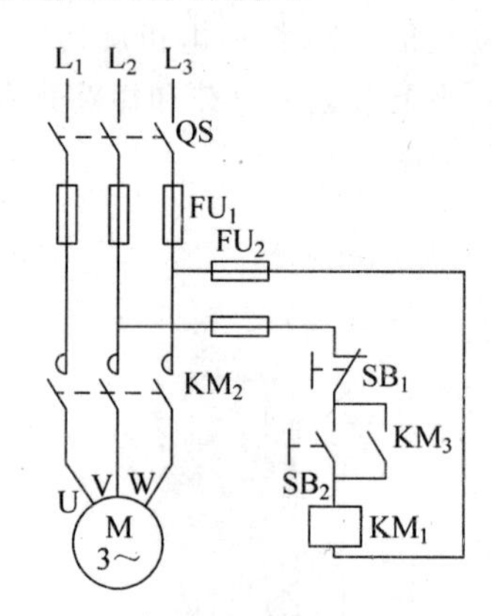

图 6-22 具有自锁的正转控制

动作原理如下。

起动——按 SB_2→KM_1 线圈得电：$\begin{cases} KM_3 \text{ 常开辅助触头闭合自锁} \\ KM_2 \text{ 主触头闭合→电机运转} \end{cases}$

松开 SB_2 按钮，由于常开辅助触头闭合自锁，使控制电路仍然接通，KM_2 主触头继续闭

合，电机继续转动。

停止——按下停止按钮 SB_1 时→KM_1 线圈断电：
- KM_3 常开辅助触头分断
- KM_2 主触头分断→电机停转

常开辅助触头称为自锁（也叫自保）触头。

6.2.7　具有过载保护的正转控制

过载保护的正转控制电路与自锁正转控制电路基本相同，不同之处是主电路上增加一组热保护元件（热继电器）FR，符号用 FR 表示。而在控制电路中增加一个热继电器的常闭触头 RJ，符号用 FR 表示。

RJ 的作用——电机长期过载或断相线时，电机绕组的电流超过它的额定电流值，这时熔断器是不熔断的，而电机绕组线圈就会过热，温度不断升高，使绝缘很快损坏，很影响电机使用寿命，所以对电机应采用过载保护。熔断器只能对短路特大电流起保护作用。具有过载保护的正转控制电路如图 6-23 所示。

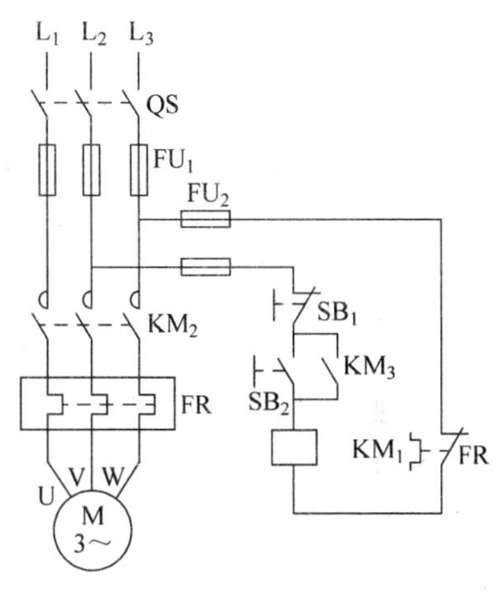

图 6-23　具有过载保护的正转控制

6.2.8　接触器联锁的正反转控制

这种电路采用是两组接触器，即正转时用接触器 KM_1 和反转时用接触器 KM_2。

当 KM_1 的三对主触头接通时，三相电源的相序是 U、V、W 送入电机（电机正转）。

当 FC 的三对主触头接通时，三相电源的相序是 W、V、U 送入电机（电机反转）。

如图 6-24 接触器联锁的正反转控制电路。

联锁电路要求接触器 KM_1 和 KM_2 绝对不能同时通电，否则会造成 U 相和 W 相之间的电源短路。为此，就在接触器 KM_1 和 KM_2 的线圈各自支路中相互串联对方一组常闭辅助触头，以避免接触器 KM_1 和 KM_2 的误动作。

用两组相互常闭触头在线路中起了互锁作用，这两组常闭触头叫做联锁触头，用符号 KM 表示。

联锁正反转控制线路动作原理如下。

正转控制：

按 SB_2 → KM_1 线圈得电：
- KM_1 自锁触头闭合
- KM_1 主触头闭合 → 电机正转
- KM_1 联锁触头分断

停转：

先按 SB_1→KM_1 线圈失电：
- KM_1 自锁触头分断
- KM_1 主触头分断→电机停转
- KM_1 联锁触头闭合

反转控制：

按 SB_3→KM_2 线圈得电：
- KM_2 自锁触头闭合
- KM_2 主触头闭合→电机反转
- KM_2 联锁触头分断

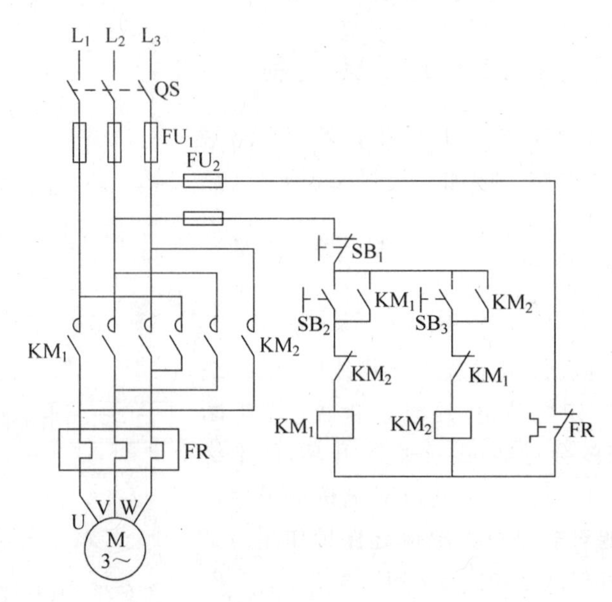

图 6-24 接触器联锁的正反转控制线路

6.2.9 电动机维护

1. 监视电机运行电流值

电机铭牌标注的额定电流值，是指在环境温度 35℃时而定。如果环境温度高于 35℃时，电动机的电流应要减下来，否则定子绕组线圈因过热而烧毁绕组绝缘。

如果环境温度不是 35℃，而超过 35℃时可降低电流，如表 6-3 所示。

若环境温度下降时，可使电机定子绕组的电流值增加，如表 6-4 所示。

表 6-3 温度上升时电流变化参考表

周围环境温度(℃)	额定电流降低(%)
35	0
40	5
45	10
50	15

表 6-4 温度下降时电流变化参考表

周围环境温度(℃)	额定电流增加(%)
到 30℃	5
30℃以下时	8

2. 监视电机发热情况

监视电机在运行中的发热是非常重要的问题。因为多数绕组绝缘损坏，大多数是因温度过高所致。发热情况和电机类型与绕组使用绝缘等级有关，如表 6-5 所示。

表 6-5　绝缘材料的耐热等级

级别	Y	A	E	B	F	H	C
极限工作温度(℃)	90	105	120	130	155	180	180 以上

若用温度表测电机外部时，测得的温度要比内部发热点低 15℃（经验总结内外温度差为 15℃）。

例如测一台运行电机外部温度为 85℃，则估计电机内部发热点的温度是 100℃。

100℃＝85℃（电机外测温度）＋15℃（内外温差值）

3. 监视电压的变化

电压过高，也会使电机的运行电流增大，若电压变低时，而电机上负载不减，则电流也要增大，两种情况定子绕组都会增加发热。

容许在额定电压变动±10％。

4. 监视三相电动机的电流平衡

电压不平衡和定子绕组三相阻抗不相等，都会造成电流不平衡。

若三相电流有严重的不平衡，就容易烧毁绕组，出现不平衡的原因可能是电源的一相线断（一相保险丝熔断造成的）。其余两相电流就很大了，如果电机不停止，很快电机就发热，很容易将电机绕组烧毁，必须马上中断电机电源。

6.2.10　电动机的熔丝选择

1. 查表法

三相 380V 异步电动机熔丝选择如表 6-6 所示。

表 6-6　异步电动机熔丝选择参考表

电动机额定功率(kW)	熔丝额定电流(A)	电动机额定功率(kW)	熔丝额定电流(A)	电动机额定功率(kW)	熔丝额定电流(A)
1.0～1.1	5	4.5	20～25	28	100(熔体)
1.5	8	7.0～7.5	30	40	150(熔体)
1.7	10	10	50～60	55	200(熔体)
2.2	10～15	14	60	75	250(熔体)
2.3～3.0	15	17	70		
4	20	20	80		

2. 计算法

若是一台电动机线路，则：

熔丝的额定电流＝(1.5～3)电机的额定电流。

若是多台电动机线路，则：

熔丝的额定电流＝(1.5～3)功率最大的一台电机额定电流加上工作中同时开动的电动

机电流。

6.2.11 电动机的故障分析

电动机的故障分析如表 6-7 所示。

表 6-7 电动机的故障分析

主要故障和现象	可能出现的原因
电动机不能起动	① 电源未接通 ② 熔丝烧断 ③ 电源电压过低 ④ 控制电路接错(控制失灵) ⑤ 线端接头松动 ⑥ 过载后热元件未复位 ⑦ 严重过载(被带动的机械抱轴) ⑧ 定子绕组断路
电动机发出喧噪声	① 三相电源中断一相变成两相运行(两电流变大) ② 三相电流有较大不平衡 ③ 机轴运转有障碍 ④ 转子与定子有摩擦 ⑤ 风扇与机盖间有杂物混入碰撞
温升过高或冒烟	① 长时间过载 ② 三相电流不平衡——熔丝烧坏 ③ 定子绕组线圈短路 ④ 电机接法 Y 型错接为△型 ⑤ 定子线圈接地
轴承发热	① 轴承、机盖装置不合适 ② 皮带张力太紧 ③ 轴承损坏和润滑油不足

第2篇 电子部分

第7章 元器件识别与测量技术

7.1 电阻器

7.1.1 电阻器的图形符号

电阻器是电工电子电路中最常用的元器件，是用特殊的导电材料按照一定的技术要求和技术规格以及工艺流程制作的通用的电工电子元器件，简称电阻。文字符号为 R，图形符号如图 7-1 所示。在电路中一般起分压、限流、作为负载和阻抗匹配等作用。

7.1.2 电阻器的分类

电阻器的种类很多，通常按照如下两种方法进行分类。

(a) 固定电阻　(b) 可变电阻　(c) 非线性电阻

图 7-1　电阻器图形符号

1. 按材料划分

(1) 合金型：用电阻合金拉丝或碾压成箔制成电阻(如线绕电阻)。

(2) 薄膜型：在玻璃或陶瓷基体上沉积一层电阻薄膜(如碳膜、金属膜电阻)。

(3) 合成型：电阻体本身由导电颗粒和有机(或无机)黏结剂混合合成，可制成薄膜或实芯两种(合成膜电阻和实芯电阻)。

2. 按用途划分

(1) 普通型：指一般常用电阻，额定功率在 0.05～2W，阻值在 1Ω～22MΩ，允许误差为±5%、±10%、±20%等。

(2) 精密型：指有较高的精密度和稳定度，误差一般在±0.001%～±2%。

(3) 高频型：电阻自身电感量极小，常称为无感电阻，用于高频电路中，阻值小于 1kΩ。

(4) 高压型：用于 35kV 以上电路，阻值可达 1000MΩ，功率在 0.5～15W 之间。

(5) 高阻型：一般在 10MΩ 以上。

(6) 集成电阻：是一种电阻网络，把多个电阻合在一起，它具有体积小，规整化等特点，适用于电子设备及计算机工业生产中。

7.1.3 电阻器的主要技术指标

1. 额定功率

指电阻器在规定的环境温度和湿度下，在电路中长时间连续工作而不损坏，电阻器上允许消耗的最大功率称为电阻的额定功率。

通常功率一般可分为 1/16W、1/8W、1/4W、1/2W、1W、2W、3W、4W、5W、10W 等，其中 1/8W 和 1/4W 的电阻器较为常用。实际选用时，额定值应高于电路实际值 1.5～2 倍。

2. 标称阻值

阻值是电阻的主要参数之一，电阻的类型不同，它的阻值范围也不相同，不同精度的电阻其阻值系列不同，根据我国的标准，常用的电阻阻值系列如表 7-1 所示。表中的数值再乘以 10^n，其中 n 为正整数或负整数。

表 7-1 电阻器的标称值

允许偏差	阻值系列											
±5%	1.0	1.1	1.2	1.3	1.5	1.6	1.8	2.0	2.2	2.4	2.7	3.0
±10%	1.0		1.2		1.5		1.8		2.2		2.7	
±20%	1.0				1.5				2.2			
±5%	3.3	3.6	3.9	4.3	4.7	5.1	5.6	6.2	6.8	7.5	8.2	9.1
±10%	3.3		3.9		4.7		5.6		6.8		8.2	
±20%	3.3				4.7				6.8			

3. 精度误差

实际阻值与标称阻值之间的相对误差称为电阻精度。普通型电阻的误差一般为±5%、±10%、±20%；精密型电阻的误差一般为±0.5%和±1%。

4. 温度系数

电阻的阻值在温度发生变化时也会发生变化，衡量电阻温度稳定性时，使用温度系数来表示。温度系数有正温度系数和负温度系数区分，其关系如图 7-2 所示。

5. 非线性

流过电阻的电流与加在其两端的电压不成正比变化时称为非线性。图 7-3 是电阻器电流与电压特性曲线。

6. 噪声

产生于电阻器中的一种不规则的电压起伏，其中包括热噪声和电噪声两种。

7. 极限电压

电阻两端电压加到一定时，会发生电击穿现象，使电阻损坏，当电阻的额定电压升高到一定值不允许再增加的电压，成为极限电压。

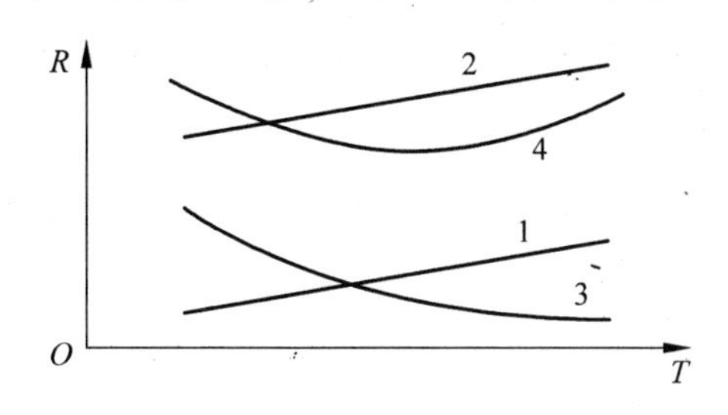

图 7-2 各种类型电阻器阻值与温度的典型关系

1—金属；2—合金；3—半导体、薄膜；4—合成物质

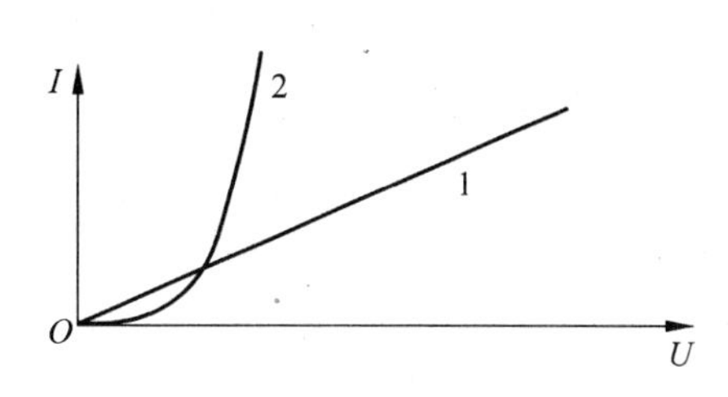

图 7-3 电阻器电流与电压特性曲线

1—线性电阻；2—非线性电阻

7.1.4 电阻器的标识方法

电阻有多项技术指标，但限于表面积有限和对参数关心的程度，一般只标明阻值、精度、功率和材料。

1. 文字符号直标法

把电阻的主要参数直接印制在电阻表面上称为直标法。这种方法主要用于体积比较大的电阻。电阻器的文字符号直标图如图 7-4 所示。

(1) 标称阻值

常用单位：Ω，kΩ，MΩ 等三种（1kΩ＝1000Ω、1MΩ＝1000kΩ、1GΩ＝1000MΩ），遇小数点时用 Ω，k，M 取代小数点。

2K2

图 7-4 电阻器的直标图

例如：0.1Ω 写成 Ω1，3.3kΩ 写成 3k3，2.7MΩ 写成 2M7。

(2) 精度

普通电阻精度分为±5%、±10%、±20%三种，习惯用罗马数字Ⅰ，Ⅱ，Ⅲ来表示。

(3) 功率

通常两瓦以下电阻不标，通过外形尺寸即可判定，两瓦以上的电阻均在电阻上以数字标出。

(4) 材料

电阻材料在两瓦以下的小电阻通常不标出，对于普通的碳膜电阻和金属膜电阻，通过外表颜色可以断定。

2. 色标法

为了应用电子元件不断小型化的发展趋势，在电阻上印制色环，表示它们的主要参数及特点，这种方法称为色标符号法，简称色标法。现在，能否识别色环电阻，已经是考核电子行业从业人员的基本要求之一。各种颜色所对应的数值如表 7-2 所示。

表 7-2 色环的基本色码

意义	棕	红	橙	黄	绿	蓝	紫	灰	白	黑	金	银
有效数字	1	2	3	4	5	6	7	8	9	0		
乘数	10^1	10^2	10^3	10^4	10^5	10^6	10^7	10^8	10^9	10^0	10^{-1}	10^{-2}
阻值偏差	±1%	±2%			±0.5%	±0.2%	±0.1%				±5%	±10%

色环电阻器的色环可分为三色环、四色环和无色环三种，三种的含义如图 7-5～图 7-7 所示，三种色环的示例如图 7-8 所示。离电阻引线端最近的一个色环为第一个有效数字，下面是两个四色环的电阻含义的例子。

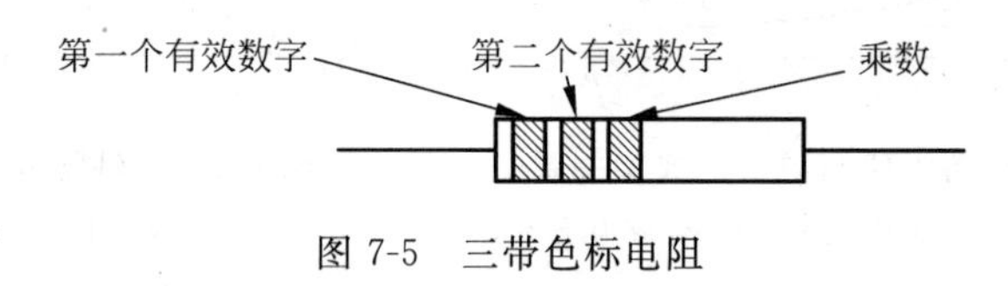

图 7-5 三带色标电阻

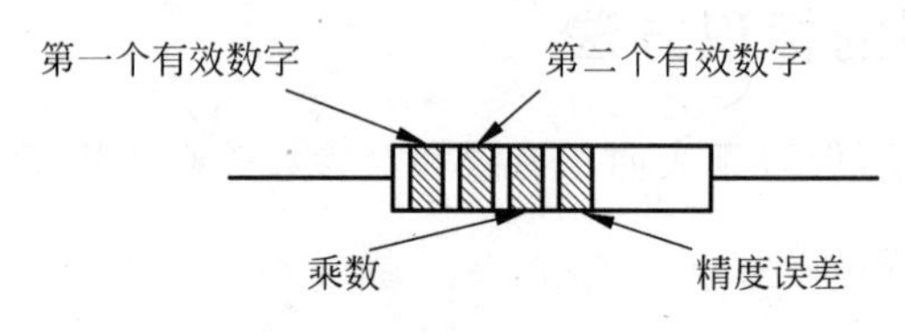

图 7-6 四带色标电阻

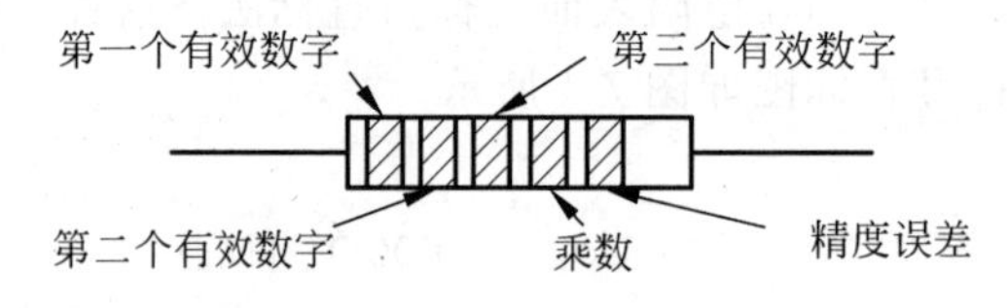

图 7-7 五带色标电阻

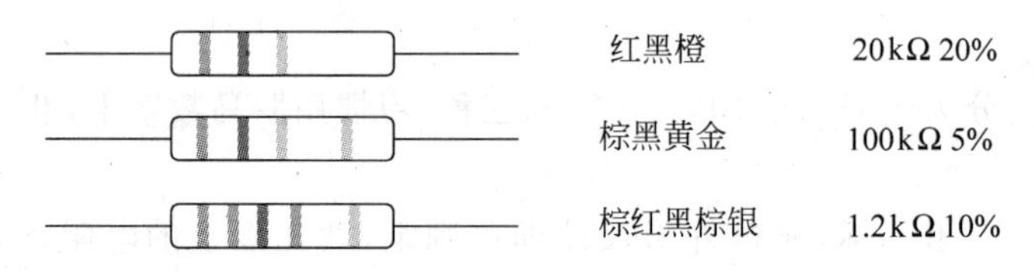

图 7-8 色环电阻读数示例图

例 1：红红棕金　表示阻值 $22\times10^1\Omega\pm5\%$　即 $220\Omega\pm5\%$

例 2：黄紫橙银　表示阻值 $47\times10^2\Omega\pm10\%$　即 $47k\Omega\pm10\%$

3. 数码表示法

数码表示法的读法如电容的数码表示法，只是单位为 Ω。

7.1.5 电阻的选用

电阻的种类很多，性能差异大。电阻的选用要根据电路的实际需要进行选择，要综合考虑工作环境、温度、噪声、精度、成本等诸因素。

7.1.6　电阻的测量

一般用万用表或者欧姆表对电阻进行测量，精确测量可以用电阻电桥。下面介绍用数字万用表测量电阻的方法。

(1) 将万用表的量程开关选择到电阻挡的适当挡位上(如果不能确定被测电阻的大小，可以选择电阻挡的最大量程，如果不合适再根据测量结果变换量程)。

(2) 两表笔分别接被测电阻的两端。

(3) 观察表的读数，完成测量。

测量时注意不要用手同时触及电阻的引线两端，以免将人体电阻并联至被测电阻上，影响测量的准确性。

7.2　电位器

电位器是一种连续可调的电阻元器件，对外有三个引出端，其两个为固定端，一个为滑动端，滑动端在两个固定端之间的电阻体上做机械运动，使其与固定端之间的电阻发生变化。在电路中，常用电位器来调节电阻值或电位(分压)。电位器的文字符号用 W 表示。

7.2.1　电位器符号

电位器的符号如图 7-9 所示。电位器的外形图如图 7-10 所示。

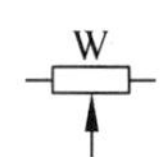

图 7-9　电位器的符号图

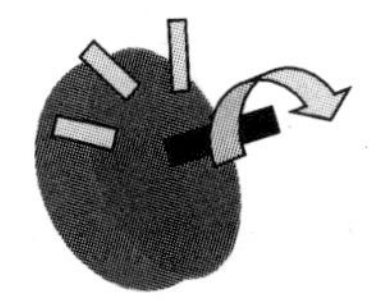

图 7-10　电位器外形图

7.2.2　电位器的分类

(1) 按材料分类：合金型、绕线型、金属筒型。

(2) 按用途分类：普通型、精密型、微调型、功率型、高频型、高压型、耐热型。

(3) 按结构特点分类：单圈、多圈；单联、多联；有止挡、无止挡；带推拉开关、带旋转开关；锁紧和非锁紧电位器等。

7.2.3　电位器的主要技术指标

对于一般的电位器来说主要的技术指标有标称值、额定功率、极限电压、阻值变化规律。其中前三项与电阻器的定义基本相同，下面具体解释一下阻值变化规律这个指标。阻值变化规律。指阻值随滑动片触点旋转角度(或滑动行程)之间的变化关系，这种变化关系可以是任何函数形式，常用的有直线式(线性变化)、对数式和反转对数式(指数式)。在使用中，直线式电位器适合于作分压器；反转对数式(指数式)电位器适合于作收音机、录音机、电唱机、电视机中的音量控制器。维修时若找不到同类品，可用直线式代替，但不宜用对数式代替。对数式电位器只适合于作音调控制等。电位器电流与电压的特性曲线如图 7-11 所示。

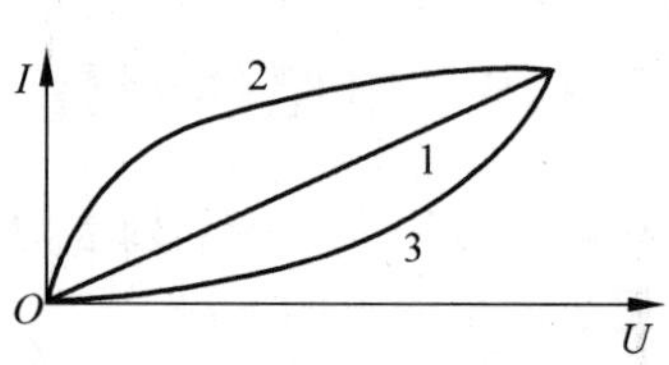

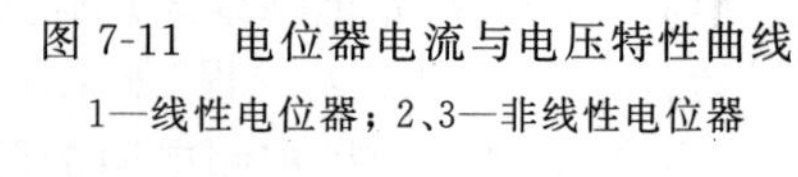
图 7-11 电位器电流与电压特性曲线
1—线性电位器；2、3—非线性电位器

7.2.4 电位器的测量

用万用表测量。

(1) 测量两固定端的电阻值看是否和标称值相符合。

(2) 测中心头到固定端的值看是否随着中心头滑动而阻值均匀变化。

(3) 如电位器上带有开关，接通时电阻值为零，断开时电阻值为无穷大，符合以上条件为好的，否则为坏的。

7.2.5 电位器的合理选用

电位器的规格品种很多，合理选用电位器不仅可以满足电路的要求，而且可以降低成本。大功率电路选用功率型线绕电位器；精密仪器等电路中应选用高精度线绕电位器、精密多圈电位器或金属玻璃釉电位器；中、高频电路可选用碳膜电位器；音响系统的音调控制可选用直滑式电位器；电源电路的基准电压调节应选用微调电位器；通讯设备和计算机中使用的电位器可选用贴片式多圈电位器或单圈电位器。

7.3 电容器

电容器是电工电子设备中大量使用的主要元器件之一，尤其是电子通讯、测量和控制设备中使用的非常广泛。它的基本结构是在两个金属极板中间夹有绝缘材料，在两个金属极板上分别引出导线。由于金属板上可以储存电荷，所以它具有隔离直流和分离各种交流频率的能力。理想的电容器是不消耗电能的。它们广泛应用于隔离直流、耦合交流、旁路、滤波、谐振回路调谐、能量转换、控制系统的延时等方面。电容器用 C 表示。

7.3.1 电容器的符号

图 7-12 是电容器的结构示意图。电容器常用的有以下几种，如图 7-13 所示。

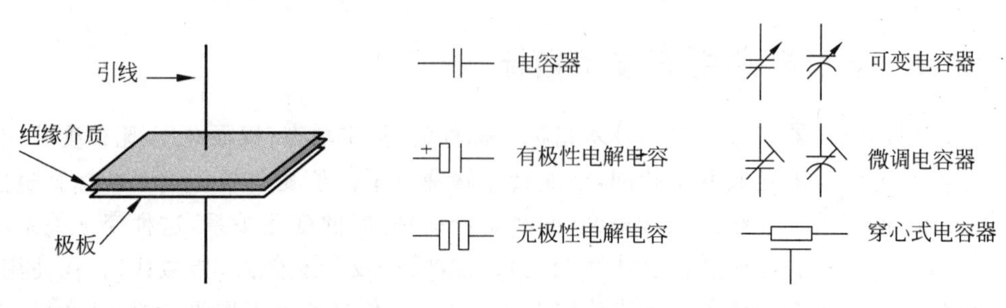

图 7-12 电容器结构示意图

图 7-13 电容器的符号

7.3.2　电容器的分类

电容器通常叫做电容。因电容的用途、结构及材料不同,电容的种类很多。

(1) 根据电容的结构和容量是否可调,可将电容分为 3 大类:固定电容、半可变(微调)电容、可变电容。

(2) 电容器的性能、结构用途等在很大程度上取决于电容器的介质,因此,电容器常以电解质来分类。分类如下。

① 有机介质(包括复合介质)电容器,如纸介电容器、塑料薄膜电容器、纸膜复合介质电容器、薄膜复合介质电容器等;

② 无机介质电容器,如云母电容器、玻璃釉电容器、陶瓷电容器等;

③ 气体介质电容器,如空气电容器、真空电容器、充气式电容器等;

④ 电解电容器,如铝电解电容器、钽电解电容器、铌电解电容器等。

7.3.3　电容器的技术参数

1. 标称容量及偏差

容量是电容器的基本参数,数值标在电容体上,不同类型的电容有不同系列的标称值。常用容量单位为法拉(F)、微法(μF)、皮法(pF),它们之间的关系是:$1\text{F}=10^6\mu\text{F}$,$1\mu\text{F}=10^6\text{pF}$。

容量的偏差值一般较大,大多在 5%以上,最大可达−10%~100%左右。表 7-3 是电容器标称值表,表 7-4 所示是钽、铌、铝电解电容的标称容量及偏差表。

表 7-3　电容器标称值表

<table>
<tr><th colspan="2">允许偏差</th><th rowspan="2">标　称　值</th></tr>
<tr><th>标称值</th><th>最大误差</th></tr>
<tr><td>E24</td><td>±5%</td><td>1.0、1.1、1.2、1.3、1.5、1.6、1.8、2.0、2.2、2.4、2.7、3.3、3.9、4.3、4.7、5.1、5.6、6.2、6.8、7.5、8.2、9.1</td></tr>
<tr><td>E12</td><td>±10%</td><td>1.0、1.2、1.5、1.8、2.2、2.7、3.3、3.9、4.7、5.6、6.8、8.2</td></tr>
<tr><td>E6</td><td>±20%</td><td>1.0、1.5、2.2、3.3、4.7、6.8</td></tr>
</table>

表 7-4　钽、铌、铝电解电容的标称容量及偏差表

<table>
<tr><th>标称容量</th><td>1</td><td>1.5</td><td>2</td><td>2.2</td><td>3</td><td>4.7</td><td>5</td><td>6.8</td></tr>
<tr><th>偏差</th><td colspan="2">±10%</td><td>± 20%</td><td colspan="3">+ 50%　　− 20%</td><td colspan="2">+ 100%　− 10%</td></tr>
</table>

说明:表中的数值再乘以 10^n,其中 n 为正整数或负整数。

2. 额定工作电压

额定工作电压是指电容器在规定的工作温度范围内,长期、可靠的工作所能承受的最高电压(又称耐压值)。它与电容器的结构、介质材料和介质的厚度有关。一般来说,对于结构、介质相同,容量相等的电容器,其耐压值越高,体积也越大。常用固定电容器的直流额定工作电压等级为 6.3V、10V、16V、25V、32V、50V、63V、100V、160V、250V、400V 等。额定

电压通常标在电容器上，选用时额定电压应高于电路中实际电压的1～2倍，电解电容应为1.5～2倍。

7.3.4 电容量的标识方法

容量单位的单位有F(法拉)、mF(毫法)、μF(微法)、nF(纳法)、pF(皮法)，常用单位为μF、nF和pF。

1. 直接法

将标称容量及偏差直接标在电容器上。用于体积小的电容时有以下规定：

(1) 遇小数点时，用m、μ、n、p代替小数点。

例如：1p2表示1.2pF；4n7表示4.7nF；3μ3表示3.3μF；2m2表示2200μF。

(2) 在没有单位的情况下，用大于1的三位数字为pF，小于1的三位数表示μF。

例如：0.22表示0.22μF；510表示510pF。

2. 数码表示法

一般用三位数字来表示容量的大小，单位为pF，前两位为有效数字，后一位表示倍率(即乘数)，但第三位乘数是9时，表示$\times10^{-1}$。

例如：

102　表示：$10\times10^2=1000$pF

223　表示：$22\times10^3=0.022$μF

474　表示：$47\times10^4=0.47$μF

159　表示：$15\times10^{-1}=1.5$pF

3. 色标法

电容器的色标法原则上与电阻色标法相同，单位为pF。

7.3.5 电容器的合理使用

电容器的种类很多，合理选用在产品设计中十分重要。在满足电路要求的前提下，要综合考虑体积、重量、成本、可靠性等各方面的因素。为了达到合理选用的目的应做到如下几点。

(1) 了解每个电容在电路中的作用，明确电路对电容器的要求。如耐压、频率、容量允许误差、介质损耗、工作环境、体积、价格等。

(2) 广泛收集产品目录，及时掌握市场信息，熟悉了解各类电容器的性能特点。

(3) 几点选用电容的经验：

① 一般在电路中用于低频耦合、旁路去耦等，电气性能要求不严格时可以采用纸介电容器、电解电容器等。

② 低频放大器的耦合电容器，选用1～22μF的电解电容器。

③ 旁路电容器根据电路工作频率来选，如在低频电路中，发射极旁路电容选用电解电容器，容量在10～220μF之间，在中频电路中可选用0.01～0.1μF的纸介、金属化纸介、有

机薄膜电容器等；在高频电路中，则应选用云母电容器和瓷介质电容器。

④ 在电源滤波和退耦电路中，可选用电解电容器。因为在这些场合中对电容器的要求不高，只要体积允许、容量足够就可以。

7.3.6　电容器的测量

测量电容器的容量要用电容表；有的数字万用表也带有电容挡，一般可以测量容量较大的电容器容量(微法级)。

可以使用指针万用表的电阻挡来检查电解电容的好坏。电解电容器的两根引线有正、负之分，在检查它的好坏时，对耐压较低的电解电容器(6V 或 10V)，电阻挡位应放在 R×100 或 R×1K 挡，把红表笔接电容器的负端，黑表笔接电容器的正端，这时万用表指针将摆动，然后恢复到零位或零位附近。这样的电解电容器是好的。电解电容器的容量越大，充电时间越长，指针摆动得也越慢。

7.4　电感器

电感器也是电工电子设备中大量使用的主要元器件之一。它是用漆包线在骨架上绕制而成的一种能储存磁场能量的电子元件，又称电感线圈。电感器的文字符号是 L，理想的电感器是不消耗电能的。它们广泛应用于阻断高频交流、耦合低频交流、滤波、陷波、谐振回路调谐、阻抗匹配等方面。如图 7-14 所示是电感器的基本结构图。

图 7-14　电感器的基本结构

7.4.1　电感器的分类

电感器的种类很多，可以按照以下标准分类。

(1) 按照电感量是否可调：分为固定电感和可变电感两种。

(2) 按其导磁性质：可以分成带磁芯(实心线圈)和不带磁芯(空心线圈)的电感器。

(3) 按工作性质：可以分为高频电感器(各种天线线圈、振荡线圈)和低频电感器(扼流圈、滤波线圈)。

7.4.2　电感器的主要参数

1. 电感量

电感量 L 也称做自感系数，是表示电感元件自感应能力的一种物理量。当通过一个线圈的磁通(即通过某一面积的磁力线数)发生变化时，线圈中便会产生电势，这是电磁感应现象。所产生的电势称感应电势，电势大小正比于磁通变化的速度和线圈匝数。L 的大小与线圈匝数、尺寸和导磁材料均有关，采用硅钢片或铁氧体作线圈铁芯，可以较小的匝数得到较大的电感量。

L 的基本单位为 H(亨)，实际用得较多的单位为 mH(毫亨)和 μH(微亨)，三者的换算关系如下：$1H=10^3mH=10^6\mu H$。

2. 品质因数(Q)

由于导线本身存在电阻值,由导线绕制的电感器也就存在电阻的一些特性,导致电能的消耗。Q值越高,表示这个电阻值越小,使电感越接近理想的电感,当然质量也就越好。中波收音机使用的振荡线圈的Q值一般为55～75。Q值越高,电路的损耗越小,效率越高,但Q值提高到一定程度后便会受到种种因素限制,而且许多电路对线圈Q值也没有很高的要求,所以具体决定Q值应视电路要求而定。

3. 分布电容

在互感线圈中,两线圈之间还会存在线圈与线圈间的匝间电容,称为分布电容。分布电容对高频信号将有很大影响,分布电容越小,电感器在高频工作时性能越好。

4. 额定电流

通常是指允许长时间通过电感元件的直流电流值。在选用电感元件时,若电路流过电流大于额定电流值,就需改用额定电流符合要求的其他型号电感器。

7.4.3 电感器的检测

普通的指针式万用表不具备专门测试电感器的挡位,使用这种万用表只能大致测量电感器的好坏。用指针式万用表的R×1Ω挡测量电感器的阻值,测其电阻值极小(一般为零)则说明电感器基本正常。若测量电阻为∞,则说明电感器已经开路损坏。对于具有金属外壳的电感器(如中周),若检测得振荡线圈的外壳(屏蔽罩)与各管脚之间的阻值,不是∞,而是有一定电阻值或为零,则说明该电感器存在问题。

采用具有电感挡的数字万用表来检测电感器是很方便的,将数字万用表量程开关拨至合适的电感挡,然后将电感器两个引脚与两个表笔相连即可从显示屏上显示出该电感器的电感量。若显示的电感量与标称电感量相近,则说明该电感器正常;若显示的电感量与标称值相差很多,则说明该电感器有问题。

需要说明的是,在检测电感器时,数字万用表的量程选择很重要,最好选择接近标称电感量的量程去测量,否则,测试的结果将会与实际值有很大的误差。

7.5 半导体分立元件

半导体是组成各种晶体管和集成电路的基础材料。各种晶体管和集成电路目前广泛应用于广播通讯、计算机、仪器仪表、自动控制设备、工农业生产、金融、航空航天等等。晶体管又是集成电路的基础元件。

7.5.1 半导体二极管

二极管是由半导体材料制成的,故叫半导体二极管,又称晶体二极管,其核心是一个PN结。

1. 半导体二极管的分类及符号

(1) 按照所用的半导体材料，可分为锗二极管(Ge管)和硅二极管(Si管)。

(2) 根据其不同用途，可分为检波二极管、整流二极管、稳压二极管、开关二极管、隔离二极管、肖特基二极管、发光二极管、硅功率开关二极管、旋转二极管等。

(3) 按照管芯结构，又可分为点接触型二极管、面接触型二极管及平面型二极管。

二极管的符号用D表示，二极管结构示意图如图7-15所示。

2. 二极管的单向导电性

由于二极管是由P型半导体和N型半导体组成，当电源的正极通过电阻接二极管的阳极，电源的负极接二极管的阴极时，则有电流通过二极管，此电流叫正向电流，二极管此时叫正向导通；反之，当电源的负极通过电阻接二极管的阳极，电源的正极接二极管的阴极时，则有极小的电流通过二极管，此电流叫反向电流，或叫漏电流，二极管此时处于反向截止状态。二极管的伏安特性曲线如图7-16所示。

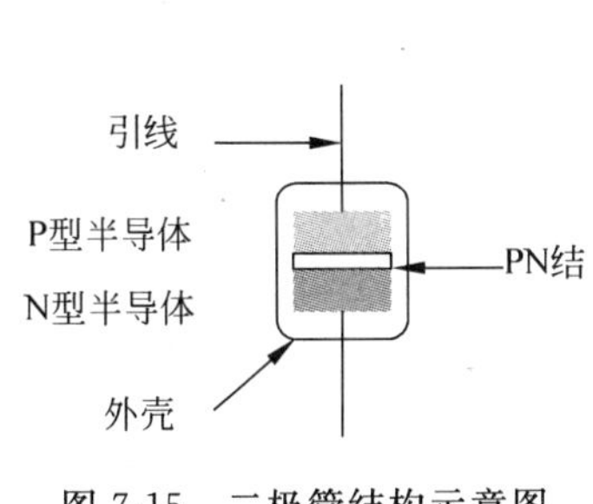

图7-15　二极管结构示意图

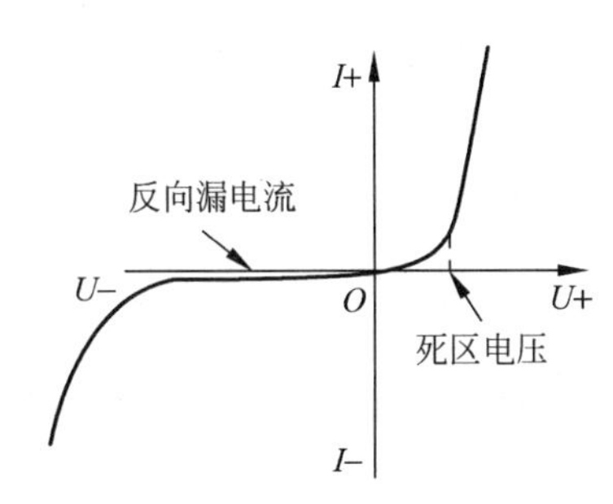

图7-16　二极管的伏安特性曲线

3. 二极管的主要参数

(1) 最大整流电流(I_F)

指二极管长期运行时允许通过的最大正向平均电流，它是由PN结的结面积和外界散热条件决定的。实际应用时，二极管的平均电流不能超过此值。

(2) 最大反向工作电压(U_R)

指二极管在使用时所允许加的最大反向电压，超过此值二极管就有反向击穿的危险。通常取反向击穿电压的一半作为U_R。

(3) 反向电流(I_R)

指二极管在为击穿时的反向电流值。此值越小，二极管的单向导电性越好。

(4) 最高工作频率(F_M)

主要由PN结的结电容大小决定，超过此值，二极管的单向导电性将不能很好的体现。

4. 二极管的简单测量

(1) 二极管极性及好坏的判别

将数字万用表的挡位拨到二极管挡位(即蜂鸣挡)，将正负表笔分别接在二极管的两端，如果显示无示数，则将正负表笔调换位置接在二极管的两端，这时如果万用表有示数，则正表笔接的一端为二极管的正极，负表笔接的一端是二极管的负极，该示数为二极管的节电压；如果仍然无示数，则该二极管已坏。

（2）二极管材料的判别

将数字万用表的挡位拨到二极管挡位（即蜂鸣挡），将正负表笔分别接在二极管的两端，观察读数，然后将正负表笔调换位置接在二极管的两端，再观察读数，如两次读数中有一次显示为 0.2XX～0.4XX 表示是锗管，如果显示的是 0.5XX～0.7XX 表示是硅管。

5. 二极管的选择

（1）要求导通电压低时选锗管；要求反向电流小时选硅管。

（2）要求导通电流大时选平面型；要求工作频率高时选点接触型。

（3）要求反向击穿电压高时选硅管。

7.5.2 半导体三极管

半导体三极管又称晶体三极管，简称三极管，它在电子电路中应用及其广泛，是收音机、彩色电视机、稳压电源等电器中不可缺少的一种电子器件。三极管有两个 PN 结，具有电流放大作用，可分为 NPN 型和 PNP 型两类。

1. 半导体三极管的结构及其分类

（1）三极管的符号及各极的名称，如图 7-17 与图 7-18 所示。

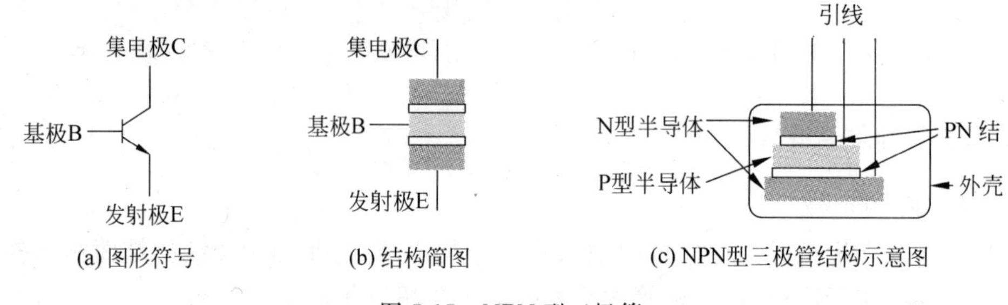

图 7-17 NPN 型三极管

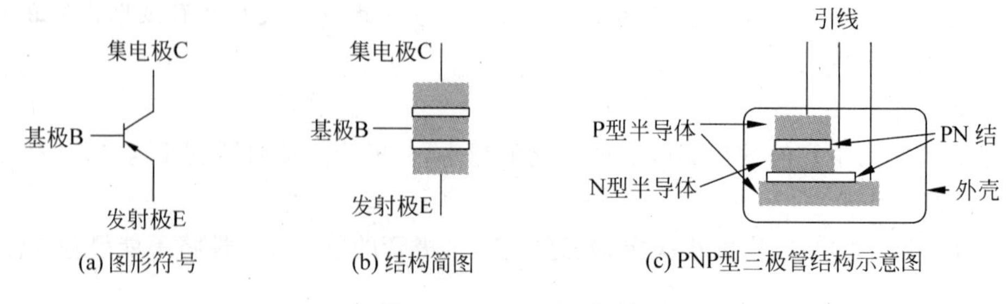

图 7-18 PNP 型三极管

（2）半导体三极管的种类很多，可以分为以下几类。

① 按半导体材料和导电极性来分有硅材料的 NPN 管、PNP 管和锗材料的 NPN 管和

PNP 管；

② 按半导体三极管耗散功率来分，有小功率三极管、中功率三极管和大功率三极管等；

③ 按半导体三极管的功能及用途可分为放大管、开关管、复合管（达林顿管）和高反压管等；

④ 若按半导体三极管的工作频率来分，则有低频管、高频管及超高频管等。

2. 三极管的主要参数

（1）集电极最大允许电流 I_{CM}

晶体管的集电极电流 I_C 在相当大的范围内 β 值基本保持不变，但当 I_C 的数值大到一定程度时，电流放大系数 β 值将下降。使 β 明显减少的 I_C 即为 I_{CM}。为了使三极管在放大电路中能正常工作，I_C 不应超过 I_{CM}。

（2）集电极最大耗散功率 P_{CM}

晶体管工作时、集电极电流在集电结上将产生热量，产生热量所消耗的功率就是集电极的功耗 P_{CM}。

（3）集-射间击穿电压 $U_{BR(CEO)}$

集-射间击穿电压是指基极开路时，加在集电极与发射极之间的最大允许电压。使用中如果管子两端的电压 $U_{CE}>U_{BR(CEO)}$，集电极电流 I_C 将急剧增大，这种现象称为击穿。管子击穿将造成三极管永久性的损坏。

（4）共发射极电流放大系数 $\beta_{(hfe)}$

当共射极放大电路有交流信号输入时，因交流信号的作用，必然会引起 I_B 的变化，相应的也会引起 I_C 的变化，两电流变化量的比称为共射交流电流放大系数 β。

（5）集-射间反向饱和电流 I_{CEO}

指基极开路时，集电极与发射极之间的反向电流，即穿透电流，穿透电流的大小受温度的影响较大，穿透电流小的管子热稳定性好。

3. 三极管的管脚判别

从图 7-19 所示的三极管结构简图可知，三极管的基极 B 与发射极 E 之间，基极 B 与集电极 C 之间就是一个 PN 结，也就是一个二极管。一般三极管的平面正对着自己，从左到右分别为 e、b、c，但具体三极管的管脚位置请参考其对应的数据手册。

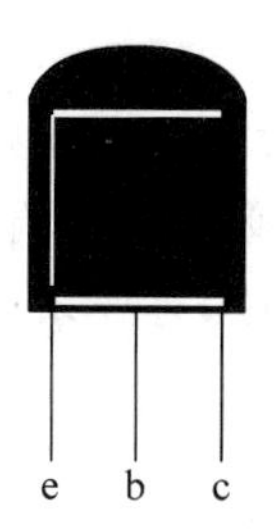

图 7-19　三极管基极判别用图

分离元件调幅收音机

8.1 无线电广播发射和接收概述

8.1.1 无线电广播

无线电广播是一种利用电磁波传播声音信号的手段。

广播电台播出节目是首先把声音通过话筒转换成音频电信号，经放大后被高频信号(载波)调制，这时高频载波信号的某一参量随着音频信号作相应的变化，使我们要传送的音频信号包含在高频载波信号之内，高频信号再经放大，然后高频电流流过天线时，形成无线电波向外发射。

图8-1所示是无线电广播发射机的原理框图。声音信号频率范围在0.3kHz到3.4kHz之间，其传输距离最远也就是几百米的距离。要想使声音信号传输的更远，就需要利用麦克之类的设备将声音信号变成电信号，然后经过调制，将调制后的声音信号发射出去。所谓调制，就是用音频或视频信号去控制载波，使载波的某一参数随着音频或视频信号的变化而变化。由于调制信号的载波频率都在几百千赫兹以上，因此传输距离就比较远。

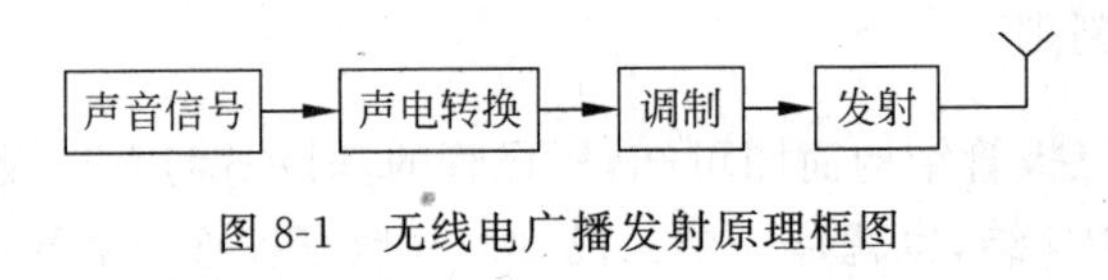

图8-1 无线电广播发射原理框图

8.1.2 调制的作用

声音信号都是一样的，如果不处理就向空中发射，则所有电台的声音信号将混在一起，将互相干扰变成杂音而无法接收。因此必须利用调制将不同信号调制不同频段上。

低频电磁波传输距离不如高频电磁波，且要求较长的发射天线。通过调制可以将低频信号变为高频信号。

8.1.3 信号的调制方式

调制方式分为：调幅(AM)、调频(FM)、调相(PM)。无线广播采用调幅和调频方式。

调幅：是使高频载波信号的振幅随调制信号的瞬时变化而变化。也就是说，通过用调制信号来改变高频信号的幅度大小，使得调制信号的信息包含入高频信号之中，通过天线把高频信号发射出去，然后就把调制信号也传播出去了。

调频：使载波的频率随调制信号电压的变化而变化的调制方式称为调频。

8.1.4 无线电广播的接收

无线广播的接收仪器为收音机。在晶体管收音机中，多采用磁性天线作为接收信号的天线。收音机将接收过来的电台信号进行放大、解调，从而还原原来的声音信号。所谓解调就是在接收端从已调制信号中取出原调制信号的过程。调幅收音机和调频收音机由于调制的方式不一样，因此解调的方式也就不同。

随着广播技术的发展，收音机也在不断更新换代。自 1920 年开发了无线电广播的半个多世纪中，收音机经历了电子管收音机、晶体管收音机、集成电路收音机的三代变化，功能日趋增多，质量日益提高。20 世纪 80 年代开始，收音机又朝着电路集成化、显示数字化、声音立体化、功能电脑化、结构小型化等方向发展。

8.2 超外差收音机原理

8.2.1 超外差式收音机综述

晶体管收音机分为直接放大式和超外差式两大类。与直接放大式相比较，超外差式收音机具有灵敏度高、工作稳定、选择性好和失真度小等优点，因而受到人们的欢迎。灵敏度、选择性、失真度都是收音机的主要性能指标。

灵敏度：是指收音机接收微弱信号的能力。

选择性：是指接收有用信号、抑制无用信号的能力，也就是分隔邻近电台的能力。

失真度：是指收音机输出信号波形与输入信号波形相对比，失真的程度。

由于直接放大式收音机的灵敏度比较低，只能接受本地区强信号的电台，接收远地电台的能力较弱，它的选择性差，接收相邻频率的电台信号时存在串台现象。所以为了提高灵敏度和选择性，就要采用超外差式收音机。

超外差式收音机的特点是它不直接放大广播信号，而是通过一个叫变频级的电路将接收的任何一个频率的广播电台信号变成一个固定中频信号（我国规定中频频率是 465kHz），由中频放大器进行放大，然后进行检波，得到音频信号，最后推动扬声器工作。其工作框图分别如图 8-2 和图 8-3 所示。

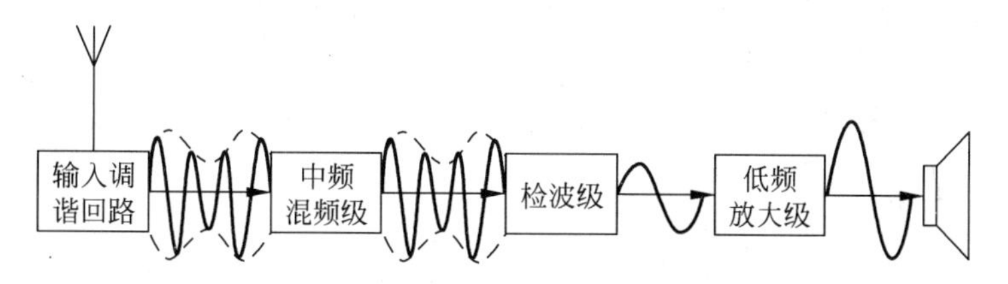

图 8-2 直接放大式收音机框图

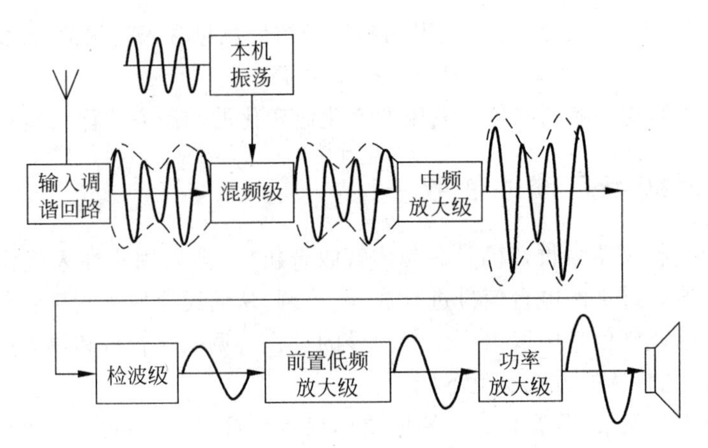

图 8-3 超外差式收音机框图

8.2.2 超外差收音机电路分析

了解了超外差式收音机工作的基本原理以后，下面以一种超外差式收音机为例，分析其电路的工作过程。所选收音机电路如图 8-4 所示。

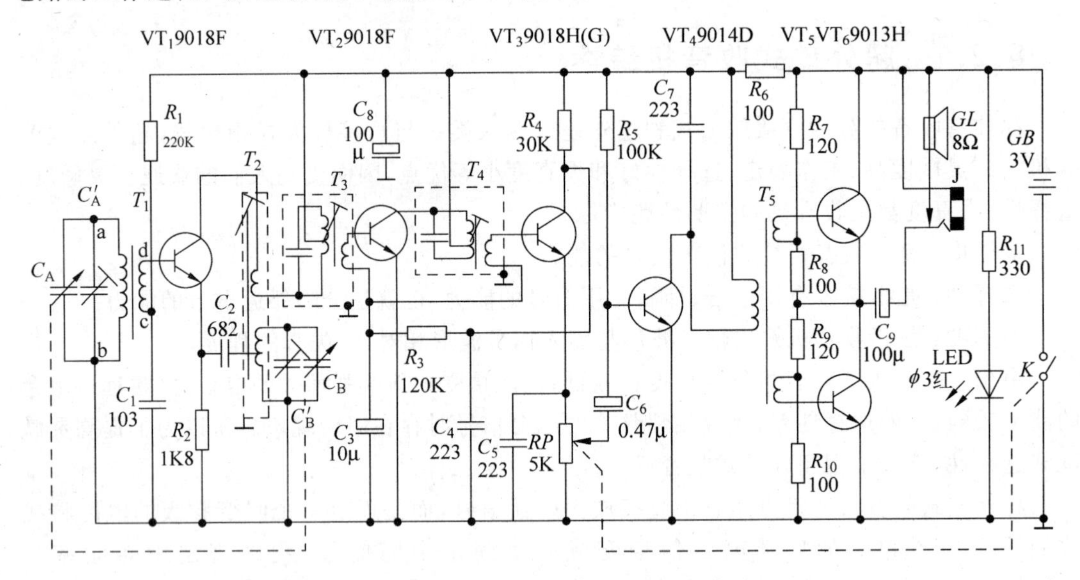

图 8-4 超外差收音机的工作原理电路图

根据超外差收音机的原理，我们可以将图 8-4 所示的电路分成以下几个部分：输入调谐电路、变频电路（包括本振电路、混频电路和选频电路）、中频放大（中放）电路、检波及 AGC 自动增益控制电路、低放级电路、功放级电路。

1. 输入调谐电路

输入调谐电路由双连可变电容器的 C_A 和 T_1 的初级线圈 L_{ab} 组成，如图 8-5 所示。是一个并联谐振电路，T_1 是磁性天线线圈，从天线接收进来的高频信号，通过输入调谐电路的谐振选出需要的电台信号，电台信号频率是 C_A，当改变 C_A 时，就能收到不同频率的电台信号。

2. 变频电路

本机振荡和混频合起来称为变频电路。变频电路是以 VT_1 为中心,它的作用是把从输入回路送来的调幅信号和本机振荡器产生的等幅信号一起送到变频级,经过变频级产生一个新的频率,这一新的频率恰好是输入信号频率和本振信号频率的差值,称为差频。例如,输入信号的频率是 535kHz,本振频率是 1000kHz,那么它们的差频就是 1000kHz－535kHz＝465kHz;当输入信号是 1605kHz 时,本机振荡频率也跟着升高,变成 2070kHz。也就是说,在超外差式收音机中,本机振荡的频率始终要比输入信号的频率高一个 465kHz。

如图 8-6 所示,T_2 的 L_3、L_4 与 C_B、C'_B 为串联振荡,产生比外部电台信号高 465kHz 的中频等幅信号。其原理是在接通电源的瞬间在冲击电流的作用下产生谐振并不断加强,最后达到稳定。在绕组 L_3 和晶体管 VT_1 的作用下形成正反馈效果,防止信号衰竭。此过程叫"自激振荡",调整好的收音机会自动完成。

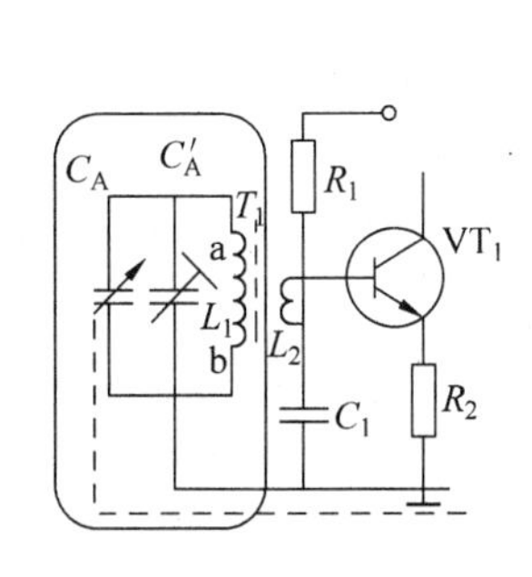

图 8-5 输入调谐电路

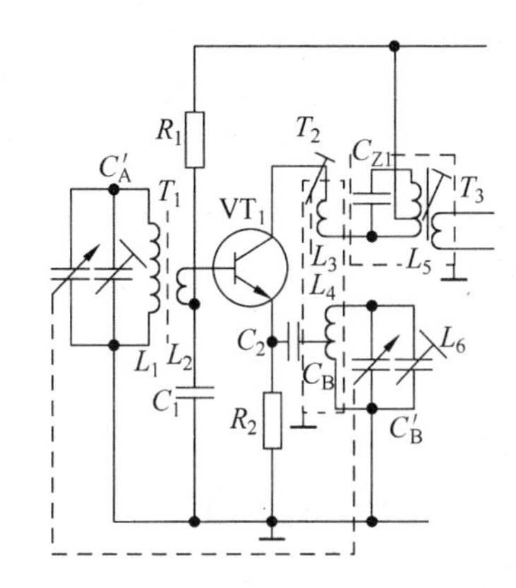

图 8-6 变频电路(本机振荡和混频电路)

电容 C_2 的作用是耦合 L_4 的中频等幅信号到 VT_1 的发射极,与基极输入信号形成混频。

变频是将接收下来的在收音机接收范围内的任意信号频率的高频信号都转变为一个固定的中频信号(465kHz),然后送到中频放大级去进行放大。这个在变频过程中新产生的差频比原来输入信号的频率要低,比音频却要高得多,因此我们把它叫做中频。不论原来输入信号的频率是多少,经过变频以后都变成一个固定的中频,然后再送到中频放大器继续放大,这是超外差式收音机的一个重要特点。以上三种频率之间的关系可以用下式表达:

本机振荡频率－输入信号频率＝中频频率

3. 中频放大电路

中频放大电路的组成如图 8-7 所示。它主要由 VT_2、T_3、T_4 组成的。用于放大中频信号的幅值,使之达到检波器所需的电平值。前级变频信号通过 T_3 的谐振滤波后为 465kHz 的中频载波信号,经 T_3 的耦合由 L_6 进入 VT_2 的基极进行中频

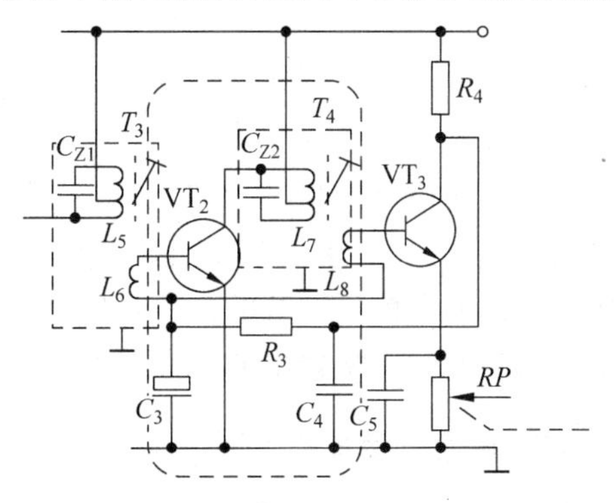

图 8-7 中频放大电路

放大,放大后的中频信号通过 T_4 输出。T_4 的 L_7 和 C_{Z2} 再次组成并联谐振电路,其作用仍然是滤掉杂波。

由于中频信号的频率固定不变而且比高频略低(我国规定调幅收音机的中频为465kHz),所以它比高频信号更容易调谐和放大。通常,中放级包括1~2级放大及2~3级调谐回路,与直放式收音机相比,超外差式收音机灵敏度和选择性都提高了许多。可以说,超外差式收音机的灵敏度和选择性在很大程度上就取决于中放级性能的好坏。

4. 检波和自动增益控制电路

经过中放后,中频信号进入检波级,检波级也要完成两个任务:一是在尽可能减小失真的前提下把中频调幅信号还原成音频。二是将检波后的直流分量送回到中放级,控制中放级的增益(即放大量),使该级不致发生削波失真,通常称为自动增益控制电路,简称AGC电路。

检波电路如图8-8中虚线部分所示。主要由 VT_3、RP、C_5 等组成,用于将低频(音频)信号从高频调制信号中分离(检出)出来,送到低频放大器进行放大。L_8 将高频调制信号送入 VT_3 的基极,通过 VT_3 的基-射结(二极管)将高频调制信号的负半周截掉,保留正半周信号;再经过电容 C_5 的滤波,这样就将音频信号分离(检出)出来,还原成音频信号,通过音量电位器送到低频放大器进行放大;即"解调"过程。

因 VT_3 为射极跟随器电路,它在此环节中除担任检波功能外,还具有电流放大和功率放大功能。

自动增益控制电路如图8-9所示,主要由 R_3、C_3、VT_2、VT_3 等组成。其作用是当电台信号发生强弱变化时,收音机输出的功率或电压几乎不变;在接受强电台时不致使后级的晶体管发生失真现象。

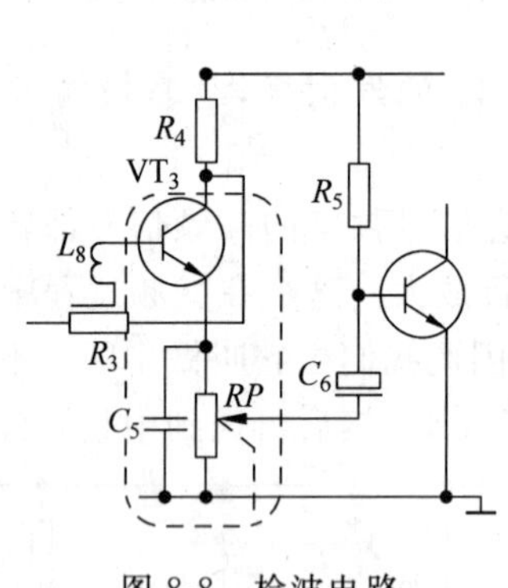

图8-8 检波电路

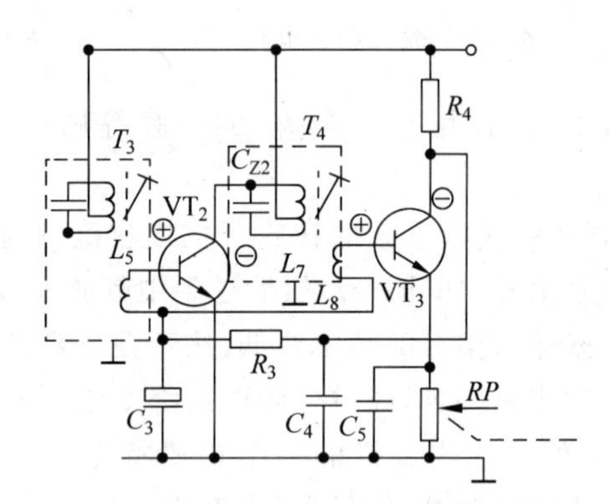

图8-9 自动增益控制电路

当电台信号增强时,VT_2 的基极为"+",因 VT_2 的"倒相"作用,其输出为"-";因 T_4 的同名端的关系,使 VT_3 的输入为"+",其输出为"-",通过 R_3 耦合到 VT_2 的输入端,削弱了它的输入信号。若电台信号减弱时,AGC电路对 VT_2 输入信号的减弱程度要小得多,基本达到使收音机输出的功率或电压几乎不变的功能。其本质是负反馈工作过程。

5. 前置低放电路

前置低频放大电路如图8-10虚线部分所示。检波滤波后的音频信号由电位器 RP 送

到前置低放管 VT_4，经过低放可将音频信号电压放大几十到几百倍，但是音频信号经过放大后带负载能力还很差，不能直接推动扬声器工作，还需进行功率放大。旋转电位器 RP 可以改变 VT_4 的基极对地的信号电压的大小，可达到控制音量的目的。

6. 功率放大器(OTL 电路)

功率放大器的电路如图 8-11 中虚线部分所示，主要由 T_5、R_7、R_8、R_9、R_{10}、VT_5、VT_6、C_9 等组成。作用是将低频信号进一步放大，使之产生足够的功率以使扬声器(喇叭)放出足够的音量。不仅要输出较大的电压，而且能够输出较大的电流。本电路采用无输出变压器功率放大器，可以消除输出变压器引起的失真和损耗，频率特性好，还可以减小放大器的体积和重量。

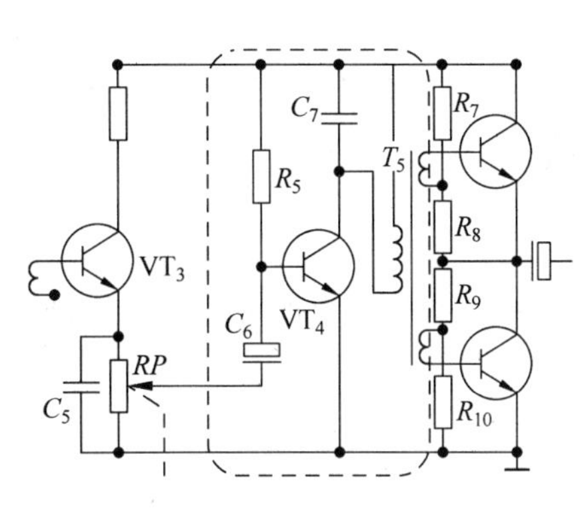

图 8-10 前置低频放大电路

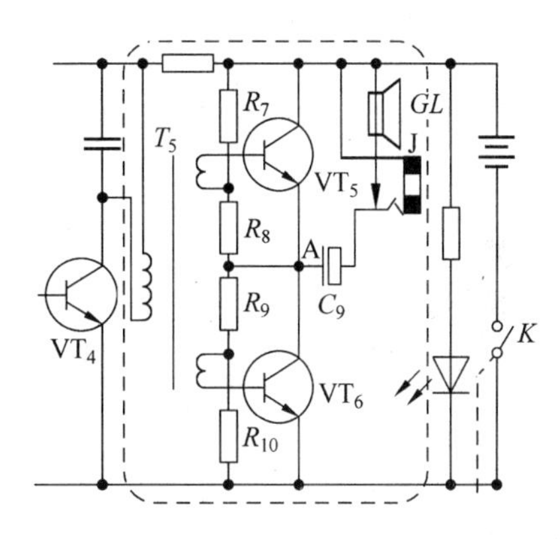

图 8-11 功率放大电路

因 T_5 具有两个匝数相同的副绕组，在 T_5 原绕组加一正弦波时，则在副绕组会有两个相同的正弦波分别加在 VT_5、VT_6 的输入端。因 VT_5、VT_6 均处在微导通状态，则正弦波的正半波时 VT_5 导通，VT_6 截止；当正弦波的负半波时 VT_5 截止，VT_6 导通；即在一个完整的正弦波作用于 VT_5、VT_6 的输入端时，它们各自轮流导通一次，在喇叭 GL 上合成为完整的正弦波。

VT_5、VT_6 组成同类型晶体管的推挽电路，R_7、R_8 和 R_9、R_{10} 分别是 VT_5、VT_6 的偏量电阻。变压器 T_5 做倒相耦合，C_9 是隔直电容，也是耦合电容。为了减少低频失真，电容 C_9 选得大些。无输出变压器的功率放大器的输出阻抗低，可以直接推动扬声器工作。

8.3 收音机的安装与焊接

8.3.1 安装前准备工作

(1) 整机电路分析，熟悉元件在印刷板上安装位置。

(2) 元器件焊接、安装(安装时应检查元器件的好坏)。

在焊接元器件之前，必须先检查元器件引脚是否有氧化现象，如果有，就必须把氧化层去掉，然后上锡；用万用表将各元件测量一下，做到心中有数；对三极管、中周必须测量其是否完好；对印刷电路板也要检查，看看有无断裂，或铜铂没腐蚀干净造成两条线路连接，必须把有问题的印刷电路板处理后才能插件、焊接，避免装配焊接后不必要的故障。

8.3.2 安装焊接注意事项

安装动手焊接前先装低矮或耐热的元件(如电阻)，然后再装大一点的元件(如三极管、中周、变压器)。

1. 电阻的安装

将电阻的阻值选择好后根据两孔的距离弯曲电阻脚可采用卧式紧贴电路板安装，也可以采用立式安装，高度要统一。

2. 瓷片电容和三极管的选择

脚剪的长度要适中，不要剪得太短，也不要留得太长，它们不要超过中周的高度。电解电容紧贴线路板立式安装焊接，太高会影响后盖的安装。

3. 磁棒线圈

四根引线头可以直接用电烙铁配合松香焊锡丝来回摩擦几次即可自动上锡，四个线头对应的焊在线路板的铜箔面。

4. 双联拔盘

由于调谐用的双联拨盘安装时离电路板很近，所以在它的圆周内的高出部分在焊接前先用斜口钳剪去，以免安装或调谐时有障碍，影响拨盘调谐的元件有 T_2 和 T_4 的引脚及接地焊片、双连的三个引出脚、电位器的开关脚。

5. 耳机插座的安装

焊接时速度要快一点以免烫坏插座的塑料部分。

6. 喇叭

喇叭安放挪位后再用电烙铁将周围的三个塑料桩子靠近喇叭边缘烫下去把喇叭压紧，以免喇叭松动。

8.3.3 易发生的错误

(1) 将电解电容器和发光二极管等有极性的元件焊反。电解电容器长脚为正极，短脚为负极，其外壳圆周上也标有“－”号，说明靠近“－”号的那根引线是负极。发光二极管的长脚为正极，短脚为负极，将管体透过光线来看，电极小那根引线是正极，另一个引线是负极。也可以用数字万用表二极管测试挡判断正负极。

(2) 中周、本振线圈弄混。本振线圈 T_2 的磁帽是红色，T_3 是第一中周磁帽是白色，T_4 是第二中周磁帽是黑色，它们之间千万不要弄混。

(3) 输入变压器 T_5 装反。T_5 的塑料骨架上有凸点的一边为初级，印刷板上也有圆点作为标记，将它们一一对应即可。

(4) 天线线圈焊接时未焊在端点处，如果焊在绝缘层上，将不会导电。

8.3.4 元件的焊接

(1) 在焊接前，烙铁应充分加热，达到焊接的要求。

(2) 用内含松香助焊剂的焊锡进行焊接，焊接时锡量应适中。

(3) 手各持烙铁、焊锡，从两侧先后依次各以 45°角接近所焊元器件管脚与焊盘铜箔交点处。待融化的焊锡均匀覆盖焊盘和元件管脚后，撤出焊锡并将烙铁头沿管脚向上撤出。待焊点冷却凝固后，剪掉多余的管脚引线。

(4) 每次焊接时间在保证焊接质量的基础上应尽量短(5s 左右)。时间太长，容易使焊盘铜箔脱落，时间太短，容易造成虚焊。

(5) 如果一次焊接不成功，应等冷却后再进行下一次焊接，以免烫坏印刷电路板造成铜铂脱皮。焊完后应反复检查有无虚、假、漏、错焊，有无拖锡短路造成的故障。

8.4 超外差收音机调试及故障检修

8.4.1 目测检查电路

检查电路，将安装好的收音机和电路原理图对照检查下列内容。

(1) 检查各级晶体管的型号，安装位置和管脚是否正确。

(2) 检查各级中周的安装顺序，初次级的引出线是否正确。

(3) 检查电解电容的引线正、负接法是否正确。

(4) 分段绕制的磁性天线线圈的初次级安装位置是否正确。

1. 收音机故障检修的一般方法

检修收音机是一项细致的工作，不仅要了解故障的特征和原因，而且要从现象入手追踪，找出故障部位与故障元件，才能达到修复的目的。为求修理快捷，必须掌握实用的检修方法和技巧。只有这样，收音机出了故障，不管故障原因多么错综复杂，也是不难排除的。

收音机产生故障的原因很多。某些元件变质失效，某线路开路或短路，机内有假焊以及环境温度的显著变化等，都是造成故障的原因。如何尽快找出故障所在，最好先了解一下发生故障前后的情况，看一看说明书，了解一下电路结构各元器件在电路中的作用，分析一下可能产生故障的原因，然后进行具体检查。如同医生看病一样，要先了解病、检查和诊断，然后对症下药，才能有效解决问题。所以，检修收音机亦要掌握一般的检修原则与步骤，这是修理中的一个关键性环节。检修一般按下列原则进行。

1) 先外后内，由表及里

拿到一部有故障的收音机，应先从外表上检查，看是否有机壳摔坏、度盘指针、接插件损坏或接触不良、磁棒断裂等等。然后，要根据其故障现象，如“无声”、有“沙沙”杂声而收不到电台、啸叫、失真、阻塞等，来初步分析可能是什么毛病，然后动手查电路、元件，这样能克服盲目性，提高检修效率。

2）先易后难

检修收音机也如同做“考卷”，先从容易的地方入手，如检查电源线、耳机插座接触点是否良好，元件是否相碰、引线是否断线等。

3）先粗后细，逐步缩小范围

首先粗略找出故障部分，然后逐步缩小包围圈，最后找出故障元件。例如，先找出是低频部分还是高频部分出毛病，若是低频部分，再找出前置级还是功放级，若是功放级，再找出是放音器件扬声器、耳机还是输出放大电路。这样逐步缩小范围，直到查出某一故障元件。

以上说的只不过是一般原则。对于有些故障，并不一定死板地一步一步缩小范围，而可根据经验和理论分析，灵活处理。

2. 检修的基本方法与技巧

检修的方法很多，而且根据维修人员的经验还可以自创，这里就常用的方法和技巧进行介绍。

1）直观检查法

直观检查法是最简单的，也是最初步故障检查方法，有时可以直接把故障找出来，至少发现问题的端倪。直观检查的主要内容包括，看电池夹弹簧及接触有无生锈、外接电源插座、耳机插孔等各接触点是否接触好、元件有无断脚、相碰、焊点有无松动、假焊、印刷板线路有无开裂以及调台度盘是否良好等。

2）电压测量法

电压测量是检修收音机和其他电器常用的方法，实际上又分为直流电压测量和交流电压测量。前者可以检查电路的供电、工作点是否正常，后者可检查信号幅度、增益大小。晶体管收音机的电源大都采用干电池供电，如果供电电路有某一个地方不畅通，立刻就会发生故障。所以通常把检查供电系统作为检查收音机故障的第一步。在进行电压检查时，一般都把电源开关断开，再用万用表直流挡测量电池的开路电压。如果测出的电压为零，则说明各电池之间或接线断线，应分别加以检查。如果电压正常，则可将电源开关接通再测，若此时电压低于额定值的2/3，为进一步分析电路的故障，可换上新电池再进行测量。倘若新电池换上电池电压大降(正常只降低1%左右)，则表明机内存在短路性故障。

在电源电压正常的情况下，再检查各级工作电压偏置电压，三极管集电极电压一般较高，这是因为要给其提供较大的反向偏置电压，而基极和发射极电压较低，一般锗管 V_{be} 约0.3V，硅管 V_{be} 约0.7V，这是较小的正向偏置电压，也是静态工作点。通过电压测试，可以大致找出故障所在。

3）电流测量法

前面所述电压测量法可以大致确定故障部位，但是对于电压变化甚微的故障却无能为力，比如工作点的漂移，电池用旧后的总电流变化(事实上电压并不降低)等，用电压法检查是不准确的。电流测量法就能弥补电压测量法的缺陷，对于上述故障，可通过测收音机的总电流来初步判断。一般正常工作的收音机静态电流不超过25mA，若超过40mA或更大，说明机内存在短路性故障；如果电流很小，则表明机内存在开路性故障。

4）电阻测量法

电阻测量法是检修实践中采用得较多的一种方法，它不仅可以对元器件的断路、短路、变质和电路的通、断进行判别，而且对其他方法找出的或怀疑的元器件，最终要用电阻测量来判定，所以此法应用十分广泛。

5）干扰追踪法

所谓干扰追踪法就是利用人体脉冲在各放大级注入，根据扬声器中的“喀喀”声来判断故障部位。因为施用这种方法时是逐级进行的，所以将其命名为“追踪法”。该法是手握改锥的金属部分，去碰触电路中各放大管的基极、集电极以及其他测试点，如果碰触点以后的电路良好，在扬声器中应有“喀喀”声。用此法检查时通常是由后级往前级进行，正常机越往前碰触“喀喀”声越大，否则电路存在异常，故障点一般在触及处本级电路或后一级电路。当然此法也可以灵活运用，有经验的维修人员只需碰触几个关键点即可以判断故障所在部位。在实际检修中，为方便起见，一般采用万用表直流电压挡碰触，利用电压挡的内阻，既检测了电压又注入了干扰信号，能一举两得、起到事半功倍的检查效果。

6）信号注入法

干扰法虽能起到简便、快捷的作用，但对某些失调性故障和软故障则无能为力，信号注入法恰能填补这种缺陷。信号注入法是利用信号发生器产生的400Hz或1000Hz的低频调制信号在各放大级注入，以检查电路的工作情况。还可利用其产生的465kHz的信号来调节中周频率。

采用信号注入法检查时，一般是由后往前，即由低频放大级逐级往前进行检查。当低频、高频信号注入某放大级时，正常的收音机扬声器中应发出清楚的低频叫声或高频叫声，否则注入点以后电路有问题，逐级注入信号可以快捷找出故障所在。信号注入点一般选择放大级三极管的基极和集电极，也可以视其信号流程而灵活运用。

7）切断分隔法

切断分隔法就是将所怀疑的电路切断，以使整机电流恢复正常来鉴别故障所在部位。这是检查判断短路性故障的妙法，可以收到简便、迅速的检查效果。假如一台收音机测得整机电流超过了额定值，可用切断法先切断一半电路，即把电源非接地线切断，使低放部分与高、中放部分分开，如果整机电流降到比正常值小2mA左右，说明低放、功放电路正常，可以初步判断故障在前面的中放或变频级，反之在低放或功放级。为了进一步找出故障部位，再将中放级与变频级或低放级与功放级断开。此时，应将第一次断开的电路接通，逐渐缩小范围，能够较准确、迅速地找出故障所在。

总之，检查方法与技巧较多，除上述以外，还有“代换替代法”、“人为截止法”等，只要熟练掌握，并通过恰当的应用和逻辑分析，无论多么复杂的故障，都能迎刃而解。

8.4.2 超外差式收音机调试步骤

（1）通电前把直流稳压电源的电压调到3V或者安装好2节5号电池。

（2）把电位器开关闭合，用万用表测收音机整机电阻值正、反向电阻420Ω左右。这主要是R_7、R_8、R_9、R_{10}以及输入变压器的付边串联而成，如果太大，考虑是否电阻装错或者输入变压器装反。

（3）测量电流，将电位器开关打开。加上电源，将万用表调到直流20mA挡，将表笔跨接在电位器开关的两端(黑表笔接电源负极,红表笔接开关的另一端)。测的电流小于25mA,说明可以通电。否则检查有无短路或接错的地方。

(4) 测量各测试点电流大约:A点电流0.4mA;B点电流0.7mA;C点电流8mA;D点电流4mA。以上测试为收音机静态电流,要求收音机开关刚打开即可,选台拨轮调到频率最低处。

(5) 如果各个测试点电流不符合要求,则需要分析相应电路的工作情况,判断是安装错误还是元器件的问题。如果电流符合要求,则用焊锡连接上各个测试点,此时收音机应该能够听到电台的声音。

(6) 如仍收不到电台声,一般可能是停振或天线线圈有故障。停振故障一般是由于本振变压器的绕组出现断路的情况,可以用万用表测量本振线圈的通断。检查天线线圈故障的方法是用万用表测其电阻,长线圈 L_1 阻值大约为10Ω左右,短线圈 L_2 的阻值是1Ω左右,如符合即正常,否则有故障。

(7) 调中周变压器

① 调整的原因。由于和中周变压器并联的电容器的容量总存在误差,机内的布线也存在着不同的分布电容,这些都会引起中周变压器的失谐,所以要进行调整。

② 调整的方法。把高频信号发生器调到465kHz上,双连电容逆时针旋到头,然后调 T_4(黑色)、T_3(白色)两个中周,反复调几次,达到收音机喇叭声音最响为止。

(8) 调整频率范围

① 调整的原因。收音机中波段频率范围一般规定在525～1605kHz。它是通过双连电容从容量最大到容量最小来实现这种连续调谐的,为了满足上述的要求所以必须调频率范围。

② 调整的方法。把高频信号发生器调到525kHz,刻度盘指针指向525kHz左右,调本振线圈 T_2(红色)使喇叭声最大为止。然后高频信号发生器调到1605kHz,刻度盘指针指向1605kHz左右,调 C_A'(即和振荡连并联的半可变电容),使其声音最大为止。

(9) 三点统调

① 统调的原因。从理论上讲,中波收音机从525～1605kHz的范围内,振荡频率和外部电台频率之差各点都应该是465kHz,但实际上是很难做到的,为了使整个波段内都能做到基本同步,经过大量实验证明,只要把600kHz,1000kHz,1500kHz这三点调准就可以了,所以要进行三点统调。

② 调整方法。把高频信号发生器调到600kHz,收音机调到600kHz的刻度左右,收到信号后调天线线圈在磁棒上的位置,使其声音最大为止。然后,把高频信号发生器调到1500kHz,收音机调到1500kHz的刻度上,收到信号后调 C_B'(和调谐连并联的半可变电容)使其声音最大为止。

第9章 印刷电路板快速制作

印刷电路板，又称印制电路板、印刷线路板，英文简称 PCB(Printed Circuit Board)或 PWB(Printed Wiring Board)。以绝缘板为基材，切成一定尺寸，其上至少附有一个导电图形，并布有孔(如元件孔、紧固孔、金属化孔等)，用来代替以往装置电子元器件的底盘，并实现电子元器件之间的相互连接。由于这种板是采用电子印刷术制作的，故被称为“印刷”电路板。

根据电路层数分类：分为单面板、双面板和多层板。常见的多层板一般为 4 层板或 6 层板，复杂的多层板可达十几层。根据软硬进行分类：分为普通电路板和柔性电路板。

印刷电路板几乎我们能见到的电子设备都离不开它，小到电子手表、计算器、通用电脑，大到计算机、通迅电子设备、军用武器系统，只要有集成电路等电子元器件，它们之间电气互连都要用到印刷电路板。它提供集成电路等各种电子元器件固定装配的机械支撑、实现集成电路等各种电子元器件之间的布线和电气连接或电绝缘、提供所要求的电气特性，如特性阻抗等。同时为自动锡焊提供阻焊图形；为元器件插装、检查、维修提供识别字符和图形。

9.1 印刷电路板制作的一般方法

印刷电路板制作根据不同的技术可分为消除和增加两大类。

9.1.1 减去法

减去法，是利用化学品或机械将空白的电路板(即铺有完整一块的金属箔的电路板)上不需要的地方除去，余下的地方便是所需要的电路。这是普遍采用的方式。PCB 板的基板是由不易弯曲的绝缘材料所制作成。在表面可以看到的粗细不一的线路材料是铜箔，原本铜箔是覆盖在整个板子上的，而在制造过程中部分被蚀刻处理掉，留下来的部分就变成网状的细小线路了。这些线路被称做导线或称布线，并用来提供 PCB 上电子元器件的电路连接。

PCB 单面板的正反面分别被称为器件面与焊接面，板上有大小不一的钻孔，一般来说，电子元器件是穿过钻孔被焊接在 PCB 板上。工业用的 PCB 板上的绿色或是棕色，是阻焊漆(Solder Mask)的颜色。这层是绝缘的防护层，可以保护铜线，也可以防止零件被焊到不正确的地方。

用来制作电路板的铜板的专业名称为：敷(覆)铜板，通常是由1～2mm厚的环氧树脂板或纸板等绝缘且有一定强度和方便加工的材料构成基板，并在基板上覆上一层0.1mm左右的铜箔而成，如果只有一面覆有铜箔，就叫单面敷铜板，如果两面都有铜箔，就叫双面敷铜板。

当前流行电路板的材料是FR-4，厚度是0.062in(1.6mm)，敷铜厚度一般用未经切割的电路板上敷铜的质量来表示，通常有0.5盎司，1.0盎司，1.5盎司，对于手刻板来讲，通常用1.0盎司，太薄或太厚，都会给制作带来困难。

减去法一般包括蚀刻法和雕刻法。蚀刻法主要是利用化学药品将电路板基板上不需要的铜去掉。蚀刻法又分为丝网印刷法和感光法。

(1) 丝网印刷法。即把预先设计好的电路图制成丝网遮罩，丝网上不需要的电路部分会被蜡或者不透水的物料覆盖，然后把丝网遮罩放到空白线路板上面，再在丝网上油上不会被腐蚀的保护剂，然后把线路板放到腐蚀液中，没有被保护剂遮住的部分便会被蚀走，最后把保护剂清理。

(2) 感光法。先把预先设计好的电路图制在透光的胶片遮罩上(最简单的做法就是用打印机印出来的投影片)，同理应把需要的部分印成不透明的颜色，再在空白线路板上涂上感光颜料，将预备好的胶片遮罩放在电路板上照射强光数分钟，除去遮罩后用显影剂把电路板上的图案显示出来，最后如同用丝网印刷的方法一样把电路腐蚀。

(3) 雕刻法。利用铣床或雷射雕刻机直接把基板上不需要的部分除去。在单件试制或者业余条件下可以快速出版。

9.1.2 加成法

加成法，现在普遍是在一块预先镀上薄铜的基板上，覆盖光阻剂，经紫外光曝光再显影，把需要的地方露出，然后利用电镀把线路板上正式线路铜厚增厚到所需要的规格，再镀上一层抗蚀刻阻剂——金属薄锡，最后除去光阻剂(这制程称为去膜)，再把光阻剂下的铜箔层蚀刻掉。

9.1.3 积层法

积层法是制作多层印刷电路板的方法之一。它是在制作内层后才包上外层，再把外层用减去法或加成法处理。不断重复积层法的动作，可以得到更多层的多层印刷电路板则为顺序积层法。

9.2 工业制板过程

9.2.1 工业制板流程简介

工业制板根据所做电路板的层数不同，工艺上也不尽相同。下面简单介绍一下各种方法的流程。

1. 单面刚性印制板

单面覆铜板→下料→(刷洗、干燥)→钻孔或冲孔→网印线路抗蚀刻图形或使用干膜→

固化检查修板→蚀刻铜→去抗蚀印料、干燥→刷洗、干燥→网印阻焊图形(常用绿油)、UV固化→网印字符标记图形、UV固化→预热、冲孔及外形→电气开、短路测试→刷洗、干燥→预涂助焊防氧化剂(干燥)或喷锡热风整平→检验包装→成品出厂。

2. 双面刚性印制板

双面覆铜板→下料→叠板→数控钻导通孔→检验、去毛刺刷洗→化学镀薄铜(导通孔金属化)→电镀薄铜(全板电镀薄铜)→检验刷洗→网印负性电路图形→固化(干膜或湿膜、曝光、显影)→检验、修板→线路图形电镀→电镀锡(抗蚀镍/金)→去印料(感光膜)→蚀刻铜→(退锡)→清洁刷洗→网印阻焊图形,常用热固化绿油(贴感光干膜或湿膜、曝光、显影、热固化,常用感光热固化绿油)→清洗、干燥→网印标记字符图形、固化→(喷锡或有机保焊膜)→外形加工→清洗、干燥→电气通断检测→检验包装→成品出厂。

3. 贯通孔金属化法(制造多层板)

内层覆铜板双面开料→刷洗→钻定位孔→贴光致抗蚀干膜或涂覆光致抗蚀剂→曝光→显影→蚀刻与去膜→内层粗化、去氧化→内层检查→(外层单面覆铜板线路制作、B-阶黏结片、板材黏结片检查、钻定位孔)→层压→数控制钻孔→孔检查→孔前处理与化学镀铜→全板镀薄铜→镀层检查→贴光致耐电镀干膜或涂覆光致耐电镀剂→面层底板曝光→显影、修板→线路图形电镀→电镀锡铅合金或镍/金镀→去膜与蚀刻→检查→网印阻焊图形或光致阻焊图形→印制字符图形→(热风整平或有机保焊膜)→数控洗外形→清洗、干燥→电气通断检测→成品检查→包装出厂。

从工艺流程图可以看出多层板工艺是从双面孔金属化工艺基础上发展起来的。它除了继承双面工艺外,还有几个独特内容:金属化孔内层互连、钻孔与去环氧钻污、定位系统、层压、专用材料。

9.2.2 四层PCB板制作过程

1. 化学清洗

为得到良好质量的蚀刻图形,就要确保抗蚀层与基板表面牢固地结合,要求基板表面无氧化层、油污、灰尘、指印以及其他的污物,如图9-1所示。因此在涂覆抗蚀层前首先要对板进行表面清洗并使铜箔表面达到一定的粗化程度。

内层板材:开始做四层板时,内层(第二层和第三层)是必须先做的。内层板材是由玻璃纤维和环氧树脂基复合在上下表面的铜薄板。

2. 裁板压膜

涂光刻胶:为了在内层板材作出我们需要的形状,我们首先在内层板材上贴上干膜(光刻胶,光致抗蚀剂)。干膜是由聚酯薄膜,光致抗蚀膜及聚乙烯保护膜三部分组成的。贴膜时,先从干膜上剥下聚乙烯保护膜,然后在加热加压的条件下将干膜粘贴在铜面上(如图9-2所示)。

图 9-1 基板示意图

图 9-2 压膜示意图

3. 曝光和显影

曝光：在紫外光的照射下，光引发剂吸收了光能分解成游离基，游离基再引发光聚合单体产生聚合交联反应，反应后形成不溶于稀碱溶液的高分子结构。聚合反应还要持续一段时间，为保证工艺的稳定性，曝光后不要立即撕去聚酯膜，应停留 15 分钟以上，以使聚合反应继续进行，显影前撕去聚酯膜。

显影：感光膜中未曝光部分的活性基团与稀碱溶液反应生产可溶性物质而溶解下来，留下已感光交联固化的图形部分。

曝光和显影如图 9-3 所示。

4. 蚀刻

在挠性印制板或印制板的生产过程中，以化学反应方法将不要部分的铜箔予以去除，使之形成所需的回路图形，光刻胶下方的铜是被保留下来不受蚀刻的影响的。蚀刻后如图 9-4 所示。

图 9-3 曝光和显影后示意图

图 9-4 蚀刻后示意图

5. 去膜，蚀后冲孔，AOI 检查，氧化

去膜的目的是清除蚀刻后板面留存的抗蚀层使下面的铜箔暴露出来。“膜渣”过滤以及废液回收则须妥善处理。如果去膜后的水洗能完全清洗干净，则可以考虑不做酸洗。板面清洗后最后要完全干燥，避免水分残留。处理后如图 9-5 所示。

AOI(自动光学检测)，通过光学扫描出 PCB 图像，然后与标准板(CAM 资料)比较，找出 PCB 上的图形缺点。

6. 叠板和保护膜胶片

进压合机之前，需将各多层板使用原料准备好，以便叠板作业，除已氧化处理之内层外，尚需保护膜胶片环氧树脂浸渍玻璃纤维。叠片的作用是按一定的次序将覆有保护膜的板子叠放起来并置于二层钢板之间。处理后如图 9-6 所示。

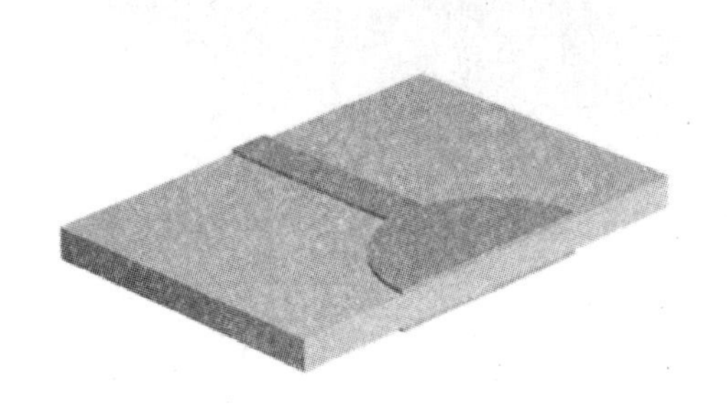

图 9-5 处理后的示意图

图 9-6 叠板处理后示意图

7. 铜箔、叠板和真空层压

给目前的内层板材再在两侧都覆盖一层铜箔，然后进行多层加压(在固定的时间内需要测量温度和压力的挤压)完成后冷却到室温，剩下的就是一个多层合在一起的板材了，如图 9-7 所示。

8. CNC 钻孔

在内层精确的条件下，数控钻孔根据模式钻孔。钻孔精度要求很高，以确保孔是在正确位置，如图 9-8 所示。

图 9-7 多层合在一起板材示意图

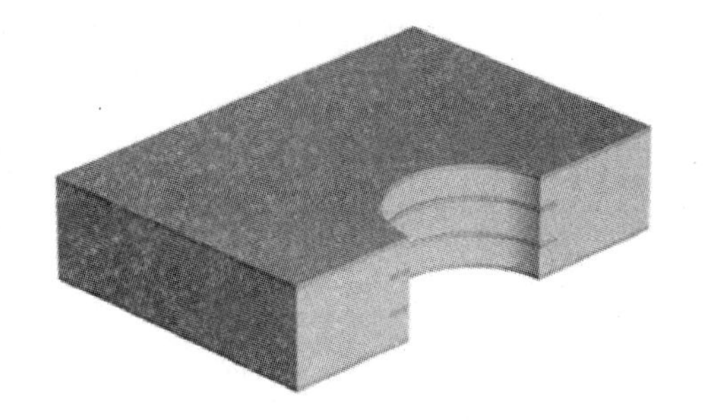

图 9-8 钻孔后示意图

9. 电镀和通孔

为了使通孔能在各层之间导通(使孔壁上之非导体部分之树脂及玻纤束进行金属化)，在孔中必须填充铜。在孔中镀薄薄一层铜，这个过程完全是化学反应。最终镀的铜厚为 50 英寸的百万分之一，如图 9-9 所示。

10. 裁板和压膜

涂光刻胶：在电路板外层涂光刻胶，如图 9-10 所示。

11. 曝光和显影

外层曝光和显影如图 9-11 所示。

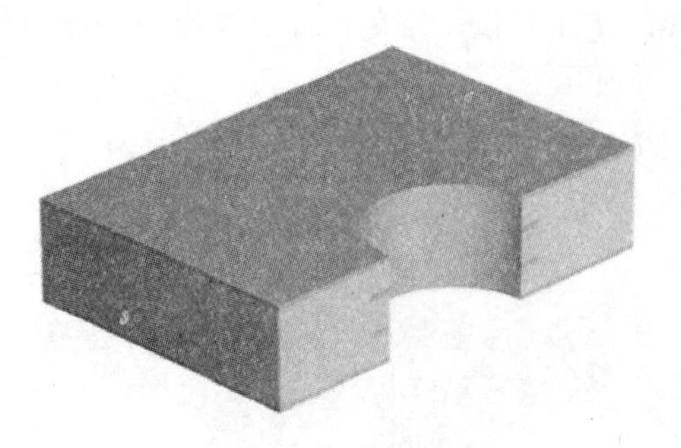

图 9-9 电镀后示意图

图 9-10 涂光刻胶示意图

12. 线路电镀

线路电镀也称为二次镀铜，主要目的是加厚线路铜和通孔铜厚，如图 9-12 所示。

图 9-11 曝光和显影后示意图

图 9-12 镀铜后示意图

13. 电镀锡

其主要目的是蚀刻阻剂，保护其所覆盖的铜导体不会在碱性蚀铜时受到攻击(保护所有铜线路和通孔内部)。

14. 去膜

去膜需要用化学方法，使表面的铜被暴露出来，如图 9-13 所示。

15. 蚀刻

蚀刻的目的是使镀锡部分保护下面的铜箔，如图 9-14 所示。

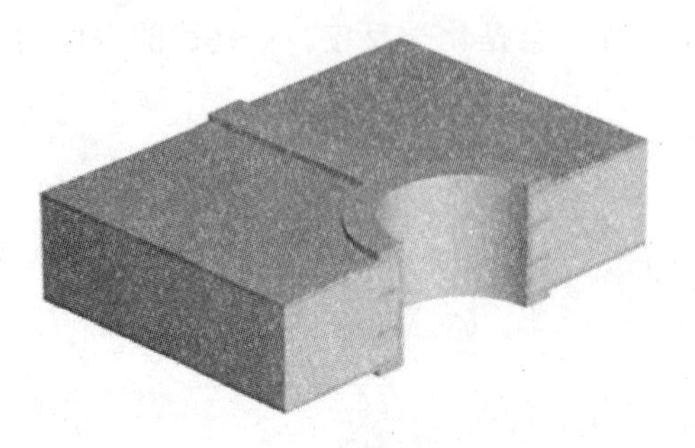

图 9-13 去膜后示意图

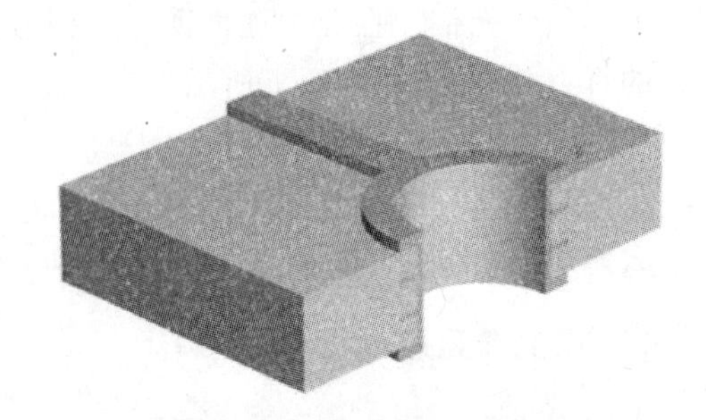

图 9-14 蚀刻后示意图

16. 预硬化、曝光、显影、上阻焊

阻焊层，是为了把焊盘露出来用的，也就是通常说的绿油层，实际上就是在绿油层上挖孔，把焊盘等不需要绿油盖住的地方露出来。适当清洗可以得到合适的表面特征，如图 9-15所示。

17. 表面处理

表面处理包括热风整平，沉银，有机保焊剂，化学镍金以及金手指过程。

热风整平焊料涂覆 HAL(俗称喷锡)过程是先把印制板上浸上助焊剂，随后在熔融焊料里浸涂，然后从两片风刀之间通过，用风刀中的热压缩空气把印制板上的多余焊料吹掉，同时排除金属孔内的多余焊料，从而得到一个光亮、平整、均匀的焊料涂层。

金手指(Gold Finger 或称 Edge Connector)设计的目的，是在于连接器的插接作为板对外连络的出口，须要金手指过程。之所以选择金是因为它优越的导性及抗氧化性。但因为金的成本极高所以只应用于金手指、局部镀或化学金，如图 9-16 所示。

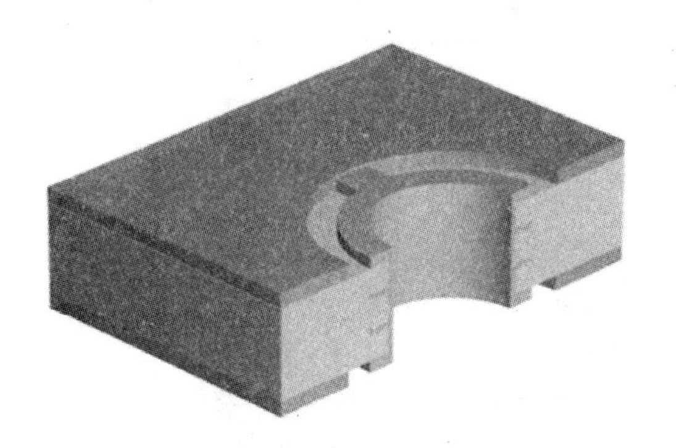

图 9-15　加阻焊层后示意图

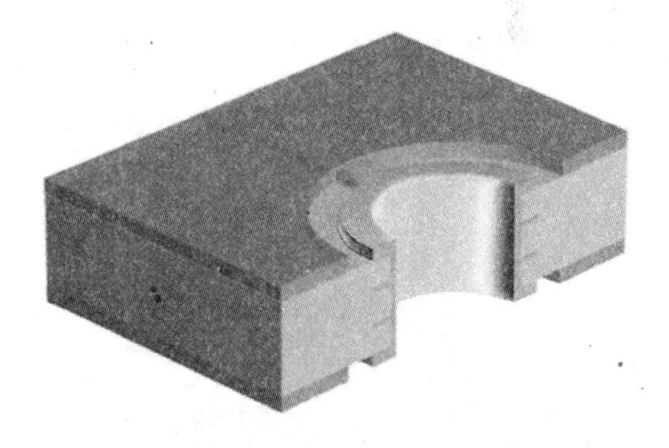

图 9-16　表面处理后示意图

18. 成型

主要是数控洗外形，清洗和干燥。

19. 电气通断检测

电气通断检测广泛使用针床式通断测试议，有通用型和专用型两类。这一过程通常被称为飞针测试。

20. 成品检查

包括离子残余量测试、目检。

21. 包装和出货

将生产的合格 PCB 板包装完好，送给客户。

9.3 印刷电路板快速制作方法

9.3.1 图形设计输出

利用 Protel 或其他 PCB 设计软件进行线路图设计，将设计好的线路板图形通过打印机打印出来(可以使用喷墨打印机或激光打印机，但注意保持线路的完好性)，使用普通 A4 打印纸即可进行操作，也可使用硫酸纸或光绘菲林纸制作。

如果想利用书本或杂志上的线路资料，直接截取然后复印即可。将输出的图形进行裁切大小，选择大小合适的印制线路板进行制作。

9.3.2 选板

选择与线路图大小相符的光印板，将光印板取出(如图 9-17)，利用 STR-CBJ 线路板裁板机(如图 9-18)，并可根据裁板机上的精确刻度进行裁切，余下的放置于常温暗处进行保存，保存期限为两年。

图 9-17 感光板

图 9-18 裁板机

注意事项：

(1) 不必在黑暗中工作也可，但不要在太过明亮或日光直射处进行裁切，裁切时请不要撕掉保护膜。

(2) 用软布或吹气清理切屑，保持保护膜完好性。

(3) 请勿污损光印膜并注意防止刮伤。

9.3.3 STR-FII 环保型快速制板系统功能介绍

(1) STR-FII 环保型快速制板系统(如图 9-19)，主要包括两大部分，主机及透明塑料操作。

(2) 主机部分主要有：真空曝光区、制板工作区(如图 9-20)。

① 真空曝光区主要控制抽屉式曝光系统。

② 制板工作区主要控制透明塑料操作区。

③ 两个区都为独立控制电路。

(3) 透明塑料操作区主要由显影、过孔、蚀刻 4 个槽组成，其中蚀刻分为 A、B 两个槽，每个槽边上都有标示指向说明(如图 9-21)，另外每个功能槽都有一个加热器及对流气动压力泵控制系统，进行制板操作前，须检查一下是否加热器和对流泵气管都接好，以防止接触不良(如图 9-22)。

图 9-19　STR-FII 环保型快速制板系统

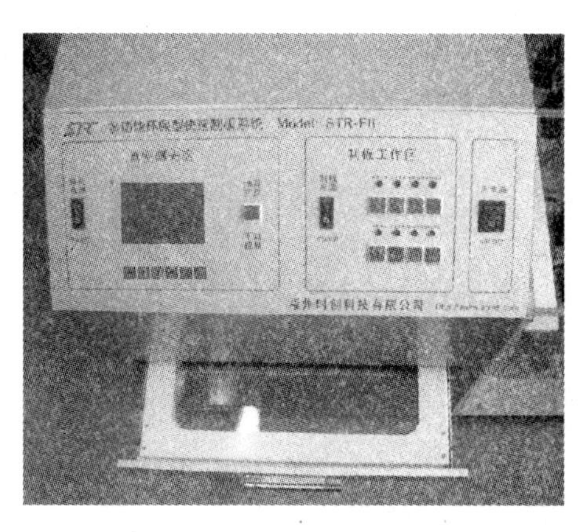

图 9-20　主机部分图

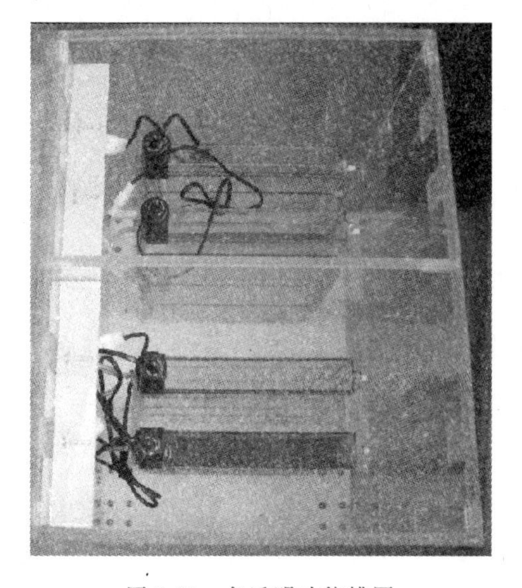

图 9-21　各透明功能槽图

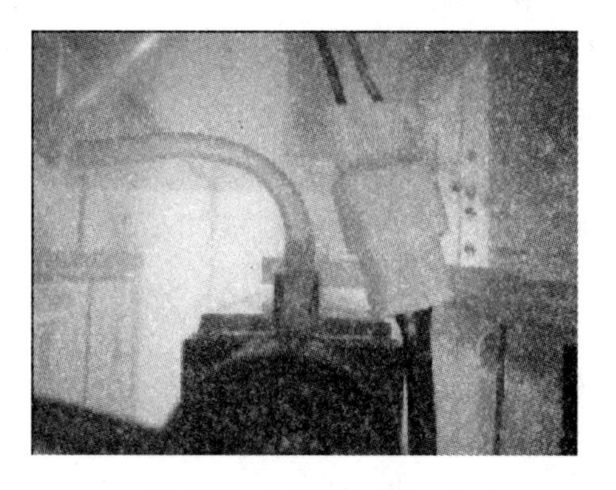

图 9-22　加热及气泵接口

9.3.4　曝光

使用 STR-FII 环保型快速制板系统可制作单、双面线路板的曝光工艺，操作简便，而且曝光时间极短，可在 60～90s 之内完成全部曝光工作。

操作流程如下：

(1) 打开抽屉式曝光系统，将真空扣扳手以大拇指推向外侧扳(如图 9-23)，往上翻以打开真空夹，将光印板置于真空夹之玻璃上并与吸气口保持 10cm 以上的距离，然后在光印板上放置图稿，图稿正面贴于光印板之上，如为双面板，请将两张原稿对正后将左右两边用胶带贴住，再将光印板插入原稿中，然后压紧真空夹板手，以确保真空(如图 9-24)。

图 9-23 真空扣扳手

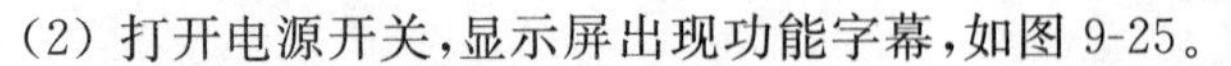

(2) 打开电源开关，显示屏出现功能字幕，如图 9-25。

图 9-24 抽真空操作图

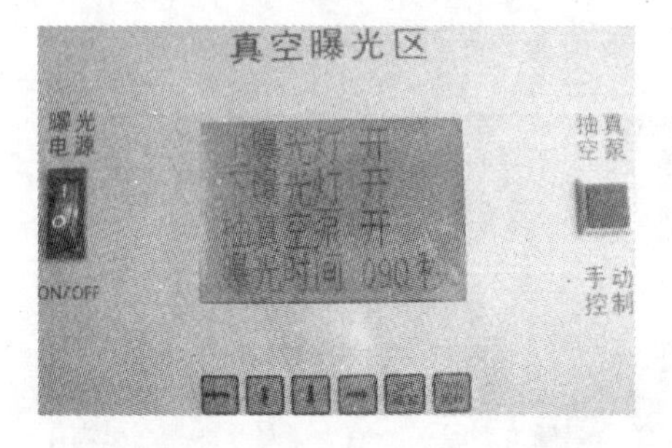

图 9-25 真空曝光区面板图

按“设置”键，选择您所要的功能，如：“上曝光灯”、“下曝光灯”等；

按“↑”、“↓”、“→”来选择功能的开启与关闭，及曝光时间的调整。

设置好所要的功能后，按“←”键，回到主屏幕。

按“运行”键，开始曝光，警报声响起后，说明已曝光完成，按任一键返回。

设置参数功能选择：上曝光灯：开；下曝光灯：开；抽真空泵：开；曝光时间：(以 STR 光印板为准)。

硫酸纸图稿为 60～90s；

普通 A4 复印纸图稿为 150～190s；

(如果线路不够黑，请勿延长时间以免线路部分渗光，建议用两张图稿对正贴合以增加黑度。曝光时间为 170～200s。)

曝光好后，将真空扣往外扳并轻轻往上推，当真空解除后，即可轻松取出已曝光好的光印板。

注意事项：

(1) 避免于 30cm 以内直视灯光，如有需要请戴太阳眼镜保护。

(2) 更换保险丝时请先将旁边的电源线插头拔掉，以免触电。保险丝为 5A(100～120V)，3A(200～240V)。

(3) 请勿使用溶剂擦拭曝光机的透明胶面以及面板文字。

(4) 本机光源长时间使用后会逐渐减弱(与日光灯同)，请酌增秒数。

(5) 电脑绘图、COPY，或照相底片以反向(绘图面与光印膜而接触)为佳。

(6) 断线，透光或遮光不良的原稿请先以签字笔修正。

9.3.5 显影、蚀刻前的准备

(1) 将显影剂按1∶20配比加入清水,溶解后为显影液。内含量:50g±3g/包,整包加清水为1000cc,半包加水为500cc。

(2) 加入三包蚀刻剂到蚀刻机再加清水至2250cc,用玻璃、木棒、筷子或塑料棒予以搅拌,待完全溶解即可使用。

(3) 在过孔机中倒入2000cc的过孔药剂。

(4) 打开电源开关,对显影剂、蚀刻剂、过孔剂进行加热,如果只用一个蚀刻槽,只须打开一个槽的温度开关即可(如图9-27),按:显示温度指示灯、过孔温度指示灯、蚀刻A温度指示灯下面的红色开关键。

① 显影机内的加热器温度调为45℃,指示灯到达温度后可按下显影温度按钮,停止加热。

② 蚀刻制板机内的加热器调为45~55℃,开启后直接使用,不需停止加热器工作。

③ 过孔机内的加热器温度调为50~60℃,确保温度达到后,开启过孔开关。

加热器温度调节如图9-26所示。

(如只用一个蚀刻槽,只开对应的一个蚀刻开关即可,使用两个槽时再开启另外一个,两个槽相互独立,不受影响;制作双面板时才须开启过孔恒温。)

图9-26 加热器温度调节旋钮

当液体温度达到设定的温度时,温度计上的红灯会熄灭,这时打开空气泵,按:显影开关指示灯、过孔开关指示灯、蚀刻A开关指示灯下面的绿色开关键,让液体保持流动状态。

注意事项:显影剂、蚀刻液、过孔液,都不可少于加热器的加热区,即液体不可少于1800cc,否则会烧坏容器。

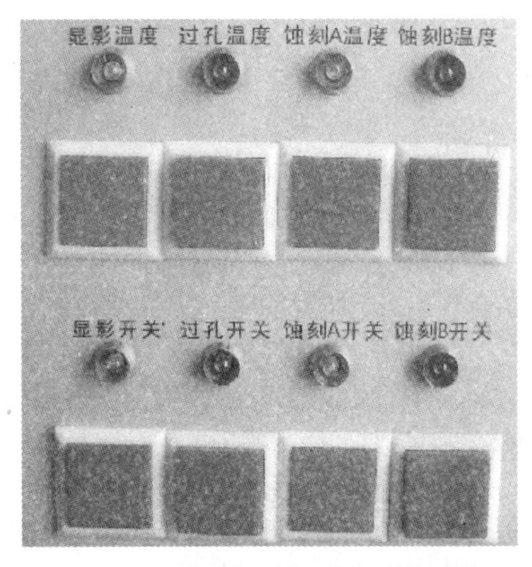

图9-27 温度及气泵指示灯和控制开关

9.3.6 显影操作方法

(1) 将上述曝光好的线路板，放入显影机的显影液内(如图 9-28)，约 1～3s 可见绿色光印墨微粒散开，直至线路全部清晰可见且不再有微粒冒起为止(如图 9-29)，总时间约为 5～20s，否则即为显影液过浓或过稀及曝光时间长短影响。

(2) 以清水冲洗干净即可热风吹干，进入下一步蚀刻工艺。

图 9-28 显影开始

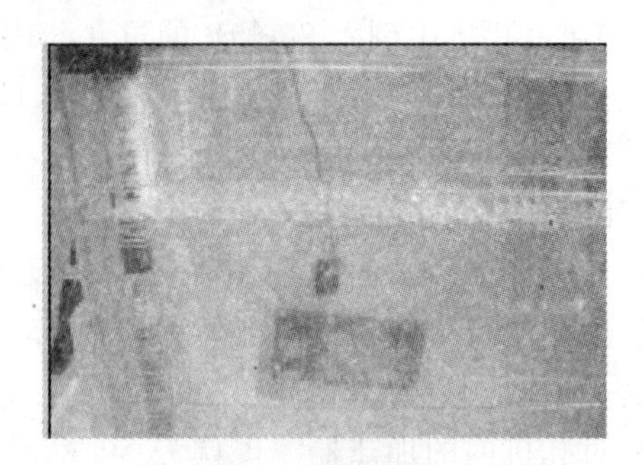

图 9-29 显影结束

9.3.7 蚀刻操作方法

(1) 把显像完成的光印板用塑料夹夹住，放入蚀刻槽内至完全蚀刻好，全程只须 6～8min，取出用清水洗净(全程清晰可见，如图 9-30、图 9-31 所示)。

图 9-30 蚀刻中

图 9-31 蚀刻完成

(2) 如果要把光印板上的绿色保护层去除，只须用酒精轻轻擦拭即可，或直接放入显影液中也可。

重要注意事项：蚀刻液浓度不可过高。

如蚀刻液浓度过高（长时间置放、高温蒸发、比例不对等）可能会在底部产生结晶，如持续蚀刻即可能在铜箔上结晶造成点状蚀刻不全，因此建议每次蚀刻前请先检查并补足液量，如底部已发生结晶，请补足液量即可，结晶留在底部没有影响。

注意事项：

(1) 蚀刻剂一包约可蚀刻 100mm×150mm 单面光印板 10～20 片。

(2) 新液无颜色蚀刻后药液会变蓝色，依蓝色深浅可判断药液新旧。

(3) 蚀刻液会产生气泡（氧气），此为正常现象。

（4）液温越高蚀刻越快，但请勿超过60℃。（蚀刻铜箔时本身也会发热升温）

（5）新液蚀刻一片约需6min（液温50℃），如超过45min尚未能蚀刻完全，请换新蚀刻液。

9.4　双面板制作

制作双面板时，双面光印板的曝光、显影、蚀刻操作步骤与单面板一致，蚀刻好后再进行防镀、钻孔及过孔前处理。

准备好制作双面板的辅助材料。

液剂（如图9-32所示）：防镀液、表面处理剂、活化剂、剥膜剂、预镀剂。

毛刷1支。

塑胶平底浅盆。

9.4.1　防镀制程

把防镀剂均匀地涂到双面板上，反复3～4次，放在通风处风干，如图9-33、图9-34所示。

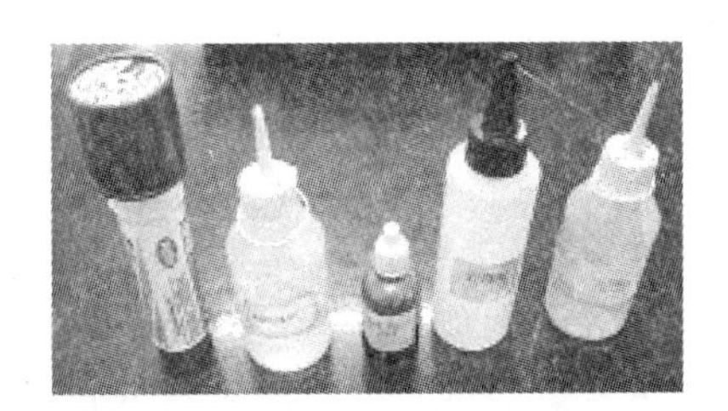

图9-32　双面板制作所用药剂

图9-33　涂防镀剂

9.4.2　钻孔制程

双面板风干后，根据要求选择不同孔径大小的钻头进行钻孔（如图3-35所示），务必使用钨钢钻针，一般碳钢针会造成孔内发黑，且镀通品质极为不良。

图9-34　防镀剂风干后的电路板

图9-35　钻孔

9.4.3 过孔前处理

1. 表面处理 2～4min

作用：清洁孔洞，增加镀层附着力。

(1) 将双面板平放于塑胶平底浅盆。

(2) 挤 2～10cc 或适量表面处理剂于板面上，用刷子涂刷板面，如图 9-36(a)所示，主要是将药水刷入孔内。

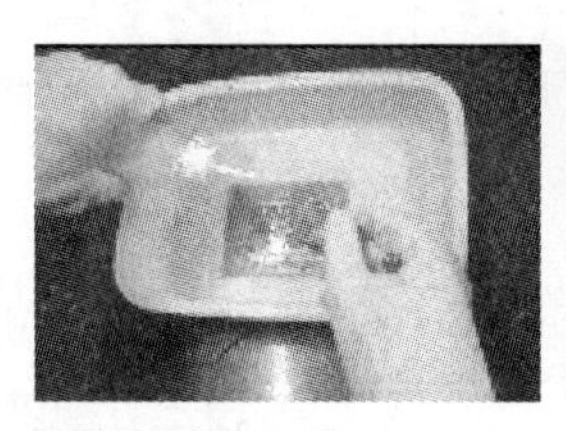
(a) 正面

(b) 反面

图 9-36 刷表面处理剂

(3) 翻面重做 2)步骤，并用手指压板边数次，让药水从孔内冒出来，如图 9-36(b)所示。

(4) 步骤 2)～步骤 3)重复做二次以上。

(5) 用清水洗净，尽快执行下一步骤。

2. 活化 2～4min

药水为棕黑色，如呈清澄状，即表示已失效须更换，操作方法与表面处理步骤(1)～步骤(5)一样。

作用：全面吸附上催镀金属。

3. 剥膜 2～4min

操作方法与表面处理步骤(1)～步骤(5)一样，请轻刷表面直至防镀涂膜完全溶解后洗净。

作用：仅余孔洞附着上催镀金属。

4. 镀前处理(预镀)2～4min

操作方法与表面处理步骤(1)～步骤(5)一样，尽量让铜箔表面含着药水，少接触空气，须至铜箔变色，操作完成时，建议先把光印板放在水里，取出甩干后尽快进行下一步操作。

作用：增加全体铜箔与镀层附着力。

5. 化学镀通孔

用夹子及吊线将光印板沉入镀液(如图 9-37)，如有开始镀反应，板面应有小气泡产生，电镀中板面勿离开水面超过 10s，镀层厚度随时间而增厚，药水之金属浓度可由颜色深浅辨别，镀完需用清水充分漂洗，双面板制作完成 (如图 9-38)。

作用：铜箔及孔洞镀上一层银白色金属。

6. 镀后处理

(1) 镀液镀完静置一天后倒回瓶内(如经滤纸滤过更好)，以免因剥落的金属颗粒而消耗。

(2) 所有药品均应远离儿童，并存放于阴凉处所。

(3) 镀通孔如效率太低，请废弃更新，并用废液处理剂处理。

(4) 槽壁或槽底的金属颗粒或镀层可用蓝色环保蚀刻液去除。

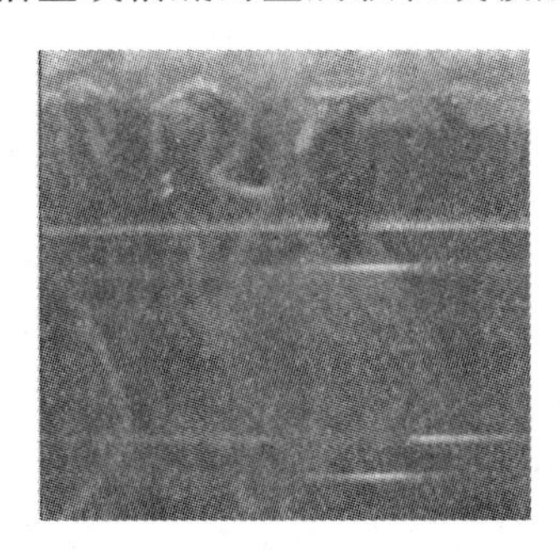

图 9-37　化学镀通孔

图 9-38　制作完成的双面板

注意事项：

(1) 每个大步骤后(共 5 次)，板子、刷子、盆子均需用清水洗净。

(2) 每个大步骤后，清洗完的板子需轻轻拍击，把孔内的水分拍击出来。

(3) 用手指压板边，即可见到孔内有药液流动或冒上来，如有些区块没冒上来可移至有药水的地方按压，(将板子掀开即可看到)。

(4) 用手指压光印板时请勿压到孔洞。

(5) 除剥膜及镀前处理外，刷涂主要是让药水进到孔内与孔壁反应，板面上药水并无作用。

(6) 每道工序做完，请尽快水洗并移到下一步骤。

(7) 药水无毒性但含酸碱，请戴手套，勿穿棉质衣物，不慎碰到眼睛，请用清水冲洗 5min。

9.5　废液处理

1. 预备

(1) 材料及使用比例，如表 9-1 所示，容器请使用塑胶或玻璃，如容器不够大，亦可分次处理。

表 9-1　废液处理材料及使用比例

蚀刻槽	蚀刻剂	废液量	废液剂	废液桶	调液杯	滤液桶
—	1 包	0.75L	1 包	2. 5L↑	1L↑	2. 5L↑
STR-10 槽	2 包	1. 5L	2 包	5L↑	1. 5L↑	5L↑
STR-20 槽	3 包	2. 25L	3 包	7.5L↑	2L↑	7.5L↑

(2) 合适长度的非金属搅拌棒。

(3) 滤布滤纸或滤袋及绑住桶口的细线或橡皮圈。

2. 调液

以 STR-10 所产生的废液说明,其他请依比例参照。

① 准备 1.5L 的烧杯、塑料杯或剪掉头部的矿泉水瓶。

② 将废液处理剂 2 包(共 300g)倒入瓶内,再加水 900cc (剂 1∶水 3)。

③ 用搅拌棒搅拌溶解成废液处理液等待使用。

3. 处理

(1) 将废蚀刻液(约 1.5L)倒入准备好 5L 塑料桶内。

(2) 将第 2 步准备好的调液,徐徐的倒入废液桶内,一面倒一面加以搅拌。(注意:两液一混合即产生膠羽或沙泥状沉淀,务必徐徐加入)。

(3) 全部加完后,再加清水 2～3L。

(4) 搅拌 1～2min 后静置 1 天以上,上面即成清水,下面则为蓝色沉淀。

(5) 准备滤液桶并将过滤布(纸)用细绳扎住桶口,并使滤布(纸)呈盆状凹陷。

(6) 将废液桶上面的清水先倒掉大半,再将废液徐徐倒入滤布内,以不溢出为原则。

(7) 用少许水将废液桶洗净再倒入滤布内。

(8) 隔数天后将干燥的滤渣装入塑料袋内,即可以当一般废弃垃圾丢弃。如使用滤布或过滤袋,可洗净后回收使用。

9.6 印刷电路板快速制作注意事项

要想快速做出适合的电路板,设计好印版图很关键,设计时建议注意以下几点:

(1) 走线最细宽度不小于 15mil 为宜。

(2) 尽量采用贴片元件。使用贴片元件可以减小体积,提高可靠性。尤其优越的是大幅减少了打孔的工作量。1206 规格的贴片电阻、电容比较合适,便于手工焊接,跨线可用 0Ω 电阻代替。设计时普通集成电路引脚间穿一根线、1206 规格的 0Ω 电阻下穿两根线没有任何问题。0805 以及更小规格的贴片元件日后焊接难度较大,且元件下面穿一根导线都很困难。

(3) 如果产品今后量产,且为单面布线时,跨线可用 0Ω 电阻代替。因为这样更便于今后机器自动安插元件,较远距离的跨线宜优先采用 6mm、8mm、10mm 的短接线,随意设计的短接线可能会为今后自动化生产带来麻烦。当然,如果是自己业余制作,则可不受上述条件的拘泥。设计好后,在 Protel99 的“打印设置”中设成“镜像打印”,焊盘设成“空心打印”。

第10章 三极管控制发光二极管电路设计

10.1 二极管及相关知识

10.1.1 半导体二极管及其特性

半导体二极管按其结构和制造工艺的不同，可以分为点接触型和面接触型两种。

点接触二极管是在P型硅晶体或N型锗晶体的表面上，安装上一根用钨或金丝做成的触针，与晶体表面接触而成，然后加以电流处理，使触针接触处形成一层异型的晶体。根据所用金属丝的不同，分别称之为钨键二极管和金键二极管。

面接触型二极管多数系用合金法制成。在N型锗晶体的表面上安放上一块铟，然后在高温下使一部分锗熔化于铟内。接着将温度降低，使熔化于铟内的锗又沉淀而出，形成P型晶体。此P型晶体与未熔化的N型晶体组成PN结。

点接触型半导体二极管具有较小的接触面积，因而触针与阻挡层间的电容较小，约为1μμF；面接触型二极管的极间电容较大，约为15～20μμF。因此，前者适合于在频率较高的电路中，而后者只适宜于频率低于50kHz以下的电路中；另外前者允许通过的电流小，在无线电设备中宜作检波用，后者可通过较大电流，多用于整流。

10.1.2 半导体二极管主要参数

常用的半导体二极管主要参数意义如下。

1. 工作频率范围 f(MHz)

指由于PN结电容的影响，二极管所能应用的频率范围。

2. 最大反向电压 V_{max}(V)

指二极管两端允许的反向电压，一般比击穿电压小。反向电压超过允许值时，在环境影响下，二极管有被击穿的危险。

3. 击穿电压 VB(V)

当二极管逐渐加上一定的反向电压时，反向电流突然增加，这时的反向电压叫反向击穿电压。这时二极管失去整流性能。

4. 整流电流 I(mA)

指二极管在正常使用时的整流电流平均值。

在二极管器件选择过程中,通常根据电路设计的需要选择不同型号的二极管,涉及到二极管的各个参数时,需要查找各种二极管的使用手册。目前,随着网络技术发展,通过网络很容易查找到相应型号的二极管的使用手册。

10.1.3 常见二极管功能及应用

二极管是诞生最早的半导体器件之一,其应用非常广泛。几乎在所有的电子电路中,都要用到半导体二极管,它在许多的电路中起着重要的作用,如整流、限幅、箝位、稳压、混频、检波、调幅等等。常见二极管的符号及文字表示方法如图 10-1 所示。

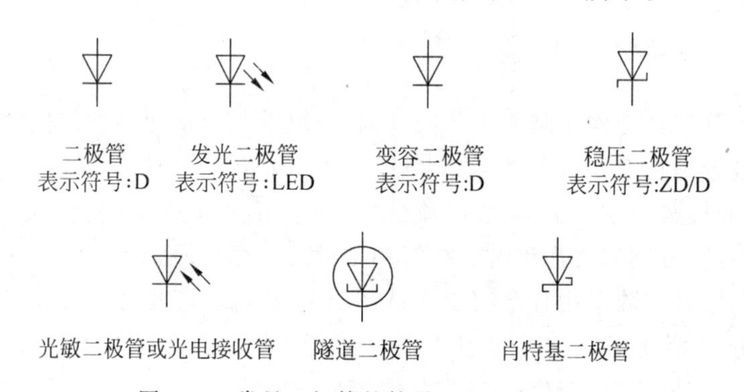

图 10-1 常见二极管的符号及文字表示方法

根据二极管用途不同,常见的种类和型号如下。

1. 检波二极管

就原理而言,从输入信号中取出调制信号是检波,以整流电流的大小(100mA)作为界限通常把输出电流小于 100mA 的叫检波。锗材料点接触型、工作频率可达 400MHz,正向压降小,结电容小,检波效率高,频率特性好,为 2AP 型。常用的检波二极管有 2AP9、2AP10 和 1N34、1N60 等类型。类似点触型检波用的二极管,除用于检波外,还能够用于限幅、削波、调制、混频、开关等电路。也有供调频检波专用的特性一致性好的两只二极管组合件。

2. 整流用二极管

就原理而言,交流输入直流输出叫做整流。以整流电流 100mA 作为界限。通常把输出电流大于 100mA 的叫整流。整流用二极管,工作频率小于几十 kHz,最高反向电压从 25V 至 3000V 分 A~X 共 22 档。分类如下:①硅半导体整流二极管 2CZ 型、②硅桥式整流器 QL 型、③用于电视机高压硅堆工作频率近 100kHz 的 2CLG 型。

3. 限幅用二极管

大多数二极管能作为限幅使用。也有像保护仪表用和高频齐纳管那样的专用限幅二极管。为了使这些二极管具有特别强的限制尖锐振幅的作用，通常使用硅材料制造的二极管。还有依据限制电压的需要，把若干个必要的整流二极管串联起来形成一个整体。

4. 调制用二极管

通常指的是环形调制专用的二极管。就是正向特性一致性好的四个二极管的组合件。即使其他变容二极管也有调制用途，但它们通常是直接作为调频用。

5. 混频用二极管

使用二极管混频方式时，在500～10000Hz的频率范围内，多采用肖特基型和点接触型二极管。

6. 放大用二极管

用二极管放大，大致有依靠隧道二极管和体效应二极管那样的负阻性器件的放大，以及用变容二极管的参量放大。因此，放大用二极管通常是指隧道二极管、体效应二极管和变容二极管。

7. 开关用二极管

有在小电流下(10mA以下)使用的逻辑运算和在数百mA下使用的磁芯激励用开关二极管。小电流的开关二极管通常有点接触型和键型等二极管，也有在高温下还可能工作的硅扩散型、台面型和平面型二极管。开关二极管的特长是开关速度快。而肖特基型二极管的开关时间特短，因而是理想的开关二极管。2AK型点接触为中速开关电路用；2CK型平面接触为高速开关电路用；用于开关、限幅、钳位或检波等电路；肖特基(SBD)硅大电流开关，正向压降小，速度快、效率高。

8. 变容二极管

用于自动频率控制(AFC)和调谐用的小功率二极管称变容二极管。日本厂商方面也有其他很多叫法。通过施加反向电压，使其PN结的静电容量发生变化。因此，被用于自动频率控制、扫描振荡、调频和调谐等用途。通常，固然是采用硅的扩散型二极管，但是也可采用合金扩散型、外延结合型、双重扩散型等特殊制作的二极管，由于这些二极管对于电压而言，其静电容量的变化率特别大。结电容随反向电压VR变化，取代可变电容，用作调谐回路、振荡电路、锁相环路，常用于电视机高频头的频道转换和调谐电路，多以硅材料制作。

10.1.4　发光二极管的原理及工作电路设计

LED(Light Emitting Diode)，即发光二极管，其在日常生活电器中无处不在，它是一种会发光的具有一个PN结的半导体器件。发光二极管分类也是多种多样：从光色上分有发红、绿、黄、蓝、白等多种颜色可见光的以及发红外光的；从形状上分有圆柱形(直径有3mm、5mm等)、方形(2mm×5mm)以及各种特殊形状的。发光二极管一般用作各种显示指示等，常见的形状如图10-2所示。

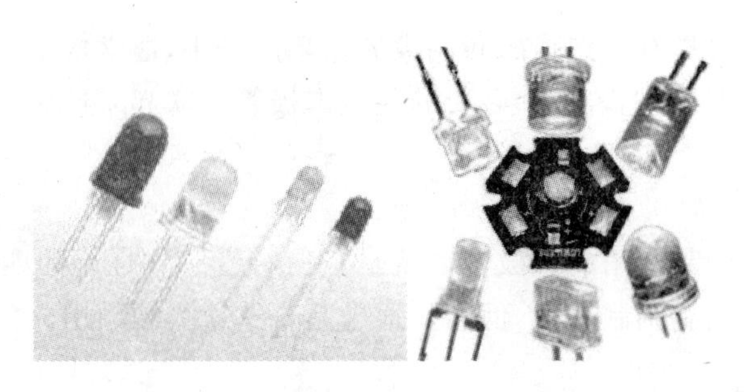

图 10-2 常见发光二极管的形状

1. 常用小型发光二极管的主要特性

(1) 发光二极管是一个单向导电器件。只允许电流从正极流向负极，只有正向接入时才导通并发光，反向接入则截止不通，当然也不发光。这一点与普通二极管相似。但发光二极管的管压降比普通二极管大，约为 1.6～2.1V 左右，电源电压必须大于管压降，发光二极管才能工作。

(2) 发光二极管的亮度与其工作电流 I_f 有关，一般当 $I_f=1mA$ 时起辉，随着 I_f 的增加亮度不断增大，但当 $I_f \geqslant 5mA$ 后，亮度增加不显著，另外，发光二极管的最大工作电流一般为 20～30mA，超过此值将损坏发光二极管。因此，工作电流 I_f 应在 5～20mA 范围内选择，为节省电能，一般选择 $I_f=5mA$。

(3) 发光二极管的反向击穿电压一般在 5V 左右，使用中不应使发光二极管承受超过 5V 的反向电压，否则发光二极管将被击穿损坏。

2. 发光二极管正、负极判断与检测

(1) 肉眼观察法。发光二极管是一个有正、负极之分的器件，使用前应先分清它的正、负极。由于发光二极管的管体一般都是用透明塑料制成，可以用肉眼观察来识别它的正、负极：将发光二极管拿起在明亮处，从侧面观察两条引出线在管体内的形状，较小的是正极，较大的是负极。

(2) 万用表检测法。用万用表检测发光二极管时，如果是指针式万用表必须使用“R×10k”挡。因为指针式万用表处于“R×1k”及其以下各电阻挡时，表内电池仅为 1.5V，低于管压降，无论正、反向接入，发光二极管都不可能导通，也就无法检测。“R×10k”挡时表内接有 9V(或 15V)高压电池，高于管压降，所以可以用来检测发光二极管。检测时，将两表笔分别与发光二极管的两条引线相接，如表针偏转过半，同时发光二极管中有一发亮光点，表示发光二极管是正向接入，这时与黑表笔(与表内电池正极相连)相接的是正极；与红表笔(与表内电池负极相连)相接的是负极。再将两表笔对调后与发光二极管相接，这时为反向接入，表针应不动。如果不论正向接入还是反向接入，表针都偏转到头或都不动，则该发光二极管已损坏。

如果使用数字万用表判断发光二极管的正、负极，可以选择数字万用表的二极管检测挡(蜂鸣挡)。判断方法如下：将两表笔分别与发光二极管的两条引线相接，如数字表显示有读数，且为发光二极管的正向电压，并且发光二极管会发亮光，表示发光二极管是正向接入，

这时红表笔（与表内电池正极相连）相接的是正极；与黑表笔（与表内电池负极相连）相接的是负极。再将两表笔对调后与发光二极管相接，这时为反向接入，数字万用表读数显示为无穷大。

（3）简易检测电路。可以用两节电池（或者 3～5V 的直流电压源）和一个 200Ω 左右的限流电阻串联组成简易检测电路，如图 10-3 所示，当发光二极管亮时，通过电阻 R 与电池正极相连的引线是正极；与电池负极相连的引线是负极。反向接入时发光二极管不亮。如果不论怎样接发光二极管都不亮，说明该管已损坏。

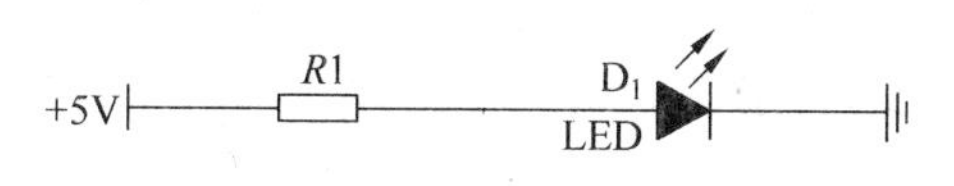

图 10-3　简易发光二极管测试电路

10.2　三极管基本知识

半导体三极管也称为晶体三极管，三极管顾名思义具有三个电极。二极管是由一个 PN 结构成的，而三极管由两个 PN 结构成，共用的一个电极成为三极管的基极（用字母 b 表示）。其他的两个电极成为集电极（用字母 c 表示）和发射极（用字母 e 表示）。由于不同的组合方式，形成了一种是 NPN 型的三极管，另一种是 PNP 型的三极管。图 10-4 所示为常见的三极管外形图。

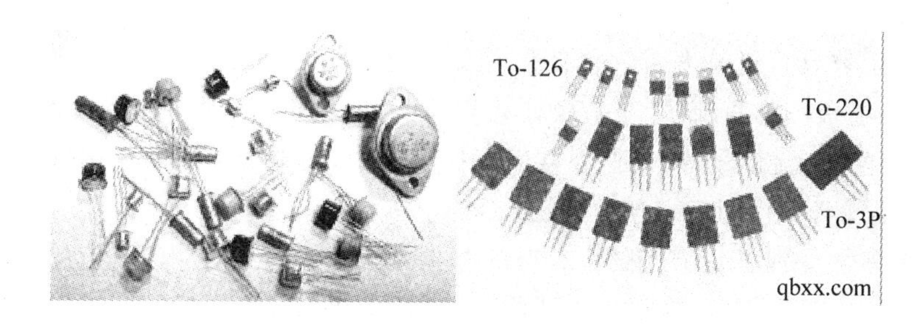

图 10-4　常见的三极管外形图

10.2.1　三极管三种工作状态

三极管有三种工作状态，包括截止状态、放大状态和饱和导通状态。

1. 截止状态

当加在三极管发射结的电压小于 PN 结的导通电压，基极电流为零，集电极电流和发射极电流都为零，三极管这时失去了电流放大作用，集电极和发射极之间相当于开关的断开状态，我们称三极管处于截止状态。

2. 放大状态

当加在三极管发射结的电压大于 PN 结的导通电压，并处于某一恰当的值时，三极管的发射结正向偏置，集电结反向偏置，这时基极电流对集电极电流起着控制作用，使三极管具有电流放大作用，其电流放大系数 $\beta=\Delta I_C/\Delta I_B$，这时三极管处放大状态。

3. 饱和导通状态

当加在三极管发射结的电压大于 PN 结的导通电压，并当基极电流增大到一定程度时，集电极电流不再随着基极电流的增大而增大，而是处于某一定值附近不怎么变化，这时三极管失去电流放大作用，集电极与发射极之间的电压很小，集电极和发射极之间相当于开关的导通状态。三极管的这种状态我们称之为饱和导通状态。

10.2.2 三极管主要参数及其选型

可以说它是电子电路中最重要的器件。它最主要的功能是电流放大和开关作用，也可以配合其他元件构成振荡器。在考虑三极管选型时，通常需要考虑以下参数(根据电路的需要，不限于以下参数)。

1. 集电极最大允许电流 I_{CM}

当三极管的 β 值下降到最大值的一半时，管子的集电极电流就称集电极最大允许电流。当管子的集电极电流 I_C 超过一定值时，将引起晶体管某些参数的变化，最明显的是 β 值下降。因此，实际应用时 I_C 要小于 I_{CM}。

2. 电流放大系数

电流放大系数有直流放大系数和交流放大系数。直流放大系数是指无交流信号时，共发射极电路，集电极输出直流 I_C 与基极输入直流 I_B 的比值，一般情况下，$\beta'\approx I_C/I_B$。交流放大系数 β 是指有交流信号输入时，在共发射极电路中，集电极电流的变化量 ΔI_C 与基极电流的变化量 ΔI_B 的比值，即 $\beta=\Delta I_C/\Delta I_B$。

以上两个参数分别表明了三极管对直流电流的放大能力和对交流电流的放大能力。但由于这两个参数值近似相等，即 $\beta'\approx\beta$，因此在实际使用时一般不再区分。

由于生产工艺的原因，即使同一批生产的管子，其 β 值也是不一样的，为方便实用，厂家有时将 β 值标记在三极管上，供使用者选用。

3. 特征频率 f_T

三极管的特征频率是指使共射电流放大系数 β 值下降到 1 时的信号频率值。因为 β 值随工作频率的升高而下降，频率越高，β 下降的越严重。就是说在这个频率下工作的三极管，已失去放大能力，即 f_T 是三极管使用的极限频率，因此在选用三极管时，一般管子的特征频率要比电路的工作频率至少高出 3 倍以上。但不是 f_T 越高越好，如果选的太高，就会引起电路的振荡。

4. 集电极最大允许耗散功率 P_{CM}

当晶体管工作时，由于集电极要耗散一定的功率而使集电结发热，当温度过高时就会导致参数的变化，甚至烧毁晶体管。为此规定晶体管集电极温度升高到不至于将集电极烧毁所消耗的功率，就成为集电极最大耗散功率。使用时为提高 P_{CM} 值，可给大功率管子加上散热片，散热片愈大其 P_{CM} 值就提高得越多。

常用的三极管有 90××系列，包括低频小功率硅管 9013(NPN)、9012(PNP)，低噪声管 9014(NPN)，高频小功率管 9018(NPN)等。它们的型号一般都标在塑壳上，而样子都一样，都是 TO-92 标准封装。在老式的电子产品中还能见到 3DG6(低频小功率硅管)、3AX31(低频小功率锗管)等，它们的型号也都印在金属的外壳上。表 10-1 是常用的三极管的主要参数列表。

表 10-1　常用的三极管的主要参数列表

型号	类型	功能及 f_T	$U_{(BR)CEO}$	I_{CM}	P_{CM}
9011	NPN	高频放大，150MHz	50V	30mA	0.4W
9012	PNP	低频放大，100MHz	−40V	0.5A	0.625W
9013	NPN	低频放大，150MHz	45V	0.5A	0.625W
9014	NPN	低噪放大，150MHz	50V	0.1A	0.4W
9015	PNP	低噪放大，150MHz	−50V	0.1A	0.4W
9018	NPN	高频放大，1GHz	30V	50mA	0.4W
8050	NPN	高频放大，100MHz	40V	1.5A	1W
8550	PNP	高频放大，100MHz	−40V	1.5A	1W

此外，三极管一般情况用作开关作用，在设计电路时需要注意以下事项：

(1) 三极管选择要选用“开关三极管”，以提高开关转换速度。

(2) 电路设计，要保证三极管工作在“饱和或截止”状态，不得工作在放大区。

(3) 不要使三极管处于深度过饱和，否则也影响截止转换速度；至于截止，不一定需要“负电压”偏置，输入为零时就截止了，否则也影响导通转换速度。

10.3　三极管控制发光二极管电路设计

用三极管控制发光二极管发光电路是三极管作为开关作用的一个常见电路，在设计时，需要考虑以下几个方面。

(1) 控制端是低电平还是高电平控制。

(2) 三极管是 NPN 型还是 PNP 型。

(3) 需要限流电阻的大小。

常见的用三极管控制发光二极管的电路设计图如图 10-5 所示。当然，如果发光二极管换成其他的负载，只要负载电流小于三极管的集电极最大允许电流，电路都可以参照图 10-5 设计。

在实际使用中，图 10-5(a)和图 10-5(b)是常用的设计电路。图(a)所示电路输入端需要高电平才能驱动三极管工作，因此需要提供高电平，如果控制单元为单片机之类的电路，则需要单片机输出电流进行驱动，由于单片机的输出电流是有限的，不能驱动太多这样的电路，此时可以采用图(b)所示电路来实现控制，以减少单片机的输出电流。如果没有 PNP 型的三极管，可以临时采用图(c)所示电路，但是要注意，图(c)中控制端开路时三极管是导通的，因此，上电时三极管会瞬间导通一下，而且即使让三极管处于截止状态时，还必须有电流流过 R_2 电阻。

从图 10-5 中可以看到，流过发光二极管的电流的大小受限流电阻 R_1 的控制，在电路设计时，R_1 阻值的选取需要根据电源 V_{CC} 的大小、发光二极管的正向导通电压和亮度来决定。

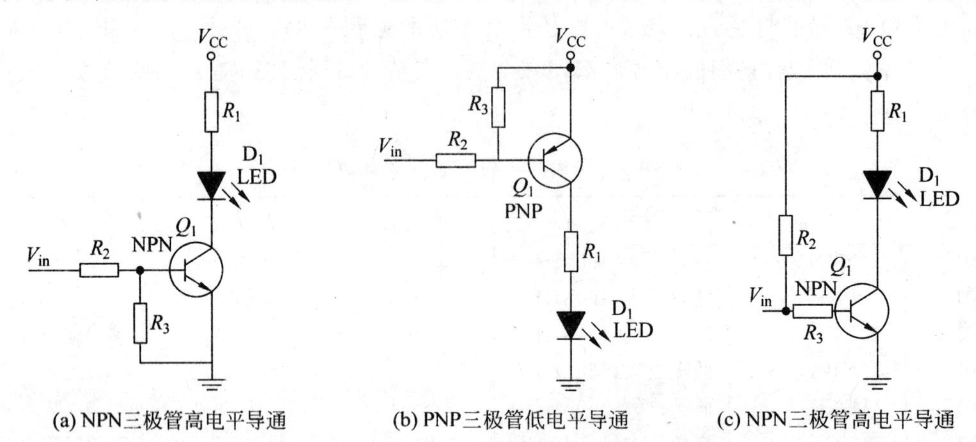

(a) NPN三极管高电平导通　　(b) PNP三极管低电平导通　　(c) NPN三极管高电平导通

图 10-5　常见三极管控制发光二极管电路图

第11章 继电器应用电路设计

11.1 继电器的工作原理和特性

继电器是一种当输入量(电、磁、声、光、热,又称激励量)达到一定值时,输出量将发生跳跃式变化的自动控制器件。它具有控制系统(又称输入回路)和被控制系统(又称输出回路),通常应用于自动控制电路中,它实际上是用较小的电流去控制较大电流的一种"自动开关"。故在电路中起着自动调节、安全保护、转换电路等作用。

常见的继电器外形图如图 11-1 和图 11-2 所示。

图 11-1 常见大功率继电器外形图

11.1.1 电磁继电器的工作原理和特性

电磁式继电器一般由铁芯、线圈、衔铁、触点簧片等组成。只要在线圈两端加上一定的电压,线圈中就会流过一定的电流,从而产生电磁效应,衔铁就会在电磁力吸引的作用下克服返回弹簧的拉力吸向铁芯,从而带动衔铁的动触点与静触点(常开触点)吸合。当线圈断电后,电磁的吸力也随之消失,衔铁就会在弹簧的反作用力作用下返回原来的位置,使动触点与原来的静触点(常闭触点)吸合。这样吸合、释放,从而达到了在电路中的导通、切断的目的。对于继电器的"常开、常闭"触点,可以这样来区分:继电器线圈未通电时处于断开状态的静触点,称为"常开触点";处于接通状态的静触点称为"常闭触点"。

图 11-2 常见小功率继电器外形图

11.1.2 热敏干簧继电器的工作原理和特性

热敏干簧继电器是一种利用热敏磁性材料检测和控制温度的新型热敏开关。它由感温磁环、恒磁环、干簧管、导热安装片、塑料衬底及其他一些附件组成。热敏干簧继电器不用线圈励磁,而由恒磁环产生的磁力驱动开关动作。恒磁环能否向干簧管提供磁力是由感温磁环的温控特性决定的。

11.1.3 固态继电器的工作原理和特性

固态继电器是一种两个接线端为输入端,另两个接线端为输出端的四端器件,中间采用隔离器件实现输入输出的电隔离。

固态继电器按负载电源类型可分为交流型和直流型。按开关型式可分为常开型和常闭型。按隔离型式可分为混合型、变压器隔离型和光电隔离型,以光电隔离型为最多。

11.1.4 磁簧继电器

磁簧继电器是以线圈产生磁场将磁簧管作动之继电器,为一种线圈传感装置。因此磁簧继电器之特征、小型尺寸、轻量、反应速度快、短跳动时间等特性。

当整块铁磁金属或者其他导磁物质与之靠近的时候,发生动作,开通或者闭合电路。由永久磁铁和干簧管组成。永久磁铁、干簧管固定在一个不导磁也不带有磁性的支架上。以永久磁铁的南北极的连线为轴线,这个轴线应该与干簧管的轴线重合或者基本重合。由远及近的调整永久磁铁与干簧管之间的距离,当干簧管刚好发生动作(对于常开的干簧管,变为闭合;对于常闭的干簧管,变为断开。)时,将磁铁的位置固定下来。这时,当有整块导磁材料,例如铁板同时靠近磁铁和干簧管时,干簧管会再次发生动作,恢复到没有磁场作用时的状态;当该铁板离开时,干簧管即发生相反方向的动作。

磁簧继电器结构坚固，触点为密封状态，耐用性高，可以作为机械设备的位置限制开关，也可以用以探测铁制门、窗等是否在指定位置。

11.1.5　光继电器

光继电器为AC/DC并用的半导体继电器，指发光器件和受光器件一体化的器件。输入侧和输出侧电气性绝缘，但信号可以通过光信号传输。

其特点为寿命为半永久性、微小电流驱动信号、高阻抗绝缘耐压、超小型、光传输、无接点等。主要应用于量测设备、通信设备、保全设备、医疗设备等。

11.2　继电器主要产品技术参数

1. 额定工作电压

额定工作电压是指继电器正常工作时线圈所需要的电压，也就是控制电路的控制电压。根据继电器的型号不同，可以是交流电压，也可以是直流电压。

2. 直流电阻

直流电阻是指继电器中线圈的直流电阻，可以通过万用表测量。

3. 吸合电流

吸合电流是指继电器能够产生吸合动作的最小电流。在正常使用时，给定的电流必须略大于吸合电流，这样继电器才能稳定地工作。而对于线圈所加的工作电压，一般不要超过额定工作电压的1.5倍，否则会产生较大的电流而把线圈烧毁。

4.释放电流

释放电流是指继电器产生释放动作的最大电流。当继电器吸合状态的电流减小到一定程度时，继电器就会恢复到未通电的释放状态。这时的电流远远小于吸合电流。

5. 触点切换电压和电流

触点切换电压和电流是指继电器允许加载的电压和电流。它决定了继电器能控制电压和电流的大小，使用时不能超过此值，否则很容易损坏继电器的触点。

11.3　继电器测试

1. 测触点电阻

用万用表的电阻挡，测量常闭触点与动点电阻，其阻值应为0，(用更加精确方式可测得触点阻值在100mΩ以内)；而常开触点与动点的阻值就为无穷大。由此可以区别出哪个是常闭触点，哪个是常开触点。

2. 测线圈电阻

可用数字万用表 1kΩ 挡或者指针式万用表 R×10Ω 挡测量继电器线圈的阻值，从而判断该线圈是否存在着开路现象。

3. 测量吸合电压和吸合电流

找来可调稳压电源和电流表，给继电器输入一组电压，且在供电回路中串入电流表进行监测。慢慢调高电源电压，听到继电器吸合声时，记下该吸合电压和吸合电流。为求准确，可以多试几次而求平均值。

4. 测量释放电压和释放电流

也是像上述那样连接测试，当继电器发生吸合后，再逐渐降低供电电压，当听到继电器再次发生释放声音时，记下此时的电压和电流，亦可尝试多次而取得平均的释放电压和释放电流。一般情况下，继电器的释放电压约为吸合电压的 10%～50%，如果释放电压太小(小于 1/10 的吸合电压)，则不能正常使用了，这样会对电路的稳定性造成威胁，工作不可靠。

11.4 继电器的电符号和触点形式

继电器线圈在电路中用一个长方框符号表示，如果继电器有两个线圈，就画两个并列的长方框。同时在长方框内或长方框旁标上继电器的文字符号“J”。继电器的触点有两种表示方法：一种是把它们直接画在长方框一侧，这种表示法较为直观。另一种是按照电路连接的需要，把各个触点分别画到各自的控制电路中，通常在同一继电器的触点与线圈旁分别标注上相同的文字符号，并将触点组编上号码，以示区别。

继电器的触点有三种基本形式。

(1) 动合型(H 型)线圈不通电时两触点是断开的，通电后，两个触点就闭合。以合字的拼音字头“H”表示。

(2) 动断型(D 型)线圈不通电时两触点是闭合的，通电后两个触点就断开。用断字的拼音字头“D”表示。

(3) 转换型(Z 型)这是触点组型。这种触点组共有三个触点，即中间是动触点，上下各一个静触点。线圈不通电时，动触点和其中一个静触点断开和另一个闭合，线圈通电后，动触点就移动，使原来断开的成闭合状态，原来闭合的成断开状态，达到转换的目的。这样的触点组称为转换触点。用“转”字的拼音字头“Z”表示。

11.5 继电器的分类

11.5.1 按作用原理分类

1. 电磁继电器

在输入电路内电流的作用下，由机械部件的相对运动产生预定响应的一种继电器。

它包括直流电磁继电器、交流电磁继电器、磁保持继电器、极化继电器、舌簧继电器，节能功率继电器。

(1) 直流电磁继电器：输入电路中的控制电流为直流的电磁继电器。

(2) 交流电磁继电器：输入电路中的控制电流为交流的电磁继电器。

(3) 磁保持继电器：将磁钢引入磁回路，继电器线圈断电后，继电器的衔铁仍能保持在线圈通电时的状态，具有两个稳定状态。

(4) 极化继电器：状态改变取决于输入激励量极性的一种直流继电器。

(5) 舌簧继电器：利用密封在管内，具有触点簧片和衔铁磁路双重作用的舌簧的动作来开、闭或转换线路的继电器。

(6) 节能功率继电器：输入电路中的控制电流为交流的电磁继电器，但它的电流大(一般 30～100A)，体积小，具有节电功能。

2. 固态继电器

它是输入、输出功能由电子元件完成而无机械运动部件的一种继电器。

3. 时间继电器

当加上或除去输入信号时，输出部分需延时或限时到规定的时间才闭合或断开其被控线路的继电器。

4. 温度继电器

当外界温度达到规定值时而动作的继电器。

5. 风速继电器

当风的速度达到一定值时，被控电路将接通或断开。

6. 加速度继电器

当运动物体的加速度达到规定值时，被控电路将接通或断开。

7. 其他类型的继电器

如光继电器、声继电器、热继电器等。

11.5.2 按外形尺寸分类

(1) 微型继电器。最长边尺寸不大于 10mm 的继电器。

(2) 超小型继电器。最长边尺寸大于 10mm，但不大于 25mm 的继电器。

(3) 小型继电器。最长边尺寸大于 25mm，但不大于 50mm 的继电器。

11.5.3 按触点负载分类

(1) 微功率继电器。触电电流小于 0.2A 的继电器。

(2) 弱功率继电器。触电电流 0.2～2A 的继电器。

(3) 中功率继电器。触电电流 2～10A 的继电器。

(4) 大功率继电器。触电电流 10A 以上继电器。

(5) 节能功率继电器。20～100A 的继电器。

11.5.4 按防护特征分类

(1) 密封继电器。采用焊接或其他方法，将触点和线圈等密封在金属罩内，其泄漏率较低的继电器。

(2) 塑封继电器。采用封胶的方法，将触点和线圈等密封在塑料罩内，其泄漏率较高的继电器。

(3) 防尘罩继电器。用罩壳将触点和线圈等封闭加以防护的继电器。

(4) 敞开继电器。不用防护罩来保护触点和线圈等的继电器。

11.5.5 按用途分类

(1) 通讯继电器。该类继电器触点负载范围从低电平到中等电流，环境使用条件要求不高。

(2) 机床继电器。机床中使用的继电器，触点负载功率大，寿命长。

(3) 家电用继电器。家用电器中使用的继电器，要求安全性能好。

(4) 汽车继电器。汽车中使用的继电器，该类继电器切换负载功率大，抗冲、抗振性高。

11.6 继电器的选用

11.6.1 继电器有如下几种作用

(1) 扩大控制范围。例如，多触点继电器控制信号达到某一定值时，可以按触点组的不同形式，同时换接、开断、接通多路电路。

(2) 放大。例如，灵敏型继电器、中间继电器等，用一个很微小的控制量，可以控制很大功率的电路。

(3) 综合信号。例如，当多个控制信号按规定的形式输入多绕组继电器时，经过比较综合，达到预定的控制效果。

(4) 自动、遥控、监测。例如，自动装置上的继电器与其他电器一起，可以组成程序控制线路，从而实现自动化运行。

11.6.2 继电器的选用方法

实际工作中根据继电器的应用场合和作用的不同，要选用不同的继电器，选用继电器需要考虑以下主要因素。

1. 了解必要的条件

(1) 控制电路的电源电压,能提供的最大电流。

(2) 被控制电路中的电压和电流。

(3) 被控电路需要几组、什么形式的触点。

选用继电器时,一般控制电路的电源电压可作为选用的依据。控制电路应能给继电器提供足够的工作电流,否则继电器吸合是不稳定的。

2. 考虑使用环境

使用环境条件主要指温度(最大与最小)、湿度(一般指 40℃下的最大相对湿度)、低气压(使用高度 1000 米以下可不考虑)、振动和冲击。此外,尚有封装方式、安装方法、外形尺寸及绝缘性等要求。由于材料和结构不同,继电器承受的环境力学条件各异,超过产品标准规定的环境力学条件下使用,有可能损坏继电器,可按整机的环境力学条件或高一级的条件选用。

对电磁干扰或射频干扰比较敏感的装置周围,最好不要选用交流电激励的继电器。选用直流继电器要选用带线圈瞬态抑制电路的产品。那些用固态器件或电路提供激励及对尖峰信号比较敏感的地方,也要选择有瞬态抑制电路的产品。

3. 根据资料选型

查阅有关资料确定使用条件后,可查找相关资料,找出需要的继电器的型号和规格号。若手头已有继电器,可依据资料核对是否可以利用。

11.7 小型继电器控制电路设计

小型继电器在电子产品以及电子制作中经常用到,通常我们使用三极管控制继电器的通断。下面以小型电磁继电器为例,给出常用的设计电路。

在图 11-3 所示电路图中,图 11-3(a)是基本的控制电路,在三极管截止的瞬间,由于线圈中的电流不能突变为零,继电器线圈两端会产生一个较高电压的感应电动势,线圈产生的感应电动势则可以通过二极管 D_1(可以选择 1N4148)释放,从而保护了三极管免被击穿,也消除了感应电动势对其他电路的干扰,这就是二极管 D_1 的保护作用。

该电路元件较少,但是 V_{CC}电压全部加在继电器线圈上,此时,如果流过继电器电流大于其吸合电流,则会造成功耗较大。因此,可以串联一个限流电阻如图 11-3(b)中的 R_3 电阻。关于 R_3 阻值的选择,要保证流过继电器的电流稍大于继电器吸合电流。

在图 11-3(b)中,除了增加限流电阻 R_3 以外,还增加了电容 C_1 和电阻 R_D 以及发光二极管 D_2。电容 C_1 的作用是消除外界的干扰,电阻 R_D 和发光二极管 D_2 串联后并联在线圈两端,用于作为继电器吸合和断开的指示。

根据前述继电器的特性,释放电流要远小于吸合电流,因此,只要保证三极管导通的那一瞬间,流过继电器的电流能够大于继电器的吸合电流,之后即便流过继电器的电流小于吸合电流但能大于释放电流，就能够保证继电器正常工作。因此，在图 11-3(c)中的电阻 R_3 两端并联了一个电容，一般情况下，电容可以选择为 4.7μF，此时，限流电阻 R_3 可以选择更大的电阻，以减少继电器的功耗。

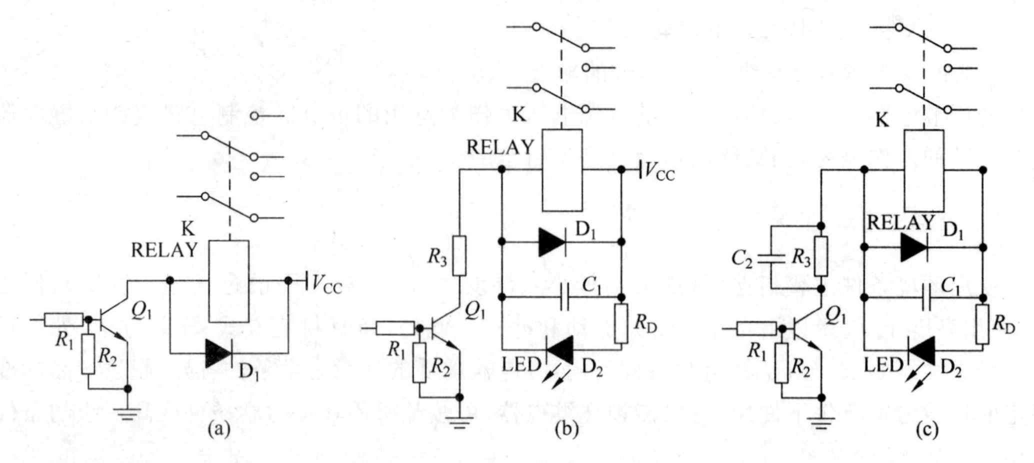

图 11-3 小型电磁继电器控制电路图

第12章 H桥驱动电路

12.1 H桥驱动电路原理

图 12-1 中所示为一个典型的直流电机控制电路。电路得名于“H 桥驱动电路”是因为它的形状酷似字母“H”。4 个三极管组成 H 的 4 条垂直腿，而电机就是 H 中的横杠(注意：图 12-1 及随后的两个图都只是示意图，而不是完整的电路图，其中三极管的驱动电路没有画出来)。

如图 12-1 所示，H 桥式电机驱动电路包括 4 个三极管和一个电机。要使电机运转，必须导通对角线上的一对三极管。根据不同三极管对的导通情况，电流可能会从左至右或从右至左流过电机，从而控制电机的转向。

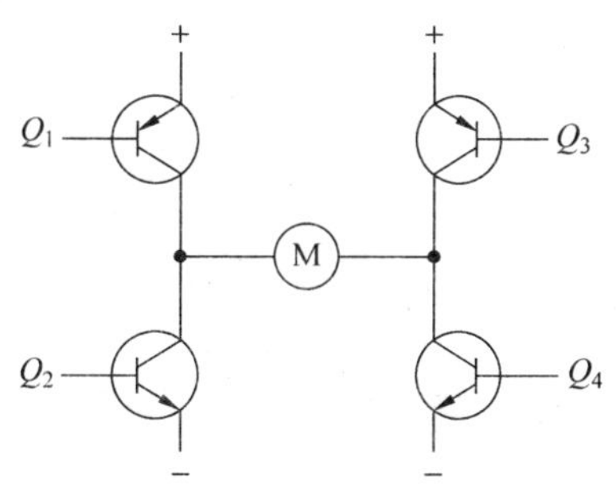

图 12-1　H 桥驱动电路

要使电机运转，必须使对角线上的一对三极管导通。例如，如图 12-2 所示，当 Q_1 管和 Q_4 管导通时，电流就从电源正极经 Q_1 从左至右穿过电机，然后再经 Q_4 回到电源负极。按图中电流箭头所示，该流向的电流将驱动电机顺时针转动。当三极管 Q_1 和 Q_4 导通时，电流将从左至右流过电机，从而驱动电机按特定方向转动(电机周围的箭头指示为顺时针方向)。

图 12-3 所示为另一对三极管 Q_2 和 Q_3 导通的情况，电流将从右至左流过电机。当三极管 Q_2 和 Q_3 导通时，电流将从右至左流过电机，从而驱动电机沿另一方向转动(电机周围的箭头表示为逆时针方向)。

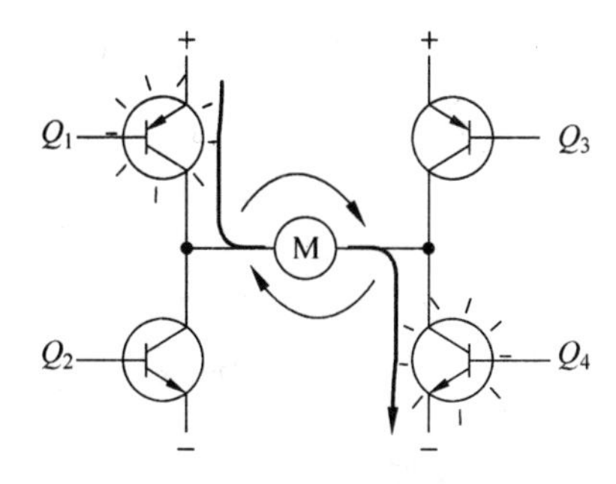

图 12-2　H 桥电路驱动电机顺时针转动

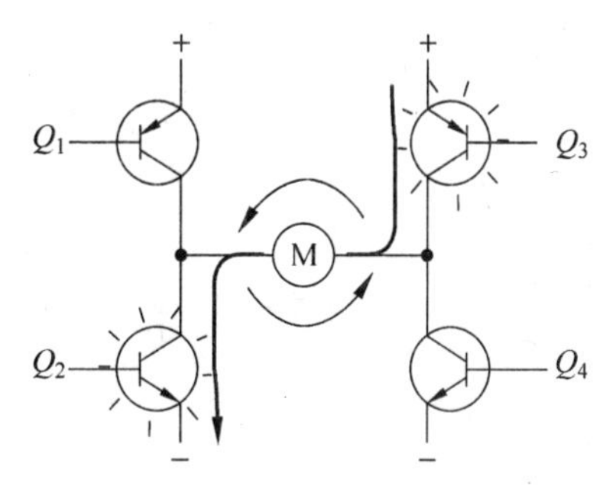

图 12-3　H 桥驱动电机逆时针转动

12.2 使能控制和方向逻辑

驱动电机时,保证H桥上两个同侧的三极管不会同时导通非常重要。如果三极管 Q_1 和 Q_2 同时导通,那么电流就会从正极穿过两个三极管直接回到负极。此时,电路中除了三极管外没有其他任何负载,因此电路上的电流就可能达到最大值(该电流仅受电源性能限制),甚至烧坏三极管。基于上述原因,在实际驱动电路中通常要用硬件电路方便地控制三极管的开关。

图12-4所示就是基于这种考虑的改进电路,它在基本H桥电路的基础上增加了4个与门和2个非门。4个与门同一个“使能”导通信号相接,这样,用这一个信号就能控制整个电路的开关。而2个非门通过提供一种方向输入,可以保证任何时候在H桥的同侧腿上都只有一个三极管能导通。(与本节前面的示意图一样,图12-4所示也不是一个完整的电路图,特别是图中与门和三极管直接连接是不能正常工作的。)

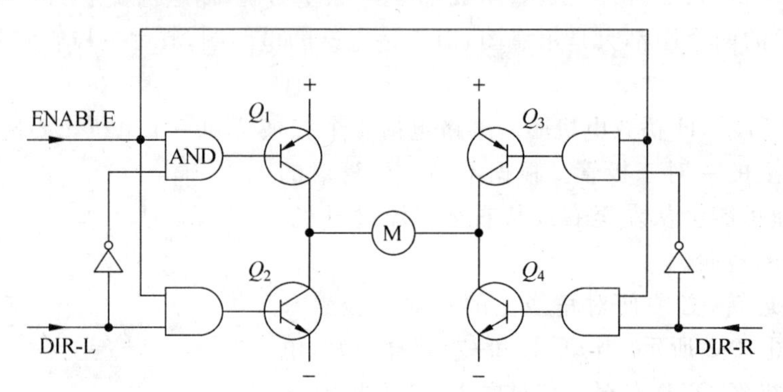

图12-4 具有使能控制和方向逻辑的H桥电路

采用以上方法,电机的运转就只需要用三个信号控制:两个方向信号和一个使能信号。如果DIR-L信号为0,DIR-R信号为1,并且使能信号是1,那么三极管 Q_1 和 Q_4 导通,电流从左至右流经电机(如图12-5所示);如果DIR-L信号变为1,而DIR-R信号变为0,那么 Q_2 和 Q_3 将导通,电流则反向流过电机。

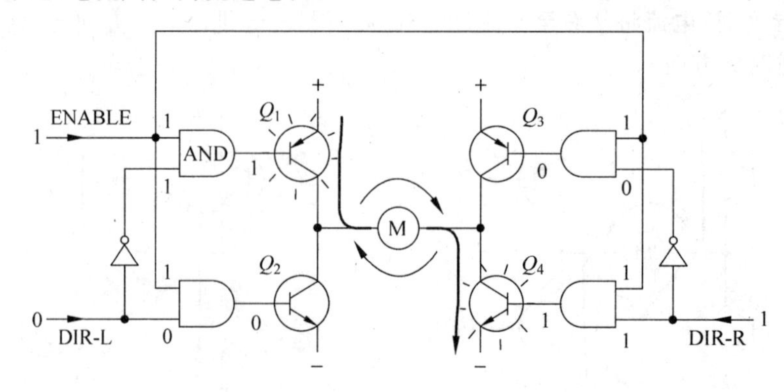

图12-5 使能信号与方向信号的使用

如图 12-6 所示是分立元件搭成的 H 桥驱动电路，实际使用的时候，用分立元件制作 H 桥比较复杂的，好在现在市面上有很多封装好的 H 桥集成电路，接上电源、电机和控制信号就可以使用了，在额定的电压和电流内使用非常方便可靠，比如常用的 L293D、L298N、TA7257P、SN754410 等。

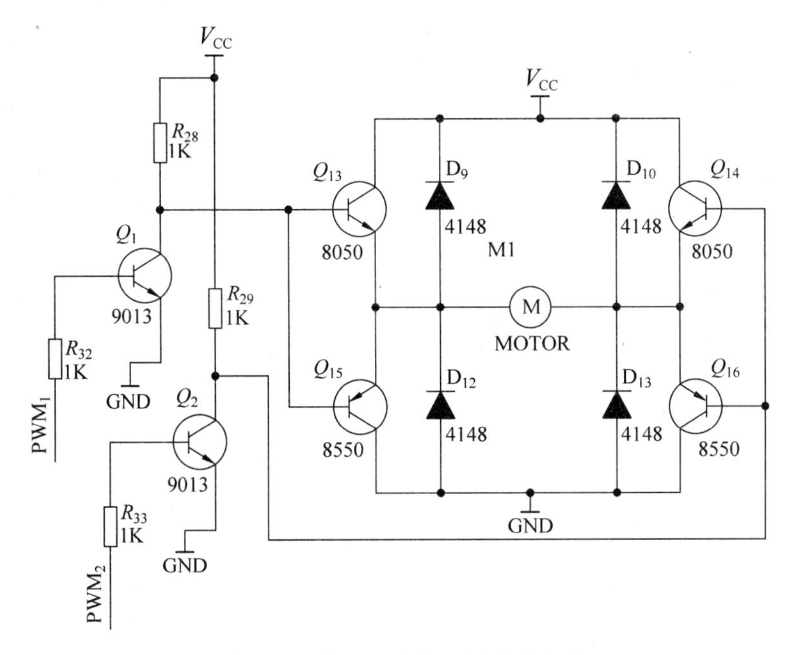

图 12-6 分立元件的 H 桥驱动电路

12.3 功率场效应晶体管（MOSFET）原理

由于在模拟电路中学习的主要是三极管放大电路，所以我们在以上的 H 桥电路中以三极管为主要控制器件来讲述其原理，更容易理解。但是，在实际的电机控制中往往需要的电流较大，特别在电机启动的瞬间，而三极管能提供的电流相对较小，所以在实际的 H 桥驱动电机的电路中大多数使用的是功率场效应管。下面我们再简单回顾一下功率场效应管的一些知识。

功率场效应管（Power MOSFET）也叫电力场效应晶体管，是一种单极型的电压控制器件，不但有自关断能力，而且有驱动功率小，开关速度高、无二次击穿、安全工作区宽等特点。由于其易于驱动和开关频率可高达 500kHz，特别适于高频化电力电子装置，如应用于 DC/DC 变换、开关电源、便携式电子设备、航空航天以及汽车等电子电器设备中。但因为其电流、热容量小，耐压低，一般只适用于小功率电力电子装置。

1. 功率场效应管的结构和工作原理

功率场效应晶体管种类和结构有许多种，按导电沟道可分为 P 沟道和 N 沟道，同时又有耗尽型和增强型之分。在电力电子装置中，主要应用 N 沟道增强型。

功率场效应晶体管导电机理与小功率绝缘栅 MOS 管相同，但结构有很大区别。小功率绝缘栅 MOS 管是一次扩散形成的器件，导电沟道平行于芯片表面，横向导电。功率场效应晶体管大多采用垂直导电结构，提高了器件的耐电压和耐电流的能力。按垂直导电结构的不同，又可分为两种：V 形槽 VVMOSFET 和双扩散 VDMOSFET。

功率场效应晶体管采用多单元集成结构，一个器件由成千上万个小的 MOSFET 组成。N 沟道增强型双扩散功率场效应晶体管一个单元的剖面图，如图 12-7(a)所示。电气符号，如图 12-7(b)所示。

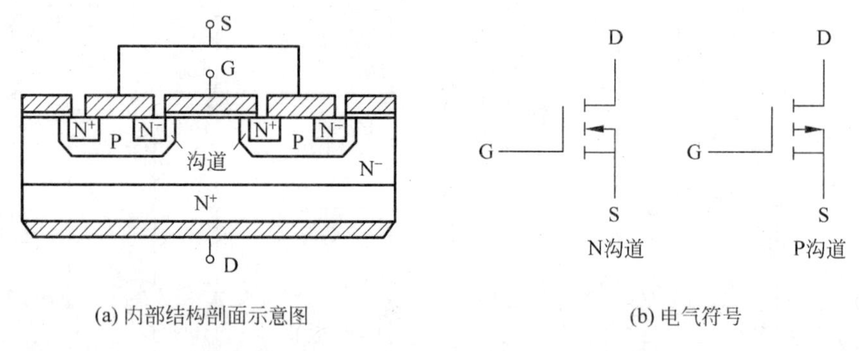

(a) 内部结构剖面示意图　　(b) 电气符号

图 12-7　Power MOSFET 的结构和电气符号

功率场效应晶体管有 3 个端子：漏极 D、源极 S 和栅极 G。当漏极接电源正，源极接电源负时，栅极和源极之间电压为 0，沟道不导电，管子处于截止。如果在栅极和源极之间加一正向电压 U_{GS}，并且使 U_{GS} 大于或等于管子的开启电压 U_T，则管子开通，在漏、源极间流过电流 I_D。U_{GS} 超过 U_T 越大，导电能力越强，漏极电流越大。

2. 功率场效应管的静态特性和主要参数

Power MOSFET 静态特性主要指输出特性和转移特性，与静态特性对应的主要参数有漏极击穿电压、漏极额定电压、漏极额定电流和栅极开启电压等。

1) 静态特性

(1) 输出特性

输出特性即是漏极的伏安特性。其特性曲线，如图 12-8(b)所示。由图所见，输出特性分为截止、饱和与非饱和 3 个区域。截止区是 U_{GS} 小于管子的开启电压 U_T 时，I_D 几乎为 0。这里的饱和、非饱和的概念与三极管不同。饱和是指漏极电流 I_D 不随漏源电压 U_{DS} 的增加而增加，也就是基本保持不变；非饱和是指在 U_{GS} 一定时，I_D 随 U_{DS} 增加呈线性关系变化，但增加的比值由 U_{GS} 控制，这时管子的 D、S 之间可以看成一个由电压(U_{GS})控制的可变电阻。其阻值大小一般为 18mΩ 到几百 mΩ 之间，因此要根据应用场合不同选择不同型号的 MOSFET。

(2) 转移特性

转移特性表示漏极电流 I_D 与栅源之间电压 U_{GS} 的转移特性关系曲线，如图 12-8(a)所示。转移特性可表示出器件的放大能力，并且是与三极管中的电流增益 β 相似。由于 Power MOSFET 是压控器件，因此用跨导这一参数来表示。跨导定义为

$$g_m = \Delta I_D / \Delta U_{GS}$$

图中 U_T 为开启电压，只有当 $U_{GS}=U_T$ 时才会出现导电沟道，产生漏极电流 I_D。

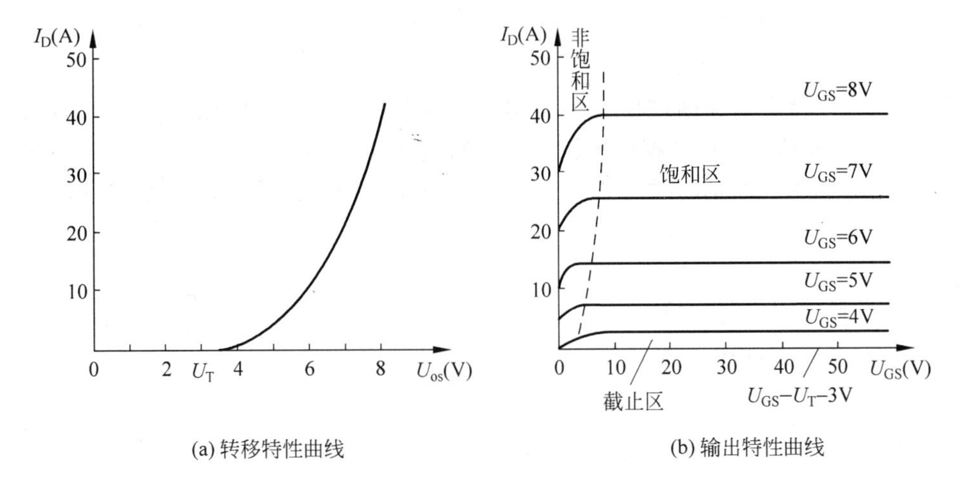

图 12-8　Power MOSFET 静态特性曲线

2）主要参数

（1）漏极击穿电压 BU_D

BU_D 是不使器件击穿的极限参数，它大于漏极电压额定值。BU_D 随结温的升高而升高，这点正好与三极管相反。

（2）漏极额定电压 U_D

U_D 是器件的标称漏极电压额定值。

（3）漏极电流 I_D 和 I_{DM}

I_D 是漏极直流电流的额定参数；I_{DM}是漏极脉冲电流幅值。

（4）栅极开启电压 U_T

U_T 又称阀值电压，是开通 Power MOSFET 的栅-源电压，它为转移特性的特性曲线与横轴的交点。施加的栅源电压不能太大，否则将击穿器件。

（5）跨导 g_m

g_m 是表征 Power MOSFET 栅极控制作用大小的一个参数。

3. 电力场效应管的动态特性和主要参数

1）动态特性

动态特性主要描述输入量与输出量之间的时间关系，它影响器件的开关过程。由于该器件为单极型，靠多数载流子导电，因此开关速度快、时间短，一般在纳秒数量级。Power MOSFET 的动态特性，如图 12-9 所示。

Power MOSFET 的动态特性用图 12-9(a)电路测试。图中，u_p 为矩形脉冲电压信号源；R_S 为信号源内阻；R_G 为栅极电阻；R_L 为漏极负载电阻；R_F 用以检测漏极电流。

Power MOSFET 的开关过程波形，如图 12-9(b)所示。

Power MOSFET 的开通过程：由于 Power MOSFET 有输入电容，因此当脉冲电压 u_p 的上升沿到来时，输入电容有一个充电过程，栅极电压 u_{GS} 按指数曲线上升。当 u_{GS} 上升到开启电压 u_T 时，开始形成导电沟道并出现漏极电流 i_D。从 u_p 前沿时刻到 $u_{GS}=u_T$，且开始出现 i_D 的时刻，这段时间称为开通延时时间 $t_{d(on)}$。此后，i_D 随 u_{GS}的上升而上升，u_{GS}从开启

电压 u_T 上升到 Power MOSFET 临近饱和区的栅极电压 u_{GSP} 这段时间，称为上升时间 t_r。这样 Power MOSFET 的开通时间为：$t_{on}=t_{d(on)}+t_r$。

Power MOSFET 的关断过程：当 u_p 信号电压下降到 0 时，栅极输入电容上储存的电荷通过电阻 R_S 和 R_G 放电，使栅极电压按指数曲线下降，当下降到 u_{GSP} 继续下降，i_D 才开始减小，这段时间称为关断延时时间 $t_{d(off)}$。此后，输入电容继续放电，u_{GS} 继续下降，i_D 也继续下降，到 $u_{GS}<u_T$ 时导电沟道消失，$i_D=0$，这段时间称为下降时间 t_f。这样 Power MOSFET 的关断时间为：$t_{off}=t_{d(off)}+t_f$。

从上述分析可知，要提高器件的开关速度，则必须减小开关时间。在输入电容一定的情况下，可以通过降低驱动电路的内阻 R_S 来加快开关速度。

功率场效应管晶体管是压控器件，在静态时几乎不输入电流。但在开关过程中，需要对输入电容进行充放电，故仍需要一定的驱动功率。工作速度越快，需要的驱动功率越大。

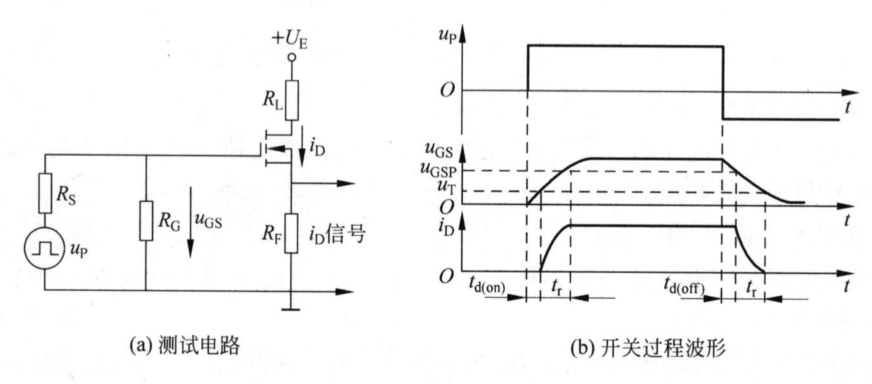

(a) 测试电路　　(b) 开关过程波形

图 12-9　Power MOSFET 的动态特性

2）动态参数

（1）极间电容

Power MOSFET 的 3 个极之间分别存在极间电容 C_{GS}，C_{GD}，C_{DS}。通常生产厂家提供的是漏源极断路时的输入电容 C_{iSS}、共源极输出电容 C_{oSS}、反向转移电容 C_{rSS}。它们之间的关系为 $C_{iSS}=C_{GS}+C_{GD}$；$C_{oSS}=C_{GD}+C_{DS}$；$C_{rSS}=C_{GD}$。

（2）漏源电压上升率

器件的动态特性还受漏源电压上升率的限制，过高的 du/dt 可能导致电路性能变差，甚至引起器件损坏。

4. 功率场效应管的驱动和保护

1）功率场效应管的驱动电路

功率场效应管是单极型压控器件，开关速度快。但存在极间电容，器件功率越大，极间电容也越大。为提高其开关速度，要求驱动电路必须有足够高的输出电压、较高的电压上升率、较小的输出电阻。另外，还需要一定的栅极驱动电流。

为了满足对电力场效应管驱动信号的要求，一般采用双电源供电，其输出与器件之间可采用直接耦合或隔离器耦合。

功率场效应管的一种分立元件驱动电路，如图 12-10 所示。电路由输入光电隔离和信号放大两部分组成。当输入信号 u_i 为 0 时，光电耦合器截止，运算放大器 A 输出低电平，三极管 V_3 导通，驱动电路约输出负 20V 驱动电压，使功率场效应管关断。当输入信号 u_i 为正时，光耦导通，运放 A 输出高电平，三极管 V_2 导通，驱动电路约输出正 20V 电压，使功率场效应管开通。

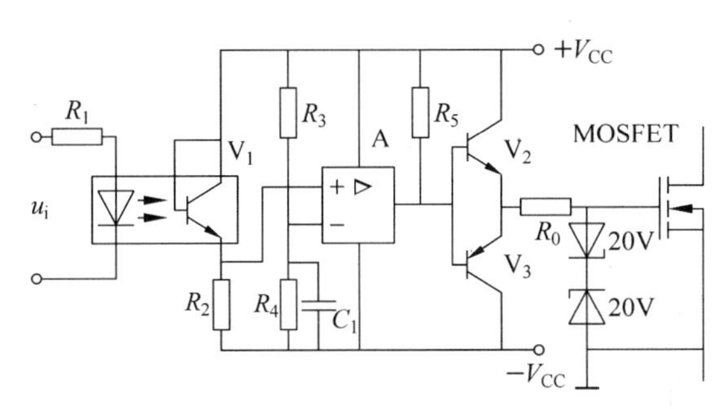

图 12-10　电力场效应管的一种驱动电路

2）功率场效应管的保护措施

功率场效应管的绝缘层易被击穿是它的致命弱点，栅源电压一般不得超过±20V。因此，在应用时必须采用相应的保护措施。通常有以下几种。

（1）防静电击穿

功率场效应管最大的优点是有极高的输入阻抗，因此在静电较强的场合易被静电击穿。为此，应注意：

① 储存时，应放在具有屏蔽性能的容器中，取用时工作人员要通过腕带良好接地；

② 在器件接入电路时，工作台和烙铁必须良好接地，且烙铁断电焊接；

③ 测试器件时，仪器和工作台都必须良好接地。

（2）防偶然性震荡损坏

当输入电路某些参数不合适时，可能引志震荡而造成器件损坏。为此，可在栅极输入电路中串入电阻。

（3）防栅极过电压

可在栅源之间并联电阻或约 20V 的稳压二极管。

（4）防漏极过电流

由于过载或短路都会引起过大的电流冲击，超过 I_{DM} 极限值，此时必须采用快速保护电路使用器件迅速断开主回路。

12.4　基于 MOSFET 的 H 桥驱动电路

图 12-11 是基于 Power MOSFET 的 H 桥驱动电机的电路，与图 12-1 的区别只是将三极管换成了电力场效应管，同时加入了四个续流二极管。该电路主要应用于小车、电动自行车等控制小型电机的场合。

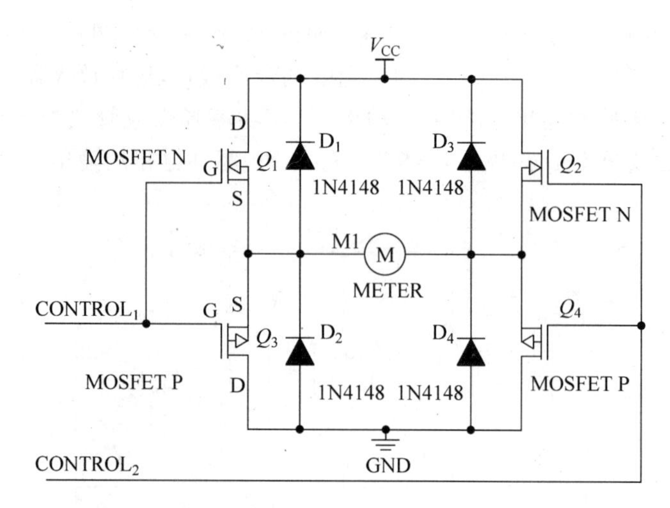

图 12-11 Power MOSFET 的 H 桥驱动电机电路

12.5 基于 MOSFET 的 H 桥驱动电机过程

通过控制 $CONTROL_1$ 和 $CONTROL_2$ 的电平就可以实现电机的正反转，比如：$CONTROL_1$ 为高，$CONTROL_2$ 为低，则电流经 Q_1 从左到右流过电机，经 Q_4 流入地，电机正转；$CONTROL_1$ 为低，$CONTROL_2$ 为高，则电流经 Q_2 从右到左流过电机，经 Q_3 流入地，电机反转。当然能够正常实现对电机的正反转控制还要满足以下的条件。

(1) 电源电压 V_{CC} 要与电机的额定电压相匹配，而且能够提供足够电机正常启动和运行的电流，一般电机启动的电流为运行电流的几倍。

(2) MOSFET 的通过电流要能够满足电机正常启动和运行所需的电流。

(3) $CONTROL_1$ 和 $CONTROL_2$ 的高电平要与 MOSFET 的正常导通的电压匹配，这个电压要比 MOSFET 的开启电压大一些。

在实际的电机驱动电路中，控制信号为 PWM 脉宽调制信号，而不是单纯的电平信号，其原因是好利用 PWM 进行速度控制，如果只是电平，那样电机就会始终保持最高速了。在驱动电机正向转动时 $CONTROL_1$ 是方式而 $CONTROL_2$ 保持电平，这样才能驱动电机朝着正向转动，其过程如下。

(1) 当 $CONTROL_1$ 处于 PWM_1 的高电平位置(Q_1 是 N 沟道 MOSFET 导通)，$CONTROL_2$ 处于低电平位置(Q_4 是 P 沟道 MOSFET 导通)，电流如图 12-12 所示流经电机，电机正向转动；

(2) 当 $CONTROL_1$ 处于 PWM_1 的低电平位置(Q_1 是 N 沟道 MOSFET 断开)，$CONTROL_2$ 处于低电平位置(Q_4 是 P 沟道 MOSFET 导通)，此时不会有电流从 V_{CC} 流向 GND，不能驱动电机转动，但由于电机是感性元件，当电流断开时具有保持原电流方向输出电流的功能，电流会从 GND 经 D_2、电机、D_3 回馈到 V_{CC}，如图 12-13 所示。

(3) 在过程 2) 中虽然没有驱动电机转动，但由于惯性电机仍然正向转动，当 $CONTROL_1$ 又处于 PWM_1 的高电平位置时，Q_1 再次导通，继续驱动电机正向转动。可以通过改变 PWM_1 的占空比来实现调节电机的正向转速的目的。

反转的过程与正转几乎相同，只是 $CONTROL_1$ 处于低电平，而 $CONTROL_2$ 是 PWM 信号，参与过程的期间变成了 Q_2、Q_3、D_1 和 D_4。

D_1～D_4 四个二极管在电路中所起的作用为续流，起到泻放储存在电机中能量的作用，保护 MOSFET 免受损坏。如果没有这些二极管，Q_1 断开时储存在电机中的能量不能释放，当 Q_1 再次导通时加在电机两端，也就是加在 Q_3 两端的电压为原来的 2 倍，重复该过程，则累积的电压将会烧坏 Q_3。综上所述，D_1～D_4 的最终目的是保护 MOSFET 不被烧坏。

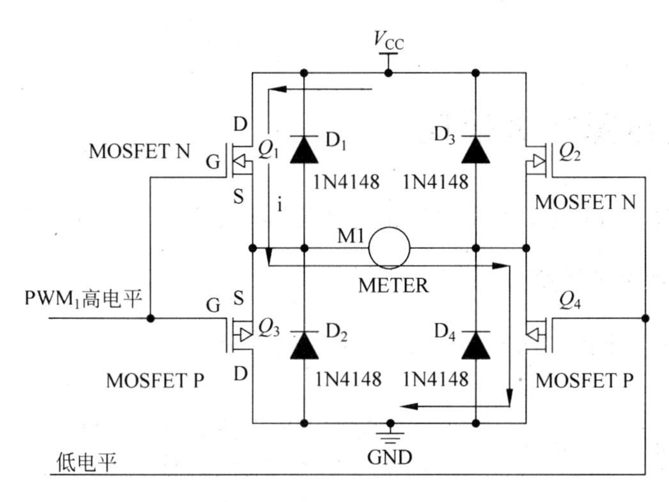

图 12-12 电机正向转动时电流示意图

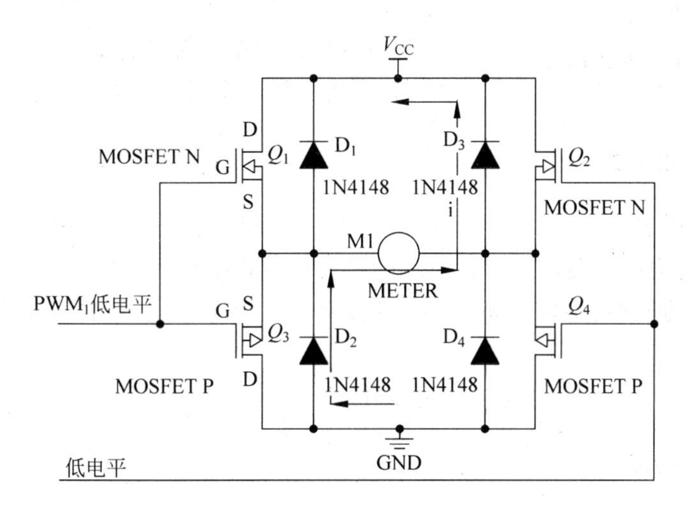

图 12-13 Q_1 断开时电流示意图

第13章 集成运算放大器应用

13.1 集成运算放大器简介

输出信号是输入信号运算结果的集成电路被称为集成运算放大器，简称集成运放。

1. 集成运放的内部框图

集成运放的内部框图如图13-1所示，主要由输入级、中间级、输出级和偏置电路四部分组成。

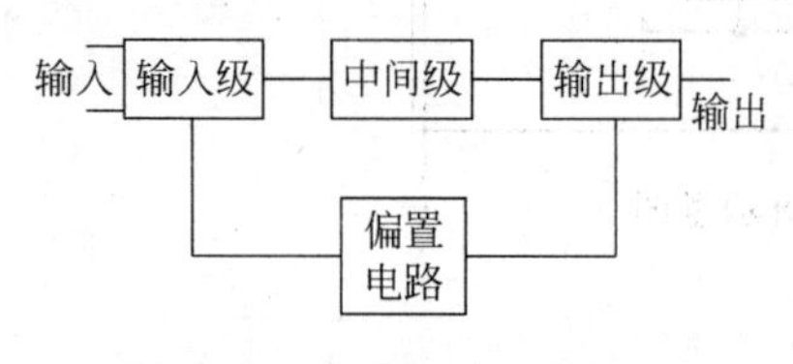

图 13-1　集成运放内部框图

输入级采用差动放大器电路，决定整个集成运放的输入阻抗、共模抑制比、零点漂移、信噪比及频率响应等。中间级的主要作用是提高集成运放的电压增益。输出级采用射极输出器电路，决定集成运放的输出阻抗和输出功率。偏置电路采用不同形式的电流源电路，为各级提供小而稳定的偏置电流。

2. 集成运放的分类

集成运放按用途可分为通用型集成运放和专用型集成运放。通用型集成运放又分为低增益、中增益和高增益三类，也可称为通用Ⅰ型、通用Ⅱ型和通用Ⅲ型集成运放。专用型集成运放又分为低功耗型、高输入阻抗型、高速型、高压型、电流型、跨导型及程控型等集成运放。

集成运放按集成个数可分为单运放、双运放及四运放。

3. 集成运放特点

集成运放的一些特点与其制造工艺是密切相关的。主要有以下几个特点。

(1) 在集成电路工艺中还难于制造电感元件。制造容量大于200pF的电容也比较困难，而且性能很不稳定，所以集成电路中要尽量避免使用电容器。而运算放大器各级之间都采用直接耦合，基本上不采用电容元件，因此适合于集成化的要求。必须使用电容器的场合，也大多采用外接的办法。

(2) 运算放大器的输入级都采用差动放大电路，它要求两管的性能应该相同。而集成电路中的各个晶体管是通过同一工艺过程制作在同一硅片上的，容易获得特性相近的差动对管。又由于管子在同一硅片上，温度性能基本保持一致，因此，容易制成温度漂移很小的运算放大器。

(3) 在集成电路中，比较合适的阻值大致为10Ω～30kΩ。制作高阻值的电阻成本高，占用面积大，且阻值偏差大(10%～20%)。因此，在集成运算放大器中往往用晶体管恒流源代替电阻，必须用直流高阻值电阻时，也常采用外接方式。

(4) 集成电路中的二极管都采用晶体管构成，把发射极、基极、集电极三者适当组配使用。

4. 集成运放的封装

集成运放的封装形式有：双列直插封装，引脚数有 8、14、16 三种；金属圆壳封装，引脚数有 8、10、12 三种；单列直插封装、扁平封装及金属菱形封装等，如图 13-2 所示。

图 13-2 集成运放的部分封装

5. 集成运放型号的命名

集成运放型号由前缀、序号、后缀三部分组成。前缀用字母或数字与字母组合表示，表示标准或厂商。部分前缀代表的意义如表 13-1 所示。

表 13-1 部分集成运放型号前缀代表的意义

前缀	意 义	前缀	意 义	前缀	意 义
CF	中国线性电路	MC	美国摩托罗拉公司	MA	美国仙童公司
F	部标准(中国)	HA	日本日立公司	CA	美国无线电公司
7F	国营 777 厂	AN	日本松下公司	LM	美国国家半导体公司

序号：同一型号，各国所用序号相同，如 F358、7F358、LM358、AN358 等。

序号还有如下规律：序号是 1 字头的为Ⅰ类产品(军品级)；2 字头的为Ⅱ类产品(工业品级)；3 字头的为Ⅲ类产品(民品级)。例如，7F158/258/358 分别对应三类产品。三类产品主要是工作温度不同：Ⅰ类的工作温度为−55℃～125℃，Ⅱ类的工作温度为−25℃～85℃，Ⅲ类的工作温度为 0℃～70℃。

后缀：后缀代表的意义有两种：其一代表封装形式，但没有统一的标准，需查各厂家的产品样本；其二代表几类产品。例如，Ⅰ类产品的后缀为 M，Ⅱ类产品的后缀为 L，Ⅲ类产品的后缀为 C，如 7F741M/7F741C（该产品无Ⅱ类产品）。

13.2 理想运算放大器

13.2.1 运放的理想参数

具有理想参数的运算放大器称为理想运算放大器。

(1) 开环增益无限大：$A_{VD}\to\infty$

(2) 差模输入电阻无限大：$R_{ID}\to\infty$

(3) 共模抑制比无限大：$K_{cmR}\to\infty$

(4) 输出电阻为零：$R_o\to 0$

13.2.2 理想运放的电路模型

理想运放可以用如图 13-3 所示的电路模型。

图中，$R_{ID}=\infty$，$A_{VD}=\infty$，$R_o=0$。

由于实际运算放大器的上述技术指标接近理想化的条件，因此在分析时用理想运算放大器代替实际放大器所引起的误差并不严重，在工程上是允许的，但这样就使分析过程大大简化。后面对运算放大器都是根据它的理想化条件来分析的。

表示输出电压与输入电压之间关系的特性曲线称为传输特性，从运算放大器的传输特性（如图 13-4）看，可分为线性区和饱和区。运算放大器可工作在线性区，也可工作在饱和区，但分析方法不一样。当运算放大器工作在线性区时，u_o 和 (u_+-u_-) 是线性关系，即

$$u_o = A_{VD}(u_+ - u_-)$$

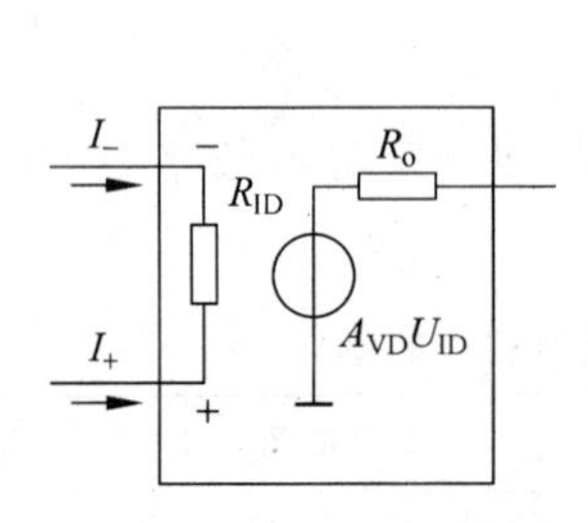

图 13-3 理想运放

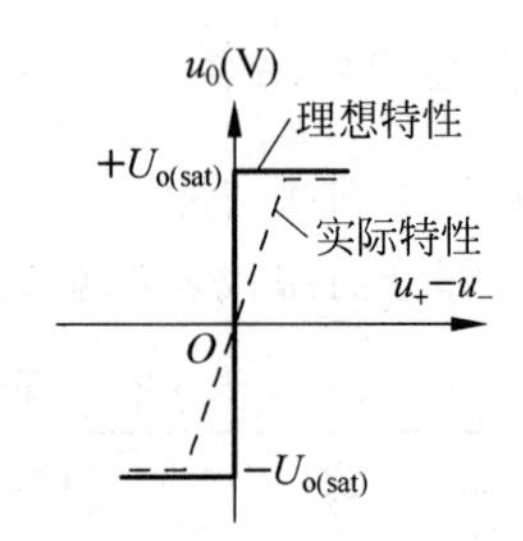

图 13-4 传输特性

运算放大器是一个线性放大元件。由于运算放大器的开环电压放大倍数 A_{VD} 很高，即使输入毫伏级以下的信号，也足以使输出电压饱和，其饱和值 $+U_{o(sat)}$ 或 $-U_{o(sat)}$ 达到接近正电源电压或负电源电压值；另外，由于干扰，使工作难于稳定。所以，要使运算放大器工作在线性区，通常引入深度电压负反馈。

13.2.3 运放的分析依据

运算放大器工作在线性区时，分析依据有两条。

(1) 由于运算放大器的差模输入电阻 $R_{ID}\to\infty$，故可以认为两个输入端的输入电流为

零，通常称为“虚断”。

(2) 由于运算放大器的开环增益无限大 $A_{VD}\rightarrow\infty$，而输出电压是一个有限的数值，

$$u_{+}-u_{-}=\frac{u_{o}}{A_{vd}}=0$$

即

$$u_{+}=u_{-}$$

通常称为“虚短”，如果反相端有输入时，同相端接“地”，即 $u_{+}=0$，就是说反相输入端的电位接近于“地”电位，它是一个不接“地”的“地”电位端，通常称为“虚地”。

13.3 基本运算放大电路

运算放大器组成的电路五花八门，是模拟电路中学习的重点。在分析它的工作原理时倘没有抓住核心，往往令人迷惑不解。在学习运算放大器电路课程的时候，无非是先给电路来个定性，比如这是一个同向放大器，然后去推导它的输出与输入的关系，最后我们往往得出这样一个印象：记住公式就可以了。如果我们将电路稍稍变换一下，结果可能就无法分析了。其实我们完全可以通过“虚短”和“虚断”，对电路进行虚“庖丁解牛”。

在分析运放电路工作原理时，我们大可以首先暂时忘掉什么同向放大、反向放大，什么加法器、减法器，什么差动输入……暂时忘掉那些输入输出关系的公式……这些只会干扰你，让你更糊涂；也暂时不要理会输入偏置电流、共模抑制比、失调电压等电路参数，这是设计者要考虑的事情。我们理解的就是理想放大器(其实在维修中和大多数设计过程中，把实际放大器当作理想放大器来分析也不会有问题)。

1. 反向放大器

图 13-5 运放的同向端接地为 0V，反向端和同向端虚短，所以也是 0V，反向输入端输入电阻很高，虚断，几乎没有电流注入和流出，那么 R_1 和 R_f 相当于是串联的，流过一个串联电路中的每一个组件的电流是相同的，即流过 R_1 的电流和流过 R_f 的电流是相同的。流过 R_1 的电流为$\frac{(V_i-V_-)}{R_1}$，流过 R_f 的电流为$\frac{(V_--V_{out})}{R_f}$，可以得到 $V_{out}=\frac{-R_f}{R_1}\times V_i$这就是反向放大器的输入输出关系式了。

2. 同向放大器

同样利用“虚短”和“虚断”可以获得图 13-6 同向放大器的输入输出关系。

$$V_{out}=\left(1+\frac{R_f}{R_1}\right)V_i$$

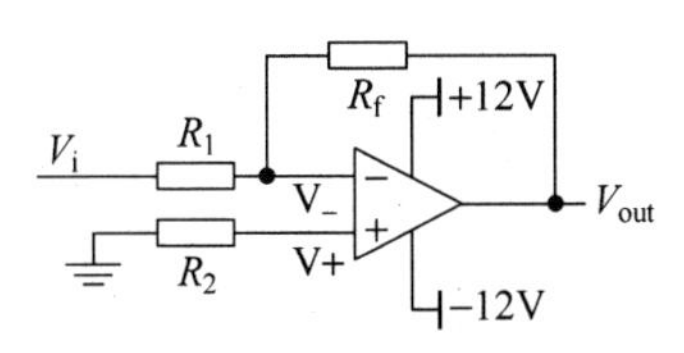

图 13-5 反向放大器

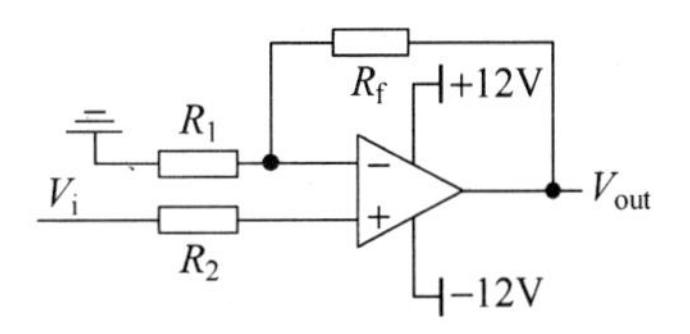

图 13-6 同向放大器

3. 积分电路

如图 13-7 所示电路中，由“虚短”知，反向输入端的电压与同向端相等，由“虚断”知，通过 R_1 的电流与通过 C_1 的电流相等。通过 R_1 的电流$\frac{V_1}{R_1}$和通过 C_1 的电流为：

$$i = C\frac{\mathrm{d}u_c}{\mathrm{d}t} = -C\frac{\mathrm{d}V_{out}}{\mathrm{d}t}$$

因此

$$V_{out} = -\frac{1}{R_f C_1}\int V_i \mathrm{d}t$$

输出电压与输入电压对时间的积分成正比，这就是积分电路。若 V_i为恒定电压 U，则上式变换为：

$$V_{out} = -\frac{U}{R_f C_1}t$$

t 是时间，则 V_{out} t 输出电压是一条从 0 至负电源电压按时间变化的直线。

4. 微分电路

微分电路输出电压与输入电压的关系如图 13-8 所示。

$$V_{out} = -R_f C_1 \frac{\mathrm{d}V_i}{\mathrm{d}t}$$

5. 加法电路

如图 13-9 所示，由“虚短”知：

$$V_+ = V_- = 0$$

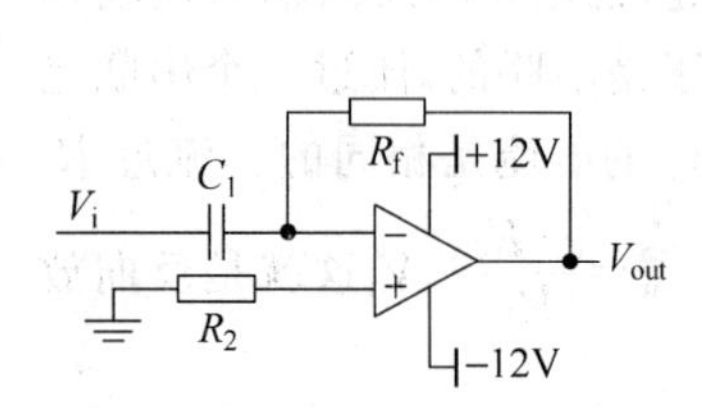

图 13-7 积分电路

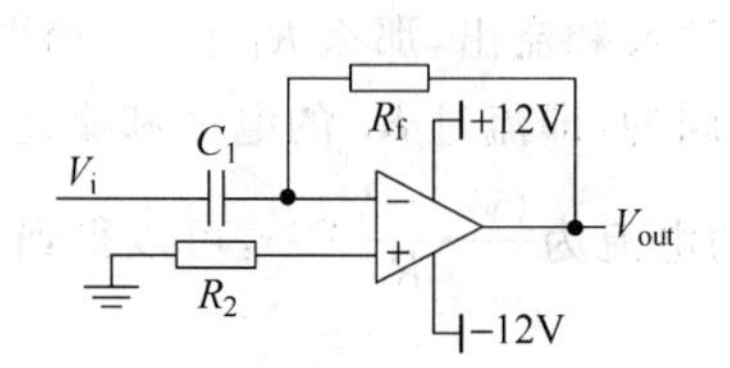

图 13-8 微分电路

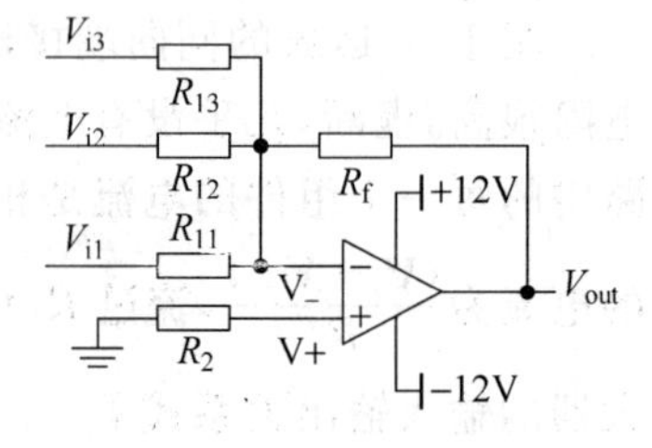

图 13-9 加法电路

由“虚断”及基尔霍夫定律知，通过 R_{11}、R_{12} 与 R_{13} 的电流之和等于通过 R_f 的电流，故

$$\frac{V_{i1} - V_-}{R_{11}} + \frac{V_{i2} - V_-}{R_{12}} + \frac{V_{i3} - V_-}{R_{13}} = -\frac{V_{out}}{R_f}$$

得

$$V_{out} = -\left(\frac{R_f}{R_{11}}V_{i1} + \frac{R_f}{R_{12}}V_{i2} + \frac{R_f}{R_{13}}V_{i3}\right)$$

如果取 $R_{11} = R_{12} = R_{13} = R_f$，则上式变为

$$V_{out} = -(V_{i1} + V_{i2} + V_{i3})$$

这就是加法器。

6. 电流检测

分析一个大家接触得较多的电路。很多控制器接受来自各种检测仪表的 0～20mA 或 4～20mA 电流，电路将此电流转换成电压后再送模数转换器(ADC)转换成数字信号，图 13-10就是这样一个典型电路。图中 4～20mA 电流流过采样 100Ω 电阻 R_1，在 R_1 上会产生 0.4～2V 的电压差。由“虚断”知，运放输入端没有电流流过，则流过 R_3 和 R_5 的电流相等，流过 R_2 和 R_4 的电流相等。故：

$$\frac{V_2 - V_y}{R_3} = \frac{V_y}{R_5} \qquad \text{(a)}$$

$$\frac{V_x - V_{out}}{R_4} = \frac{V_1 - V_x}{R_2} \qquad \text{(b)}$$

由“虚短”知：

$$V_x = V_y \qquad \text{(c)}$$

电流从 0～20mA 变化，则：

$$V_1 = V_2 + (0.4 \sim 2) \qquad \text{(d)}$$

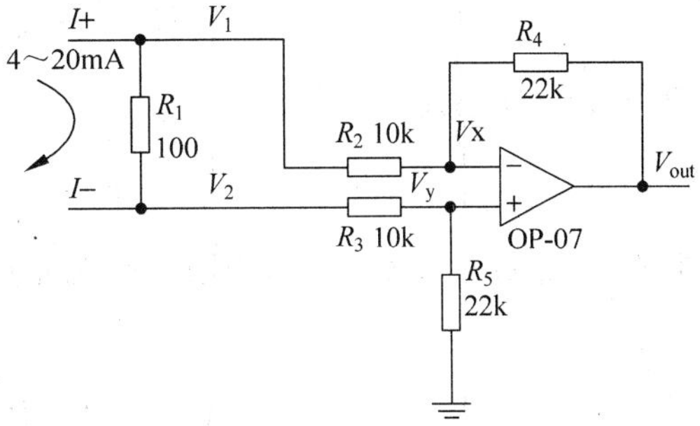

由(c)、(d)式代入(b)式得：

$$V_2 + \frac{(0.4 \sim 2) - V_y}{R_2} = \frac{V_y - V_{out}}{R_4} \qquad \text{(e)}$$

图 13-10　电流检测电路

如果 $R_3 = R_2$，$R_4 = R_5$，则由(e)－(a)式得：

$$V_{out} = \frac{-(0.4 \sim 2)R_4}{R_2} \qquad \text{(f)}$$

图 13-10 中 $R_4/R_2 = 22\text{k}/10\text{k} = 2.2$，则(f)式 $V_{out} = -(0.88 \sim 4.4)$V，即，将 4～20mA 电流转换成了－0.88 ～－4.4V 电压，此电压可以送 ADC 去处理。

13.4　典型电路设计

13.4.1　反相比例放大电路的设计

输入信号从集成运放的反相输入端加入，则为反相型电路。反相比例放大电路的基本电路如图 13-11 所示。图中，R_f 被称为反馈电阻，R_r 称为输入电阻，R_{ph} 被称为平衡电阻。通常，根据与前级(信号源或电路)匹配要求选择 R_r 的值，R_r 阻值较小时可以削弱偏置电流、失调电流及其漂移的影响。较大的闭环放大倍数 K_f 可以削弱失调电压及其漂移的影响。但 K_f 越大，闭环频带越窄。根据实际需要，兼顾漂移误差和闭环带宽的要求，选择闭环放大倍数。K_f 取值范围：0.1～100。通常，R_r 和 R_f 的取值为 1kΩ～1MΩ，并尽可能通过选择小阻值 R_f 的方法增大 K_f。当阻值超过 1MΩ 时很难保证阻值的稳定性，而且阻值的绝对误差较大。从提高 K_f 的准确度考虑，R_r 和 R_f 的阻值以 1～100kΩ为宜。反相比例放大器的工作频率为

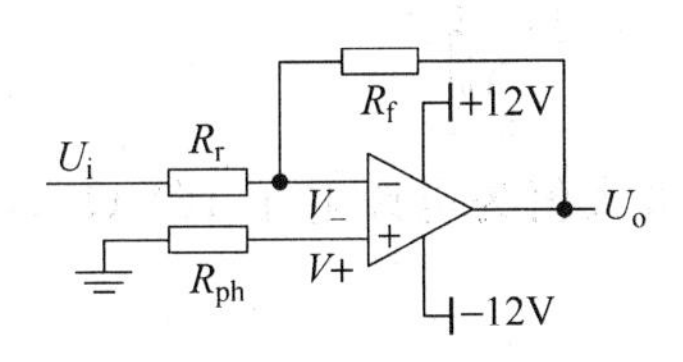

图 13-11　反相比例放大电路设计电路

0～10kHz。值得注意的是，大部分通用集成运放输出幅度低于电源电压。当确定电源电压后，集成运放最大输出幅度被称为饱和输出电压(U_B)。例如，7F741M型集成运放，当电源电压为+15V，负载电阻$R_L \leqslant 2$kn时，U_B为±10～±13V。基本关系式为：

$$K_f = \frac{U_o}{U_i} = \frac{R_f}{R_r}$$

式中，K_f为闭环放大倍数，记为K_f(dB)；U_i为输入信号；U_o为输出信号。

$$F = \frac{1}{1+K_f} = \frac{R_r}{R_r + R_f}$$

式中，F为反馈系数。

$$R_f = \left[\frac{R_{ID}R_o}{2F}\right]^{\frac{1}{2}}$$

式中R_{ID}为集成运放差模输入电阻；R_o为集成运放输出电阻。

$$R_{ph} = R_f // R_r, \quad R_{ph} < \frac{U_{IO}}{I_{IO}}$$

式中，R_{ph}为平衡电阻；U_{IO}为集成运放的输入失调电压；I_{IO}为输入失调电流。

$$R_{sr} \approx R_r$$

$$R_r > 50R_n$$

式中，R_{sr}为电路的输入电阻；R_n为信号源内阻。

$$R_{SO} = \frac{\cdot\ R_O}{(1+FA_{VD})}$$

式中，R_{SO}为电路的输出电阻；R_O为集成运放的输出电阻；A_{VD}为集成运放的开环放大倍数。

例13.1 应用7F741M型集成运放设计放大倍数$|K_F|=10$的反相直流放大电路，输入信号U_i为0～±0.8V，信号源内阻(R_n)为20Ω。

电路图同图13-11。

① 确定电源电压，选择R_f。

a. 确定电源电压。因为输入电压最大值$U_{imax}=0.8$V，$|K_F|=10$，则输出电压最大值$U_{omax}=|K_F|U_{imax}=10\times 0.8=8$V，所以电源电压取±12V。

b. 选择R_f。

$$R_f = [R_{ID}R_O/(2F)]^{\frac{1}{2}}$$

查产品手册得$R_{ID}=2$MΩ，$R_O=75$Ω。又因为

$$F = 1/(1+|K_F|) = 1/(1+10) = 0.091$$

故

$$R_f = [2\times 10^6 \times 75/(2\times 0.091)]^{1/2} = 28.7\text{k}\Omega$$

取系列值30kΩ。

计算电阻的R_f的功率P_f。为计算简单，设输出电压最大值为电源电压12V(U_O)，则，$P_f=U_O^2/R_f=12^2/30=4.8$mW取系列值0.25W。

② 选择R_r。

$R_r=R_f/|K_f|=30/10=3$kΩ，$R_r/R_n=3000/20=150>50$，满足要求。

计算电阻 R_r 的功率 P_r。$P_r = U_{imax}^2 / R_r = 0.8^2/3 = 0.21\text{mW}$，取系列值 0.25W。

③ 选择 R_{PH}。

$R_{PH} = R_f // R_r = 30 \times 3/(30+3) = 2.73\text{k}\Omega$，取系列值 2.7kΩ。

查产品手册得 $U_{IO} = 1\text{mV}$，$I_{IO} = 20\text{nA}$，

则 $U_{IO}/I_{IO} = 1 \times 10^{-3}/(20 \times 10^{-5}) = 50\text{k}\Omega$，$R_{PH} < U_{IO}/I_{IO}$，符合要求。$R_{PH}$ 两端电压近似为 0V，为减少电阻规格，R_{PH} 的功率也选 0.25W。

13.4.2 低通滤波器的设计

滤波器的功能是允许指定频段的信号通过，并将其余频段的信号予以抑制。低通滤波器允许通过低频信号，抑制或衰减高频信号。其幅频特性曲线如图 13-12(a)所示。允许通过的频带 $0 \sim \omega_0$ 被称为通带。$20\lg K_f$ 为通带内增益，不允许通过的频带 $\omega > \omega_0$ 被称为阻带。一般规定，增益下降到 $K_f/\sqrt{2}$（-3dB）的频率 f_0 被称为截止频率，$f_0 = \omega_0/(2\pi)$。

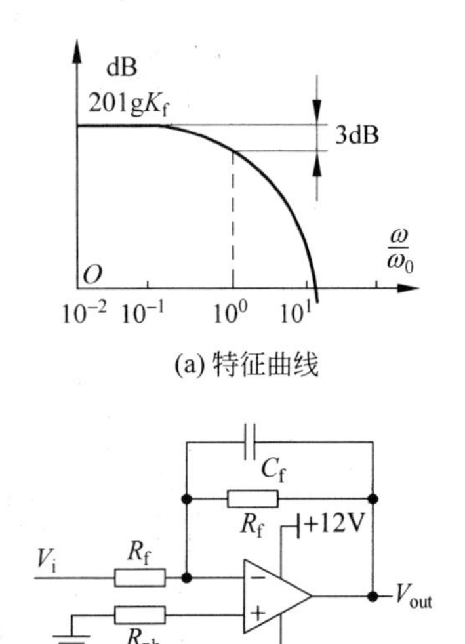

图 13-12 反相输入一阶低通滤波器

一阶低通滤波器的设计

采用一节 RC 的电路称为一阶滤波器。一阶低通滤波器的阻带区衰减较慢。衰减斜率为 $-20\text{dB}/10$ 倍频程。

反相输入一阶低通滤波器的电路如图 13-12(b)所示。

基本关系式为

$$\omega_0 = 1/(R_f C_f), \quad f_0 = 1/(2\pi R_f C_f)$$

$$K_f = -R_f/R_r$$

例 13.2 伺服加速度计将加速度变换成位移，再将位移变换成直流电压。为削弱干扰应用集成运放设计一阶低通滤波器，其中 $f_0 = 0.0125\text{Hz}$，输入信号幅值为 5V，$K_f = -1$。

电路图如图 13-12(b)所示。

① 选择 IC，确定电源电压。

IC 选择 7F741M 型集成运放，当电源电压为±15V 时，饱和输出电压为±13V。因输入幅值为 5V，取电源电压为±9V，饱和输出电压 U_B 为 $15:9 = 13:U_B$，$U_B = 7.8\text{V}$。

② 选择 C_f、R_f、R_r。

取 $C_f = 47\mu\text{F}$，$R_f = 1/(2\pi f_0 C_f) = 1/(2\pi \times 0.0125 \times 47 \times 10^{-6}) = 271\text{k}\Omega$，取系列值 270kΩ。

$$R_r = R_f/|K_f| = 270/1 = 270\text{k}\Omega$$

③ 选择 R_{PH}。

$$R_{PH} = R_f // R_r = 270/2 = 135\text{k}\Omega$$

取系列值 130kΩ。

13.5 典型例程分析

13.5.1 抢答器

如图 13-13 为利用运放 LM324 制作的四人抢答器，LM324 是美国国家半导体公司生产的四运放集成电路，它采用 14 脚双列直插塑料封装，它的内部包含四组形式完全相同的运算放大器，除电源共用外，四组运放相互独立。

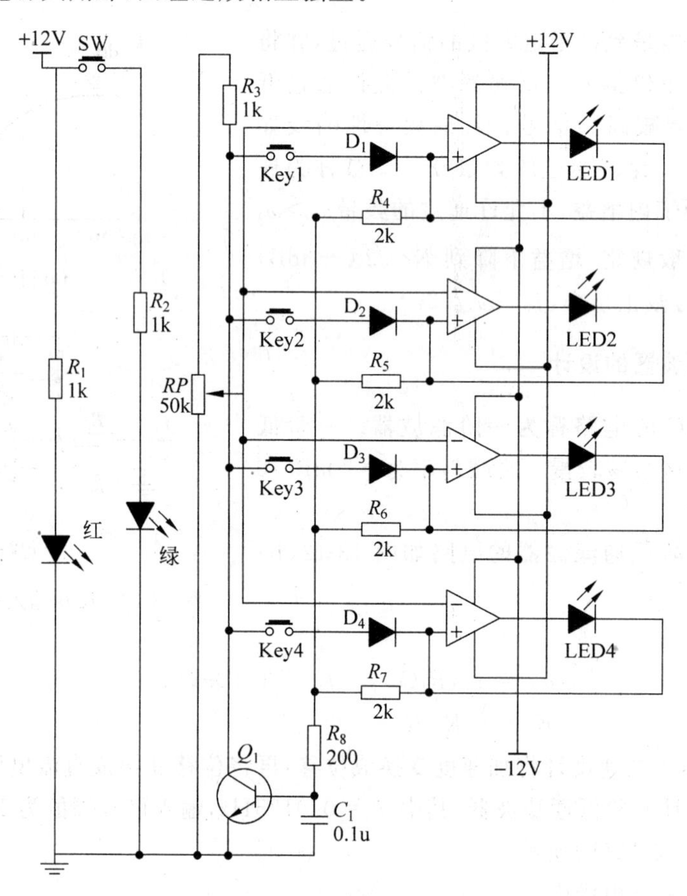

图 13-13　四路抢答器电路

1）电路组成

全电路包括电源和复位指示电路、四路按键电路、电压比较电路。图中红绿灯为电源指示接通电源全亮，当按下复位键 SW 时绿灯熄灭。

运放电路输出电平，经 LED 反馈到同相输入端一方面使 LED1 保持点亮同时使同向输入端嵌位于很高电压；另一方面为三极管 Q_1 提供基极电流使三极管 Q_1 饱和导通，使其他按键前端保持低电位从而在其他按钮即使再按下，相应运放的同相输入端因无较高电压而不会输出高电平，从而保证了先按按钮抢答成功的唯一性。

2）电路测试

接通电源，调整 RP 使各运放的反相输入端有一定的电压，由于各运放的同相端分别通过 $R_4 \sim R_7$ 以及 R_8 并通过 Q_1 的 b、e 结接地，因此各运放都输出低电平；当按下 Key1 时，R_3 通过 D_1 和 R_4，R_3 和 R_4 分压由于电容两端的电压不能突变，此时 Q_1 未导通从而保证运放的同相输入端产生一定电压，此电压高于反相输入端电压，运放输出高电平并反馈到同相输入端而自锁，同时电流经 R_4、R_8 和 Q_1 的 b、e 结到地，按 SW 复位后，方可进行第二轮抢答。

3）电路调试

本电路调试前先用较大容量的电容 C，调整 RP 使各运放反相输入端电压在 4V 左右，然后在各路能可靠触发的情况下再尽量减小 C 的容量。

13.5.2　三运放用于信号测量

在自动控制和非电测量等系统中，常用各种传感器作为非电量（如温度、应变、压力等）的变化作为电压信号，而后输入系统。但这种非电量的变化是缓慢的，电信号的变化量常常很小，一般只有几毫伏到几十毫伏，所以要将电信号加以放大。常用的测量放大器（或称数据放大器）的原理图如图 13-14 所示，电路有两个放大级，第一级由 A1、A2 组成，它们都是同相输入，输入电阻很高，并且由于电路结构对称，可以抑制零点漂移。第二级由 A3 组成差动放大电路。

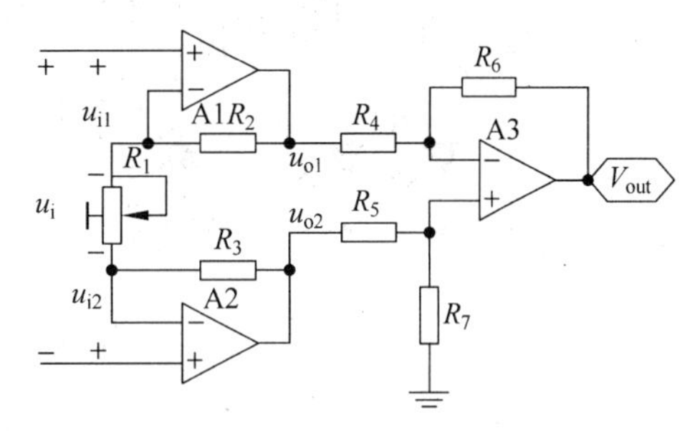

图 13-14　三运放测量电路

图中输入信号电压为 u_i。如果 $R_2 = R_3$，则调节 R_1 可以认为 R_1 中点为地电位。于是 A1 和 A2 的输出电压分别为：

$$u_{o1} = \left(1 + \frac{R_2}{\frac{R_1}{2}}\right) u_{i1} = \left(1 + \frac{2R_2}{R_1}\right) u_{i1}$$

$$u_{o2} = \left(1 + \frac{2R_2}{R_1}\right) u_{i2}$$

得

$$u_{o1} - u_{o2} = \left(1 + \frac{2R_2}{R_1}\right)(u_{i1} - u_{i2})$$

第一级的放大倍数为：

$$\frac{u_{o1} - u_{o2}}{u_{i1} - u_{i2}} = \left(1 + \frac{2R_2}{R_1}\right)$$

改变 R_1 的阻值，即可调节放大倍数。对于第二级来说，如果 $R_4 = R_5$，$R_6 = R_7$，则第二级放大倍数为：

$$\frac{u_o}{u_{o1} - u_{o2}} = -\frac{R_6}{R_4}$$

两级总得放大倍数为：

$$-\frac{R_6}{R_4}\left(1 + \frac{2R_2}{R_1}\right)$$

为了提高测量精度，测量放大器必须具有很高的共模抑制比，要求电阻元件的精密度很高，输入端的进线也最好用绞合线来抑制干扰的窜入。

如图 13-15 所示为三运放的应用，其中，IN4148 温度升高会导致管压降下降、阻值下降，温度每升高一度，导通电压降低约 2mV，电路正是利用了这个特性来调节运放的输入端电压，反应到输出端可以更明显的体现，从而实现简易的温度测量电路。实验过程中焊接的实物图如图 13-16 所示。

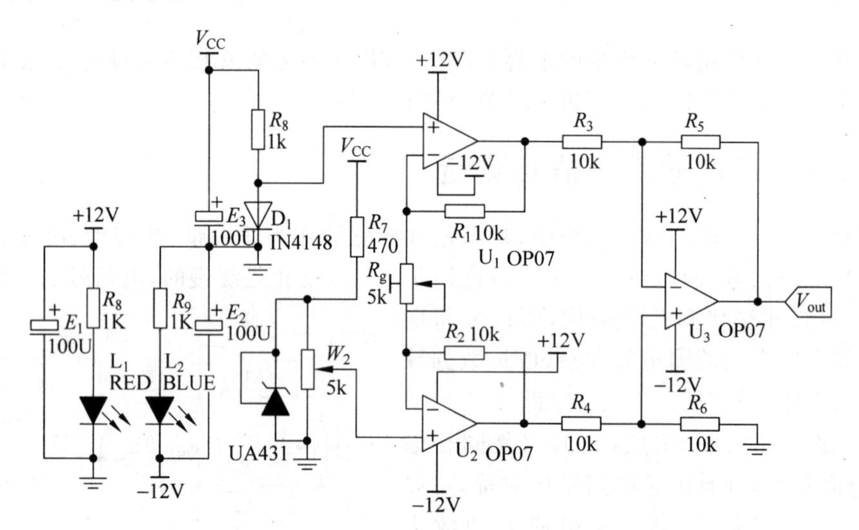

图 13-15　三运放测量电路

图 13-16　实物图

13.5.3　电压超、欠电压声光报警器

超、欠电压声光报警器用于交流电压的超、欠电压报警，适用于许多对交流电源电压有一定要求的交流用电设备，无论工用还是民用，它们的工作电压范围为 180～240V，这可以在用电设备的铭牌上看到，如果超过这个范围就可能造成用电设备损坏。为防止此类事故发生，在某些电压经常发生超限的供电区域内，应加设超、欠电压报警设备，以保证用电设备的安全运行。本例超、欠电压声光报警器电路组成如图 13-17 所示。

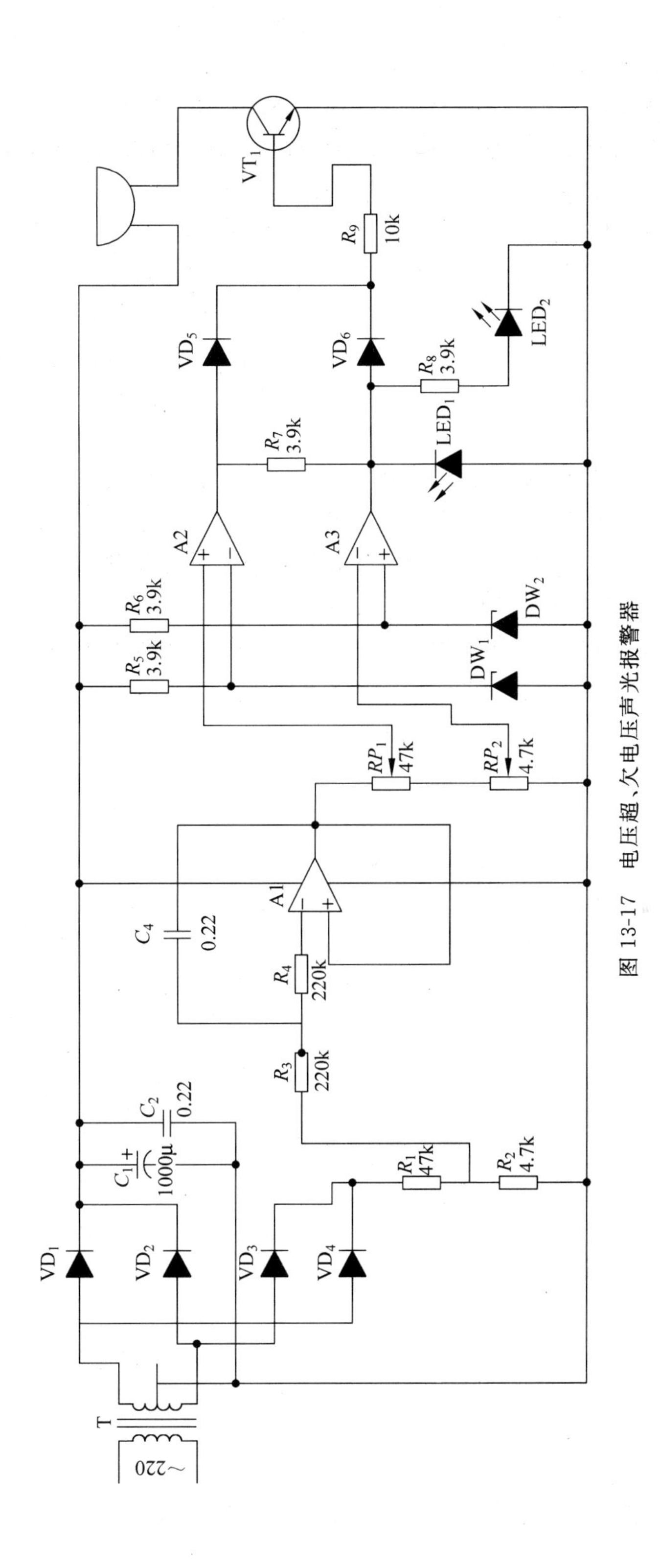

图 13-17　电压超、欠电压声光报警器

本电路由交流电源电压取样电路，取样电压峰值滤波保持电路，超欠电压比较及输出电路和报警信号输出电路组成。

交流电源经变压器 T 降压后，一路 VD_1、VD_2 全波整流，C_1、C_2 滤波后作为整个电路的工作电源；另一路经 VD_3、VD_4 全波整流，R_1、R_2 分压后作为电源电压变化的取样电压。

运算放大器 A1 和 R_3、R_4 及 C_3、C_4 组成取样电压峰值滤波保持电路，该电路的输出端的电压能随交流电压的瞬时变化而变化，准确及时地反映交流电压的变化。

运算放大器 A2 与 RP_1、R_5、稳压管 DW_1 及 VD_5 组成超电压比较及信号输出电路，由 DW_1 组成的参考电压电路将参考电压设定为 4.7V 并加至 A2 的反相输入端。通过 RP_1 来调节超压电压设定值。在电压正常情况下，A2 输出低电平。当电源电压超过设定的最高限定值使，A2 输出高电平，这一高电平经 VD_5、R_9 加至 VT_1 的基极并使其导通，蜂鸣器发出超压报警器。

运算放大器 A3 和 RP_2、R_6、稳压管 DW_2 及 VD_6 组成欠电压比较及信号输出电路，由 DW2 组成参考电压电路将参考电压设定为 3.6V 并加至 A3 的同相输入端。通过 RP_2 来调节欠压设定值。在电压正常情况下，A3 输出低电平。当电源电压低于设定的最低限定值时，A3 输出高电平，VT_1 导通使蜂鸣器发出报警声。

LED_1、LED_2 组成发光报警指示电路，当超电压时，在发出报警声的同时，LED_1 发光指示；当欠电压时，在发出报警声的同时，LED_2 发光指示。

参考文献

[1] 陈学平著. 电工技术. 北京：电子工业出版社，2006.

[2] 程一玮，李娜编. 电子工艺技术入门. 北京：化学工业出版社，2007.

[3] 熊幸明著. 电工电子实训教程. 北京：清华大学出版社，2007.

[4] 徐耀生主编. 电气综合实训. 北京：电子工业出版社，2003.

[5] 马秀娟主编. 电工电子实践教程. 哈尔滨：哈尔滨工业大学出版社，2004.

[6] 王天曦，李鸿儒编著. 电子技术工艺基础. 北京：清华大学出版社，2000.

[7] 蔡杏山著. 电工入门. 北京：电子工业出版社，2010.

[8] 曾祥富编著. 电工技能与训练. 北京：高等教育出版社，2000.

[9] 黄永定主编. SMT 技术基础与设备. 北京：电子工业出版社，2007.

[10] 胡斌编著. 电子工程师速成手册. 北京：电子工业出版社，2006.

[11] 清华大学电子学教研组编，华成英，童诗白主编. 模拟电子技术基础(第四版). 北京：高等教育出版社，2006.

[12] 日内明智，村野靖著. 运算放大器电路. 北京：科学出版社，2008.